"十二五"普通高等教育本科国家级规划教材
配套参考书

普通物理学

（第七版）
思考题分析与拓展

胡盘新　汤毓骏　钟季康　主编

高等教育出版社·北京

内容提要

本书是为配合程守洙、江之永主编的《普通物理学》(第七版)而编写的配套辅导书。本书按主教材各章顺序对全部思考题在普通物理的范围内进行了尽可能详细的分析,另外还挑选了若干师生感兴趣的问题以专题的形式进行了拓展讨论。本书有助于学生掌握基本概念和基本规律,培养自学的能力和科学的思想方法,也有助于一线教师通过“讨论式教学”提高实际教学效果。

本书适用于高等学校工科各专业,特别是使用程守洙、江之永主编《普通物理学》(第七版)的师生作为参考书。

图书在版编目(CIP)数据

普通物理学(第七版)思考题分析与拓展/胡盘新,汤毓骏,钟季康主编.--北京:高等教育出版社,2018.8(2023.12重印)

ISBN 978-7-04-048006-1

Ⅰ.①普… Ⅱ.①胡… ②汤… ③钟… Ⅲ.①普通物理学-高等学校-教学参考资料 Ⅳ.①O4

中国版本图书馆CIP数据核字(2017)第151668号

PUTONG WULIXUE(DI QI BAN)SIKAOTI FENXI YU TUOZHAN

策划编辑 程福平 责任编辑 程福平 封面设计 王 鹏 版式设计 王艳红
插图绘制 杜晓丹 责任校对 李大鹏 责任印制 沈心怡

出版发行 高等教育出版社
社 址 北京市西城区德外大街4号
邮政编码 100120
印 刷 运河(唐山)印务有限公司
开 本 787mm×960mm 1/16
印 张 15.75
字 数 290千字
购书热线 010-58581118
咨询电话 400-810-0598
网 址 http://www.hep.edu.cn
http://www.hep.com.cn
网上订购 http://www.hepmall.com.cn
http://www.hepmall.com
http://www.hepmall.cn
版 次 2018年8月第1版
印 次 2023年12月第7次印刷
定 价 30.00元

物 料 号 48006-00

前言

本书是程守洙、江之永主编的《普通物理学》(第七版)的配套辅导书,对主教材中的全部思考题在普通物理的范围内,进行了尽可能详细的解答,同时对部分思考题的位置作了适当调整,补充了一些章节的思考题。

在学习物理的过程中,除了要求学生解答计算题,还要求解答思考题。这不仅能使学生自我检测对基本概念和基本规律的掌握情况,还能启发学生正确运用基本规律来解释物理现象和有关问题,这对训练和培养学生科学的思想方法以及分析问题和解决问题的能力具有一定帮助。编写本书的目的是帮助学生在学习过程中能够正确地思考问题,避免得出错误的结论。

为了拓展学生的思路,除了主教材的思考题外,本书还挑选了若干学生在课余提出或感兴趣的问题,现以专题的形式作了较详细的解答。希冀学生能举一反三,积极思考,提出问题,从而提高教学效果。

本书由胡盘新、汤毓骏、钟季康主编。在编写本书的拓展思考题时,从参阅的有关文献资料中得到很多启发和教益,在此向所有作者致以诚挚的谢意。高等教育出版社高建、程福平等同志为本书的出版付出了大量的劳动,在此也一并表示感谢。

由于编者的学识有限,难免有错误和不妥之处,恳请读者和同行、专家不吝赐教。

编者

2016年12月

目录

第一章 运动和力

§1-1 质点运动的描述

1-1-1 回答下列问题:

(1) 一物体具有加速度而其速度为零,是否可能?

(2) 一物体具有恒定的速率但仍有变化的速度,是否可能?

(3) 一物体具有恒定的速度但仍有变化的速率,是否可能?

(4) 一物体具有沿 Ox 轴正方向的加速度而又有沿 Ox 轴负方向的速度,是否可能?

(5) 一物体的加速度大小恒定而其速度的方向改变,是否可能?

答:速度是描述物体运动的方向和快慢的物理量,它是矢量,是位矢 $\boldsymbol{r}$ 的时间变化率.速率是速度的大小,它是标量,等于路程 s 对时间的一阶导数.

加速度是描述速度变化的快慢和方向的物理量,它也是个矢量,是速度 $\boldsymbol{v}$ 的时间变化率.因而速度为零时,它的变化率不一定为零;反之,加速度为零时,仅指物体运动的速度保持不变.

(1) 一物体具有加速度而其速度为零,是可能的.例如,竖直上抛物体运动到最高点的时刻,物体的速度为零,但加速度不为零(加速度等于重力加速度).弹簧振子在水平面上振动时,在位移达到最大值时,速度为零,而加速度不为零.

(2) 一物体具有恒定的速率但仍有变化的速度,是可能的.例如,物体作匀速率圆周运动时,速度的大小(即速率)不变,但其方向不断变化着,因而其速度始终在变化.

(3) 一物体具有恒定的速度但仍有变化的速率,是不可能的.因为速度是矢量,恒定的速度是指速度的大小和方向都没有变化.

(4) 一物体具有沿 Ox 轴正方向的加速度而又有沿 Oz 轴负方向的速度,是可能的.例如,物体作匀减速直线运动时,其加速度方向和速度方向相反.

(5) 一物体的加速度大小恒定而其速度的方向在改变,是可能的.例如,物体作抛体运动时,其加速度的大小和方向恒定,为重力加速度,而其速度(大小和方向)却时刻变化着.又如,物体在水平面上作匀速率圆周运动,其向心加速度的大小恒定不变,但其速度的方向处处沿圆周的切线方向,即速度的方向在改变着.

1-1-2　回答下列问题：

(1) 位移和路程有何区别？在什么情况下两者的量值相等？在什么情况下并不相等？

(2) 平均速度和平均速率有何区别？在什么情况下两者的量值相等？瞬时速度和平均速度的关系和区别是怎样的？瞬时速率和平均速率的关系和区别又是怎样的？

答：(1) 位移和路程都是描写质点位置的物理量.位移是以质点在 Δt 时间内从起点到终点的有向线段来表示，而路程是在 Δt 时间内质点实际路径的长度，因而位移是矢量，路径是标量.在图 1-1 中，$\Delta\boldsymbol{r}(=\overrightarrow{P_1P_2})$ 是位移，$\Delta s(=\widehat{P_1P_2})$ 是路程.在一般情况下，如在曲线运动中位移的大小 $|\Delta\boldsymbol{r}|$ 与路程并不相等，只有在 Δt 很短的情况下，质点的位移和运动轨迹才可以近似地看作重合；在 Δt 的极限情况下，位移与轨迹重合，位移的大小才等于路程 $|\mathrm{d}\boldsymbol{r}|=\mathrm{d}s$，在直线运动中，如运动方向不变，则质点的位移的大小与路程相等.

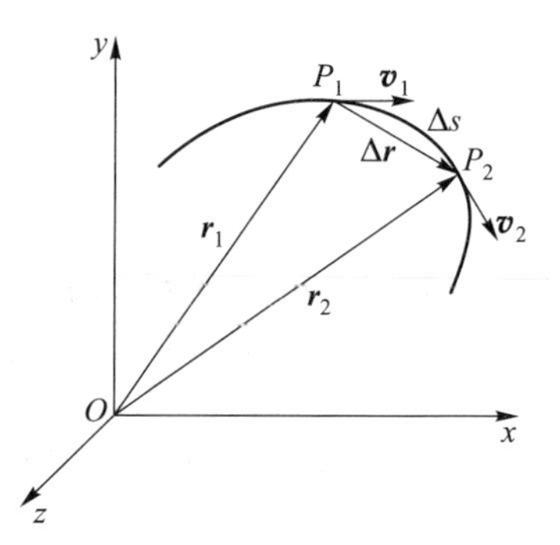

图 1-1

(2) 平均速度定义为 $\overline{\boldsymbol{v}}=\dfrac{\Delta\boldsymbol{r}}{\Delta t}$，它是矢量.平均速率定义为 $\overline{v}=\dfrac{\Delta s}{\Delta t}$，它是标量.在一般情况下，在相同的时间内 $|\Delta\boldsymbol{r}|\neq\Delta s$，所以平均速度和平均速率并不相等.例如，质点在运动过程中，经过一段时间后回到原处，路程不为零，而位移则为零，即平均速度为零，而平均速率不为零.只有在运动方向不变的直线运动中，平均速度在量值上才和平均速率相等.

瞬时速度是时间 Δt 趋于零时平均速度的极限，即 $\boldsymbol{v}=\lim\limits_{\Delta t\to 0}\overline{\boldsymbol{v}}=\lim\limits_{\Delta t\to 0}\dfrac{\Delta\boldsymbol{r}}{\Delta t}=\dfrac{\mathrm{d}\boldsymbol{r}}{\mathrm{d}t}$.瞬时速度和平均速度都是矢量.一般情况下，它们不仅量值不同，方向也不同.平均速度的方向是 Δt 时间内位移 $\Delta\boldsymbol{r}$ 的方向，而瞬时速度的方向是 $\Delta t\to 0$ 时沿运动轨迹的切线方向.只有在匀速直线运动中，瞬时速度和平均速度才相等.

瞬时速率是指瞬时速度的大小，瞬时速率和平均速率都是标量.平均速率的大小等于单位时间内所经过的路程只有在匀速直线运动中，瞬时速率才与平均速率相等.

1-1-3 回答下列问题：

(1) 有人说："运动物体的加速度越大，物体的速度也越大"，你认为对不对？

(2) 有人说："物体在直线上运动前进时，如果物体向前的加速度减小，物体前进的速度也就减小"，你认为对不对？

(3) 有人说："物体加速度的值很大，而物体速度的值可以不变，是不可能的"，你认为如何？

答：(1) 运动物体的加速度很大，说明物体运动速度在变化着，其变化率很大，并不是运动的速度很大，所以"运动物体的加速度越大，物体的速度也越大"的说法是不对的.例如，弹簧振子在位移最大处，其加速度最大，而速度却为零.

(2) 物体作直线运动时，如果向前运动的加速度减小，表明向前运动的速度的变化率在减小，但向前运动的速度还是因加速度存在而继续增大，但增大得缓慢些.即使加速度减为零时，物体仍向前作匀速直线运动，所以"物体在直线上运动前进时，如果物体向前的加速度减小，物体前进的速度也就减小"的说法，也是错误的.

(3) "物体加速度的值很大，而物体速度的值可以不变"，是可能的.物体速度的值不变，但速度的方向可以改变，因而也有加速度，即法向加速度.例如，物体作匀速率圆周运动时，其法向加速度 $a_n=\dfrac{v^2}{R}$，如 v 的值很大，就可以得到很大的加速度.

1-1-4 设质点的运动学方程 $x=x(t)$，$y=y(t)$，在计算质点的速度和加速度时，有人先求出

$$r=\sqrt{x^2+y^2}$$

然后根据

$$v=\frac{\mathrm{d}r}{\mathrm{d}t} \quad 及 \quad a=\frac{\mathrm{d}^2 r}{\mathrm{d}t^2}$$

而求得结果；又有人先计算速度和加速度的分量，再合成求得结果，即

$$v=\sqrt{\left(\frac{\mathrm{d}x}{\mathrm{d}t}\right)^2+\left(\frac{\mathrm{d}y}{\mathrm{d}t}\right)^2} \quad 及 \quad a=\sqrt{\left(\frac{\mathrm{d}^2x}{\mathrm{d}t^2}\right)^2+\left(\frac{\mathrm{d}^2y}{\mathrm{d}t^2}\right)^2}$$

你认为哪一种正确？两者差别何在？

答：在计算速度和加速度的大小时，后面一个方法是正确的.前面一个计算方法错误在于忽视了位移、速度和加速度的矢量性.质点的速度按定义是 $\boldsymbol{v}=\dfrac{\mathrm{d}\boldsymbol{r}}{\mathrm{d}t}$，

而不是 $v=\frac{\mathrm{d}r}{\mathrm{d}t}$. $|\mathrm{d}\boldsymbol{r}|$ 和 $\mathrm{d}r$ 的意义不同. $|\mathrm{d}\boldsymbol{r}|$ 是位矢增量 $\mathrm{d}\boldsymbol{r}$ 的大小,而 $\mathrm{d}r$ 是位矢 $\boldsymbol{r}_2$ 和 $\boldsymbol{r}_1$ 大小的差值,即 r_2-r_1 的极值,所以 $|\mathrm{d}\boldsymbol{r}|\neq \mathrm{d}r$. $\frac{\mathrm{d}r}{\mathrm{d}t}$给出的只是位矢大小的时间变化率.按速度定义应为

$$\boldsymbol{v}=\frac{\mathrm{d}\boldsymbol{r}}{\mathrm{d}t}=\frac{\mathrm{d}x}{\mathrm{d}t}\boldsymbol{i}+\frac{\mathrm{d}y}{\mathrm{d}t}\boldsymbol{j}$$

速度的大小为

$$|\boldsymbol{v}|=\left|\frac{\mathrm{d}\boldsymbol{r}}{\mathrm{d}t}\right|=\sqrt{v_x^2+v_y^2}=\sqrt{\left(\frac{\mathrm{d}x}{\mathrm{d}t}\right)^2+\left(\frac{\mathrm{d}y}{\mathrm{d}t}\right)^2}$$

同样,加速度的大小应为

$$|\boldsymbol{a}|=\left|\frac{\mathrm{d}\boldsymbol{v}}{\mathrm{d}t}\right|=\sqrt{a_x^2+a_y^2}=\sqrt{\left(\frac{\mathrm{d}v_x}{\mathrm{d}t}\right)^2+\left(\frac{\mathrm{d}v_y}{\mathrm{d}t}\right)^2}$$

用平面极坐标描述质点的平面运动时,位置矢量 $\boldsymbol{r}$ 的大小和方向用极径 r 和极角 θ 表示.质点运动的速度 $\boldsymbol{v}$ 和加速度 $\boldsymbol{a}$ 也都可表示为沿径向的和垂直于径向的两个分量的叠加,即

$$\boldsymbol{v}=v_r(t)\boldsymbol{e}_r+v_\theta(t)\boldsymbol{e}_\theta \quad 和 \quad \boldsymbol{a}=a_r(t)\boldsymbol{e}_r+a_\theta(t)\boldsymbol{e}_\theta$$

其中

$$v_r=\frac{\mathrm{d}r}{\mathrm{d}t},\quad a_r=\frac{\mathrm{d}^2r}{\mathrm{d}t^2}$$

所以,前者求出的只是速度 $\boldsymbol{v}$ 和加速度 $\boldsymbol{a}$ 的径向分量.

§1-2 抛体运动

1-2-1 “由于在抛体运动中物体的速度一直在变化,所以物体有随时间变化的加速度.”这个说法对不对?

答:这个说法是不对的.抛体运动中物体仅受到方向向下的重力作用,因此只有与外力方向不变的重力加速度,其大小为 g,也是不变的.至于速度的变化,正是由于重力加速度的存在才产生了相应的速度变化.

§1-3 圆周运动和一般曲线运动

1-3-1 试回答下列问题:

(1) 匀加速运动是否一定是直线运动? 为什么?

(2) 在圆周运动中,加速度方向是否一定指向圆心? 为什么?

答:(1) 匀加速运动不一定是直线运动.例如抛体运动,它的加速度为大小和方向都不变的重力加速度 $\boldsymbol{g}$,虽然速度 $\boldsymbol{v}$ 的方向总是沿着轨迹的切线方向,但其增量 $\mathrm{d}\boldsymbol{v}$ 的方向始终与 $\boldsymbol{g}$ 一致.所以抛体运动也是匀加速运动.

(2) 在圆周运动中,加速度的方向不一定指向圆心.因为在变速率圆周运动中,质点运动的速度和大小都有变化,所以不仅有向心(法向)加速度,还有切向加速度,其合加速度就不再指向圆心.

1-3-2　对于物体的曲线运动有下面两种说法:

(1) 物体作曲线运动时,必有加速度,加速度的法向分量一定不等于零.

(2) 物体作曲线运动时速度方向一定在运动轨迹的切线方向,法向分速度恒等于零,因此其法向加速度也一定等于零.

试判断上述两种说法是否正确,并讨论物体作曲线运动时速度、加速度的大小、方向及其关系.

答:(1)"物体作曲线运动时,必有加速度,加速度的法向分量一定不等于零",这种说法是正确的.因为物体作曲线运动时,它的速度方向在不断地变化,因而一定存在法向加速度.

(2)"物体作曲线运动时,速度一定在运动轨迹的切线方向,法向分速度等于零,因此其法向加速度也一定等于零",这种说法是错误的.因为法向加速度反映物体运动速度方向的变化.

物体作曲线运动时,其速度大小 $v=\dfrac{\mathrm{d}s}{\mathrm{d}t}$,方向总是沿着轨迹的切线方向.它的加速度在自然坐标系中可分解为以下两个分量:法向加速度 $a_{\mathrm{n}}=\dfrac{v^2}{\rho}$,其方向与速度方向垂直,反映速度方向的变化;切向加速度 $a_{\mathrm{t}}=\dfrac{\mathrm{d}v}{\mathrm{d}t}$,其方向有两种可能,或与速度方向相同,或与速度方向相反,前者为加速运动情形,后者为减速运动情形.其合加速度一定不与速度方向垂直,但一定指向轨迹的凹侧.

1-3-3　一个作平面运动的质点,它的运动方程是 $\boldsymbol{r}=\boldsymbol{r}(t)$,$\boldsymbol{v}=\boldsymbol{v}(t)$,如果

(1) $\dfrac{\mathrm{d}r}{\mathrm{d}t}=0$,$\dfrac{\mathrm{d}\boldsymbol{r}}{\mathrm{d}t}\neq 0$,质点作什么运动?

(2) $\dfrac{\mathrm{d}v}{\mathrm{d}t}=0$,$\dfrac{\mathrm{d}\boldsymbol{v}}{\mathrm{d}t}\neq 0$,质点作什么运动?

答:(1) 质点作平面运动时,$\dfrac{\mathrm{d}r}{\mathrm{d}t}=0$ 表明质点在运动过程中,它的径矢 $\boldsymbol{r}$ 的

大小保持不变；$\frac{\mathrm{d}\boldsymbol{r}}{\mathrm{d}t}\neq 0$ 表明质点运动的速度不为零，即径矢 $\boldsymbol{r}$ 的方向在变化.因此质点作圆周运动.

（2）$\frac{\mathrm{d}v}{\mathrm{d}t}=0$ 表明质点在运动过程中速度 $\boldsymbol{v}$ 的大小保持不变；$\frac{\mathrm{d}\boldsymbol{v}}{\mathrm{d}t}\neq 0$ 表明质点运动的加速度不为零.在速度大小保持不变的情况下，只有速度 $\boldsymbol{v}$ 的方向在变化.因此质点作匀速率曲线运动.

1-3-4 圆周运动中质点的加速度是否一定和速度方向垂直？任意曲线运动的加速度是否一定不与速度方向垂直？

答：（1）在圆周运动中，质点的加速度不一定和速度方向垂直.因为质点运动的速度不仅方向随时间变化，大小也可能随时间变化，所以不仅有法向加速度，还有切向加速度，因而合加速度不一定与速度方向垂直.只有在匀速率圆周运动中，其加速度只有法向加速度，才和速度方向垂直.

（2）在任意曲线运动中，如质点的运动速度只有方向在变化，这时加速度就只有法向加速度，其方向与速度方向垂直，并指向质点所在处曲线的曲率中心.

1-3-5 一质点沿轨道 $ABCDEFG$ 运动，按图 1-2 中所标定的速度与加速度方向分析各点的运动情况，把答案填入下表.

情况 \ 点	A	B	C	D	E	F	G
运动是否可能							
速度将增大还是减小							
速度方向将变化否							

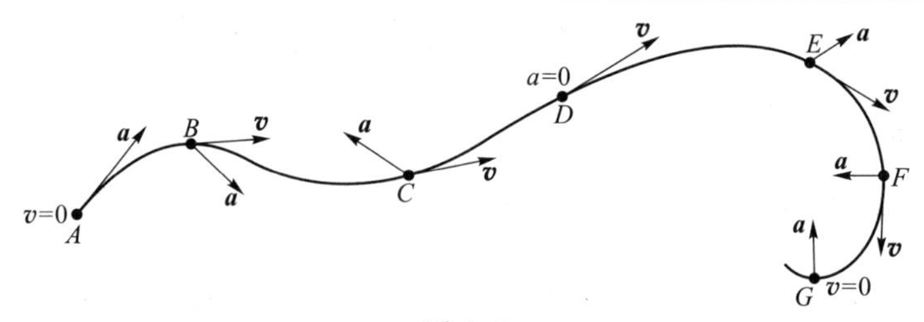

图 1-2

答:

情况 \ 点	A	B	C	D	E	F	G
运动是否可能	是	是	是	是	否	是	否
速度将增大还是减小	增大	增大	减小	不变		不变	
速度方向将变化否	否	是	是	否		是	

§1-4 相对运动

1-4-1 一人在以恒定速度运动的火车上竖直向上抛出一石子,此石子能否落入人的手中?如果石子抛出后,火车以恒定的加速度前进,结果又将如何?

答:在恒定速度运动的火车上,竖直上抛一石子,此石子一定能落入人手中.因为相对火车的参考系,石子上抛后没有水平方向的速度,因而能落入那人手中.

如果石子抛出后,火车以恒定的加速度前进,此时,抛出的石子相对火车参考系,有了水平运动速度,所以石子不能落入那人手中.

1-4-2 装有竖直遮风玻璃的汽车,在大雨中以速率 v 前进,雨滴则以速率 v' 竖直下降,问雨滴将以什么角度打击遮风玻璃?

答:汽车前进的速度 $\boldsymbol{v}$ 是相对地面的,雨滴下落的速度 $\boldsymbol{v}'$ 也是相对地面的,所以雨滴相对汽车的速度为

$$\boldsymbol{v}_{雨对车}=\boldsymbol{v}_{雨对地}-\boldsymbol{v}_{车对地}$$

由于汽车的速度和雨滴的速度相互垂直,利用矢量图(参看图 1-3)可得

$$v_{雨对车}=\sqrt{v_{雨对地}^{2}+v_{车对地}^{2}}=\sqrt{v'^{2}+v^{2}}$$

与竖直方向的夹角

$$\theta=\arctan\frac{v_{车对地}}{v_{雨对地}}=\arctan\frac{v}{v'}$$

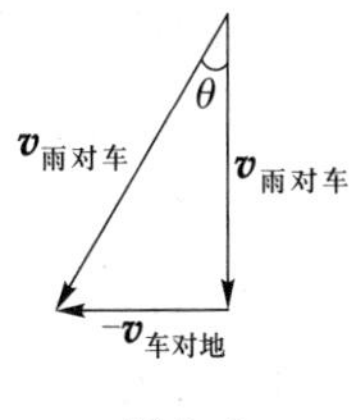

图 1-3

§1-5 牛顿运动定律 力学中的常见力

1-5-1 回答下列问题:

(1) 物体的运动方向和合外力方向是否一定相同?

(2) 物体受到几个力的作用时,是否一定产生加速度?

(3) 物体运动的速率不变时,所受合外力是否为零?

(4) 物体的运动速度很大,所受合外力是否也很大?

答:(1) 物体的运动方向和合外力方向不一定相同.因为根据牛顿运动定律,物体所受的合外力方向与物体获得的加速度方向相同,不是与速度方向(运动方向)相同.例如,物体作曲线运动时,其速度方向沿轨迹的切线方向,而加速度的方向却总是指向轨迹曲线凹的一侧.所以合外力的方向也应指向轨迹曲线凹的一侧,与运动速度方向无关.

(2) 物体受到几个力的作用时,并不一定产生加速度.力是矢量,若几个力的合力为零,就不产生加速度.

(3) 物体的运动速率不变,若运动的方向在改变,也存在加速度.这说明物体所受的外力不为零.例如,在匀速率圆周运动中,物体运动的速率不变,但存在向心加速度,即物体受到向心力作用.

(4) 物体的运动速度很大,只说明它运动得很快,并未说明运动快慢有没有变化,因此,并未说明加速度的存在,即物体所受的外力也不一定存在.

1-5-2 物体所受摩擦力的方向是否一定和它的运动方向相反?试举例说明.

答:摩擦力是指相对运动或有相对运动趋势的物体间存在的阻碍相对运动或抵抗相对运动趋势的力.它可以和物体的运动方向相反,也可以和运动方向相同.因此摩擦力可以是阻力,也可以是动力.例如,用传送带将砂石输送到斜上方的车厢中,砂石和传送带一起向斜上方运动,砂石因受重力的作用,有沿传送带下滑的趋势,由于砂石受到传送带的静摩擦力,其方向沿着传送带向上,所以砂石不会下滑,这是物体所受的摩擦力与它的运动方向相同的情况.人在地面上能够向前行走,就是因为受到地面对人向前摩擦力的作用.

1-5-3 用绳子系一物体,在竖直平面内作圆周运动,当物体达到最高点时,(1) 有人说:“这时物体受到三个力:重力、绳子的拉力以及向心力”;(2) 又有人说:“因为这三个力的方向都是向下的,但物体不下落,可见物体还受到一个方向向上的离心力和这些力平衡着”.这两种说法对吗?

答:这两种说法都是错误的.根据力是物体间的相互作用,分析一个物体所受的力,必须认定它们的施力物体.在题给的物体只受到重力和绳子拉力两个力.重力的施力者是地球,拉力的施力者是绳子.所谓向心力或离心力都找不到它们的施力物体.当物体在圆周的最高点时,重力和拉力的方向一致,这两个力的合力指向圆心，因此称为向心力，并不是另有什么向心力存在．所谓离心力，是向心力的反作用力，作用在其他物体上．

1-5-4　绳子的一端系着一金属小球，另一端用手握着使其在竖直平面内作匀速圆周运动，问球在哪一点时绳子的张力最小？在哪一点时绳子的张力最大？为什么？

答：如图 1-4 所示，小球受到重力 $\boldsymbol{G}$ 和绳子拉力 $\boldsymbol{F}_{\mathrm{T}}$ 两个力．根据牛顿运动定律列出小球法向动力学方程：

$$F_{\mathrm{T}}-mg\cos\theta=ma_{\mathrm{n}}=m\frac{v^2}{R}$$

$$F_{\mathrm{T}}=m\frac{v^2}{R}+mg\cos\theta$$

当 $\theta=0$ 时，即物体处于最低点

$$F_{\mathrm{T}}=m\frac{v^2}{R}+mg\quad（绳子的张力最大）$$

当 $\theta=\pi$ 时，即物体处于最高点

$$F_{\mathrm{T}}=m\frac{v^2}{R}-mg\quad（绳子的张力最小）$$

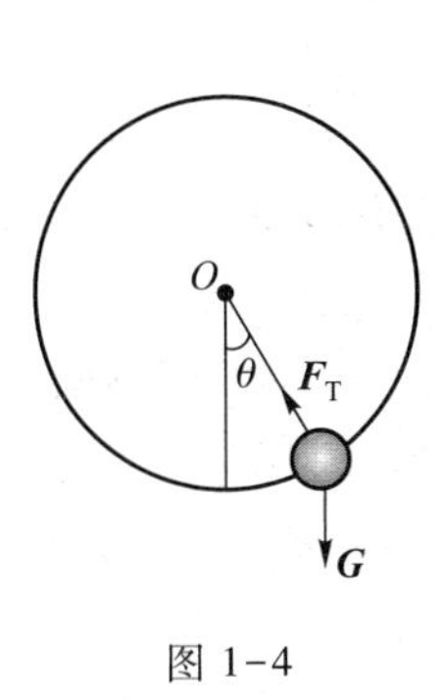

图 1-4

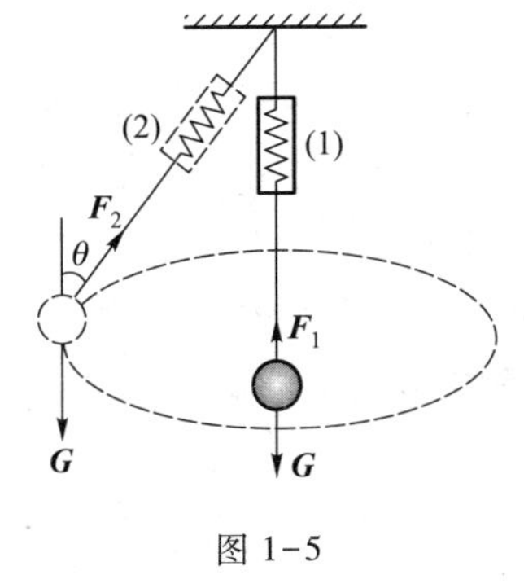

图 1-5

1-5-5　在弹簧测力计的下面挂着一个物体，如图 1-5 所示，试判别下列两种情况下，测力计所指出的读数是否相同？如果不同，则在哪种情况下读数较大？

(1) 物体竖直地静止悬挂；

(2) 物体在一水平面内作匀速圆周运动．

答：(1) 当物体竖直静止悬挂时，测力计的读数就是物体的重力，即 $F_1=mg$．

（2）当物体在水平面内作匀速圆周运动时,则

$$F_2\sin\theta = ma_n = mr\omega^2$$

$$F_2\cos\theta = mg$$

解以上两方程,得

$$F_2=\sqrt{(mg)^2+(mr\omega^2)^2}=mg\sqrt{1+\left(\frac{r\omega^2}{g}\right)^2}>mg$$

所以,情况(2)的读数大.

1-5-6　如图 1-6 所示,一个用绳子悬挂着的物体在水平面上作匀速圆周运动,有人在重力的方向上求合力,写出 $F_T\cos\theta-G=0$,另有人沿绳子拉力 F_T 的方向求合力,写出 $F_T-G\cos\theta=0$.显然两者不能同时成立,试指出哪一个式子是错误的,为什么?

答:前一式 $F_T\cos\theta-G=0$ 仅是物体所受的合力在竖直方向分量的运动方程,事实上,物体在水平面上作匀速圆周运动时还有法向加速度,即法向分力的运动方程没有考虑,缺少了方程 $F_T\sin\theta=ma_n=m\dfrac{v^2}{R}$,所以无法求得合力.后一式也是错误的.因为物体的加速度 $\boldsymbol{a}$ 在水平面内,在绳子拉力 $\boldsymbol{F}_T$ 的方向上,加速度 $\boldsymbol{a}$ 的分量不为零.

1-5-7　两个物体相互接触,或有联系时,彼此间是否一定存在弹性力?

答:弹性力是产生在直接接触的物体之间并以物体的形变为先决条件的.两个相互接触的物体如果出现相互挤压的情形,即使形变很小,弹力也是存在的.如果手握绳索,而不是拉紧它,则绳索对人也没有拉力作用,这时弹性力就不存在.又如两物体并列如图 1-7 所示,其接触“貌合神离”,则在彼此接触处也就无弹力可言.

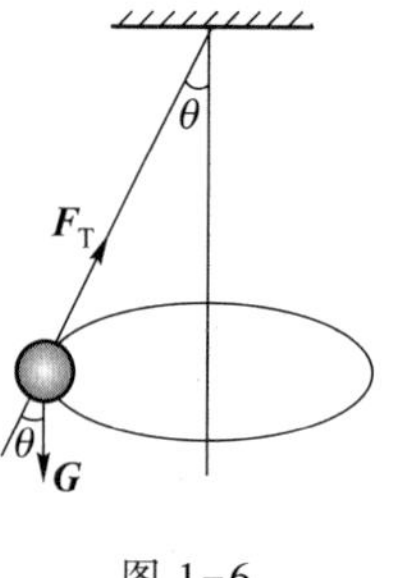

图 1-6

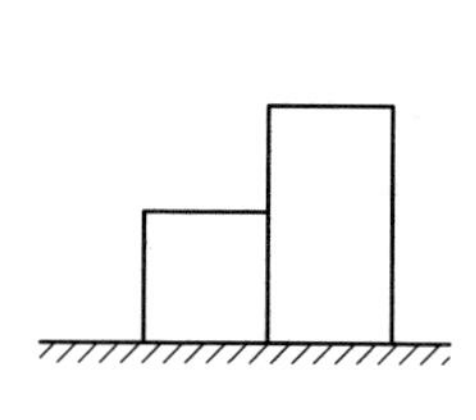
图 1-7

§1-6 伽利略相对性原理 非惯性系 惯性力

1-6-1 列举若干非惯性系的参考系.

答:游乐场的大转盘、火箭发射时火箭上升时期、火车转弯时等都是非惯性系的参考系.凡是作加速运动的参考系都是非惯性系.

1-6-2 惯性力是否具有力特征的三要素?

答:惯性力($-ma$)具有力特征的三要素,例如,它有大小(ma)、方向(负号表示与加速度 a 相反),作用在物体上,但惯性力没有反作用力.它是为了与质点在非惯性系中的力学问题能够与牛顿运动定律有相同的形式而另外加上的假想力.

第二章　运动的守恒量和守恒定律

§2-1　质点系的内力和外力　质心　质心运动定理

2-1-1　一物体能否有质心而无重心？试说明之.

答:物体的质心和重心是两个不同的概念.质心是表征物体系统质量分布的一个几何点,所有物体都有其质量分布,所以物体都有质心.重心是地球对物体各部分引力的合力(即重力)的作用点.在失重环境中,物体不受重力作用,重心自然失去意义.因此,一物体可能有质心而无重心.

2-1-2　人体的质心是否固定在体内？能否从体内移到体外？

答:质心的位置在平均意义上表示质量分布的中心.它的位置随质量分布的变化而变化.例如一根长直细棒,其质心在棒内,当细棒被弯曲成一圆环时,质量分布发生了变化,其质心就不在棒内而移向环心.与之相似,人体在直立时,质心在体内,如果人体弯曲,质心就从体内移到体外.

2-1-3　有人说:"质心是质量集中之处,因此在质心处必定要有质量",这话对吗？

答:这话不对.如题 2-1-1 中所述,质心是表征物体系统质量分布的一个几何点.并不是质量集中之处.质心所在处不一定有质量分布.例如:质量均匀分布的细圆环,其质心在环心,但质量却均匀分布于细圆环上.

§2-2　动量定理　动量守恒定律

2-2-1　能否利用装在小船上的风扇扇动空气使小船前进？

答:假定风扇固定在小船上.当船上的风扇持续地向船尾扇动空气时,风扇同时也受到了空气的反作用力.该反作用力是向着船头、通过风扇作用于船身的.根据动量定理可知,该力持续作用于船身的效果,使船向前运动的动量获得增量.若该作用力大于船向前运动时所受的阻力,小船就可向前运动.

若将风扇转向船头扇动空气,则将使小船后退.

2-2-2 在地面的上空停着一气球,气球下面吊着软梯,梯上站着一个人. 当这人沿软梯往上爬时,气球是否运动?

答:取人、气球和软梯为系统来分析.当人相对软梯静止时,系统所受重力和浮力的合力为零.系统的动量在垂直方向上为零并守恒,系统的质心将保持原有的静止状态不变.当人沿软梯往上爬时,人与软梯间的相互作用力是内力,而内力不改变系统的总动量,系统所受合外力仍为零,总动量也不变.系统的质心位置仍保持不变.所以,根据动量守恒定律可知,当人沿软梯往上爬时,气球和软梯将向下运动.

2-2-3 对于变质量系统,能否应用 $\boldsymbol{F}=\frac{\mathrm{d}}{\mathrm{d}t}(m\boldsymbol{v})$? 为什么?

答:"变质量问题"是指发射中的火箭、下落中的雨滴等问题.在这类问题中,主体(指火箭或雨滴)的质量由于排出或吸附质量而不断变化(减小或增大).但就主体和附加物整体而言,它们的质量是不变的.这属于质点系的动力学问题,牛顿第二定律 $\boldsymbol{F}=\frac{\mathrm{d}(m\boldsymbol{v})}{\mathrm{d}t}$ 依然适用,但式中 $m\boldsymbol{v}$ 应理解为质点系的总动量.

"变质量问题"研究的对象一般是主体的运动规律,对于运动过程中所吸附或排出的那一部分质量,在吸附前或排出后与运动主体有不同的运动速度,所以用 $\boldsymbol{F}=\frac{\mathrm{d}(m\boldsymbol{v})}{\mathrm{d}t}$ 来处理主体的运动是错误的.因此,处理这类变质量问题应当从质点系的动量定理入手,由系统的动量定理可得

$$\boldsymbol{F}=m\frac{\mathrm{d}\boldsymbol{v}}{\mathrm{d}t}-\boldsymbol{v}_{\mathrm{r}}\frac{\mathrm{d}m}{\mathrm{d}t}$$

式中 m 为运动主体的质量,$\boldsymbol{v}_{\mathrm{r}}$ 为附加物在吸附或排出后相对于运动主体的速度.

上式可改写为

$$\frac{\mathrm{d}}{\mathrm{d}t}(m\boldsymbol{v})=\boldsymbol{F}+\boldsymbol{v}_{\mathrm{r}}\frac{\mathrm{d}m}{\mathrm{d}t}$$

它的物理意义是:主体的动量变化率等于主体所受的外力与单位时间内附加物变化的动量的矢量和.

2-2-4 物体 m 被放在斜面 m' 上,如把 m 与 m' 看成一个系统,问在下列何种情形下,系统的水平方向分动量是守恒的?

(1) m 与 m' 间无摩擦,而 m' 与地面间有摩擦;

(2) m 与 m' 间有摩擦,而 m' 与地面间无摩擦;

（3）两处都没有摩擦；

（4）两处都有摩擦.

答:如图 2-1 所示,如把物体与斜面作为一个系统,那么系统所受的外力有:物体与斜面所受的重力,地面对斜面的支持力,以及地面与斜面间的摩擦力.而物体与斜面间的摩擦力以及相互作用的支持力都是系统的内力.系统的水平方向分动量守恒的条件是:系统在水平方向的合外力为零.据此,对各种情况分别讨论如下.

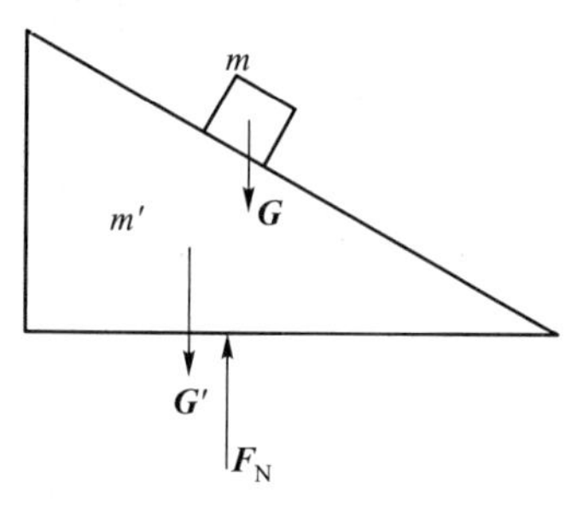

图 2-1

（1）当斜面与地面间有摩擦时,系统在水平方向的合外力不为零,故水平方向的分动量不守恒.

（2）当斜面与地面间无摩擦时,系统的水平方向的分动量守恒.

（3）如同(2)的讨论,系统的水平方向的分动量守恒.

（4）如同(1)的讨论,系统的水平方向的分动量不守恒.

2-2-5　用锤压钉,很难把钉压入木块,如用锤击钉,钉就很容易进入木块,这是为什么?

答:钉子进入木块,主要是钉子所受的作用力要大于钉子与木块之间的摩擦力.用锤压钉,当锤对钉子的压力小于钉子所受的摩擦力时,钉子就无法进入木块,一般情况下,锤压钉子的压力是不大的,所以难以把钉压入木块.锤击钉子,利用锤的冲力.挥动锤时,具有一定的动量,打击到钉子后,动量为零,由于打击时间很短,所以锤受到钉子的很大平均冲力.根据牛顿第三定律,钉子也受到很大的平均冲力,很容易克服木块的阻力而进入木块.

2-2-6　如图 2-2 所示,用细线把球挂起来,球下系一同样的细线.拉球下细线,逐渐加大力量,哪段细线先断?为什么?如用较大力量突然拉球下细线,哪段细线先断?为什么?

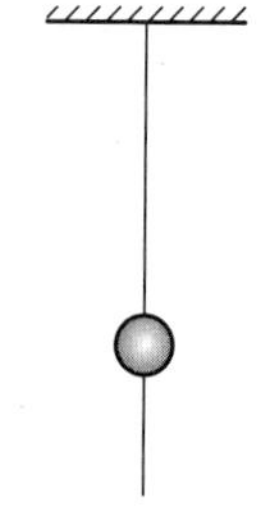

图 2-2

答:不论何种绳和线,只能承受一定张力,当所受的拉力大于它所能承受的极限张力,绳或线就会断掉.

如图 2-2 所示的情况,当缓慢地加大力量拉下面的线时,可以认为每一瞬时,线中的张力与拉力达到平衡,即线中的张力等于拉力,而球上面线中的张力等于拉力和球的重力.因此,在逐渐加大拉力的过程中,球上面的线中的张力首先超过其极限张力,因而上面的线先断.

如用较大的力量突然拉球下面的线时，由于力的作用时间较短，作用在线上的拉力就是冲力，该冲力通过细线作用于重球，但重球的质量又很大，在极短的时间内，冲力尚未通过重球的位移传递给球上面的线前，球下面的线已经断了.

2-2-7　有两只船与堤岸的距离相同，为什么从小船跳上岸比较难，而从大船跳上岸却比较容易？

答：人从船向岸跳时，船要离岸运动.取人和船为系统，并假设人和船都是质点，水的阻力不计.人以水平速度跳出时，系统在水平方向的动量分量守恒，即

$$m_{人} v_{人}+m_{船} v_{船}=0$$

$$v_{船}=-\frac{m_{人}}{m_{船}}v_{人}$$

由此可知，小船的后退比大船厉害，人与船的作用时间比较短了，在作用力相等情况下，所得的冲量就比较小了.因此他离船的速度比较小，所以从小船不容易跳上岸.这与枪射出子弹的情况相同.枪身与船对比，子弹可以比作人，质量相同的子弹，从质量不同的枪内射出，若爆炸力相等，质量大的枪身后退的加速度小，质量小的枪身后退的加速度大.枪身后退的加速度大，子弹在枪身内经过的时间必短，因此子弹从质量小的枪内射出，所得的冲量或得到的速度就小.同样地，人用同样大的力自小船上前跳的速度比自大船上前跳时的小.

§ 2-3　质点的角动量定理和角动量守恒定律

2-3-1　在匀速圆周运动中，质点的动量是否守恒？角动量呢？

答：质点作匀速圆周运动时，它的速度的大小虽然不变，但方向时刻改变着，即它的动量时刻在变，动量不守恒.又根据动量守恒定律，可知因为质点作匀速圆周运动时，质点受到向心力的作用，合外力不为零，所以质点的动量不守恒.

质点作匀速圆周运动时，其角动量 $\boldsymbol{L}=\boldsymbol{r}\times m\boldsymbol{v}$，由于速度大小不变，角动量的大小不变，角动量的方向由 $\boldsymbol{r}\times\boldsymbol{v}$ 决定，处处相同，所以质点的角动量守恒.又根据角动量守恒定律可知，因为质点所受到的合外力指向圆心（向心力），合外力对圆心的力矩为零，所以质点的角动量守恒.注意：质点的角动量是对定点而言的，质点作匀速圆周运动时，仅对圆心的角动量是守恒的.

2-3-2　质点的动量守恒和角动量守恒的条件各是什么？质点的动量和角动量能否同时守恒？试说明之.

答：质点的动量守恒条件是：质点所受到的合力为零；角动量守恒的条件是：

质点在运动过程中所受到的合力对某参考点的合力矩为零.

动量和角动量是两个从不同角度描述物体运动的物理量,动量守恒定律和角动量守恒定律是两个彼此独立的基本定律,它们的守恒条件不同.要使质点的动量和角动量同时守恒,唯一的情况是质点所受的合外力为零.例如,质点作匀速直线运动时(图 2-3),它的动量不变,对直线轨迹外任一点的角动量也是不变的,因为 $|\boldsymbol{r}'\times\boldsymbol{v}| = r'v\sin\theta = rv = |\boldsymbol{r}\times\boldsymbol{v}|$.这时动量和角动量都满足守恒.

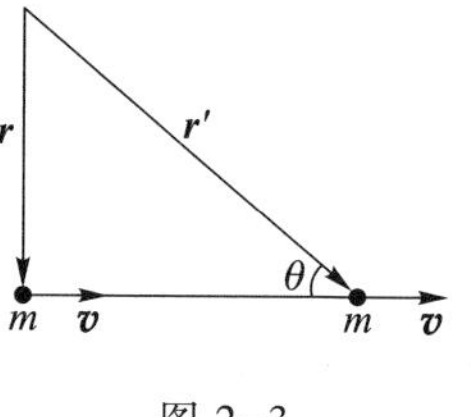

图 2-3

要注意的是,对于一个系统来说,系统的合外力为零时,其合外力矩不一定为零;反之,系统的合外力矩为零时,其合外力也不一定为零.条件不同,所以对应的守恒量自然就不相同.

§2-4 功 动能 动能定理

2-4-1 一物体可否只具有机械能而无动量?一物体可否只有动量而无机械能?试举例说明.

答:一个物体相对于某参考系具有速度,则该物体具有动能和动量.但物体的势能则与势能零点的选取有关.例如重力势能可正可负.如果物体的动能与物体的负势能量值相等时,则物体的机械能为零.

(1) 一物体只具有机械能而无动量,是可能的,例如静止在离地面 h 处的物体,它的动能和动量均为零.只要势能零点不是选取在离地面高 h 处,则物体具有势能.因此,物体具有机械能而无动量.又如,弹簧振子在水平面内振动,当物体振动到位移最大处,速度为零,动能和动量也均为零.如弹性势能的零点选取在弹簧的原长处,所以在位移最大处具有弹性势能,即机械能不为零而动量为零.

(2) 一物体只有动量而无机械能也是可能的.例如,物体离地面 h 处自由下落,当下落到地面时,物体具有速度,即物体具有动量和动能.如取物体下落处为重力势能的零点,则到达地面时具有重力势能 $-mgh$.由于开始下落时,机械能 $E_0=0$,所以到达地面时,机械能也为零,$E=\frac{1}{2}mv^2+(-mgh)=0$.这时,物体具有动量而机械能为零.

2-4-2 两质量不等的物体具有相等的动能,哪个物体的动量较大?两质量不等的物体具有相等的动量,哪个物体的动能较大?

答:设两物体的质量分别为 m_1 和 m_2,且 $m_1>m_2$,运动速度的大小分别为 v_1

和 v_2，则两物体的动量分别为 $p_1=m_1v_1$，$p_2=m_2v_2$，动能分别为 $E_{k_1}=\frac{1}{2}m_1v_1^2$，$E_{k_2}=\frac{1}{2}m_2v_2^2$.

(1) 如动能相等，有

$$\frac{1}{2}m_1v_1^2=\frac{1}{2}m_2v_2^2$$

即有

$$v_2=\sqrt{\frac{m_1}{m_2}}v_1>v_1$$

所以动量

$$p_2=m_2v_2=m_2\sqrt{\frac{m_1}{m_2}}v_1=m_1v_1\sqrt{\frac{m_2}{m_1}}<p_1$$

说明此时质量大的物体具有较大的动量值.

(2) 如动量相等，有

$$m_1v_1=m_2v_2$$

即有

$$v_2=\frac{m_1}{m_2}v_1>v_1$$

所以动能

$$E_{k_2}=\frac{1}{2}m_2v_2^2=\frac{1}{2}m_2\left(\frac{m_1}{m_2}v_1\right)^2=\frac{1}{2}m_1v_1^2\left(\frac{m_1}{m_2}\right)>E_{k_1}$$

说明此时质量大的物体具有较小的动能.

2-4-3　一物体沿粗糙斜面下滑.试问在这过程中哪些力做正功？哪些力做负功？哪些力不做功？

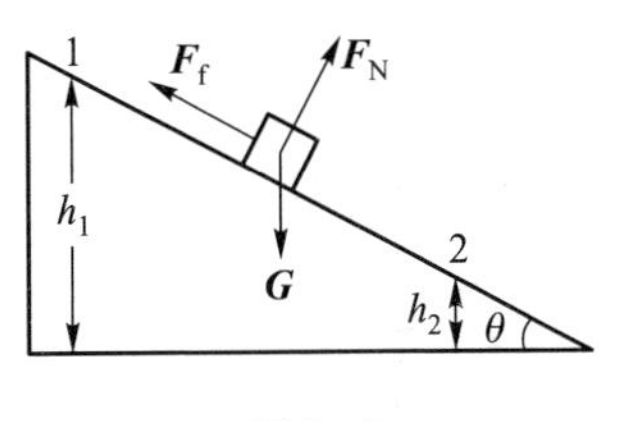

图 2-4

答：物体沿粗糙斜面下滑时，它受到的力有：重力 $\boldsymbol{G}$、斜面的支持力 $\boldsymbol{F}_N$ 和滑动摩擦力 $\boldsymbol{F}_f$.如图 2-4 所示，当物体从位置 1 运动到位置 2 时，重力做功

$$A_G=\int_1^2\boldsymbol{G}\cdot d\boldsymbol{r}=\int_{h_1}^{h_2}mg\cos\theta ds=-mg\int_{h_1}^{h_2}dh=mg(h_1-h_2)$$

由于 $h_1>h_2$，但是物体下滑时，重力做正功.

斜面的支持力 $\boldsymbol{F}_N$ 与物体的位移相互垂直，所以斜面的支持力不做功.

摩擦力 $\boldsymbol{F}_f$ 与物体的位移间的夹角为 $\theta=\pi$，所以摩擦力做负功.

2-4-4　外力对质点不做功时，质点是否一定作匀速运动？

答：根据质点的动能定理 $A=\Delta E_k$ 可知，合外力对质点做功为零时，质点的动能保持不变.有两种情况：

（1）若合外力 $\boldsymbol{F}=0$，则质点将保持原来的运动状态不变，动能自然不变.此即牛顿第一定律.原来静止的将仍然保持静止；原来作匀速直线运动的，将继续作保持原有速度的大小和方向不变的匀速直线运动.

（2）若合外力 $\boldsymbol{F}$ 与质点的位移 $\mathrm{d}\boldsymbol{r}$ 始终垂直，则合外力对质点不做功.如：用细绳连接着的小球在光滑水平面内的圆周运动，拉力不做功；垂直进入均匀磁场的点电荷所作的圆周运动，磁场力不做功.此时的质点所作的是匀速率圆周运动，其动能虽然不变，但速度方向不断改变，即动量时时在变.

2-4-5　两个相同的物体处于同一位置，其中一个水平抛出，另一个沿斜面无摩擦地自由滑下，问哪一个物体先到达地面？到达地面时两者的速率是否相等？

答：如图 2-5 所示，取平抛物体为 A，下滑物体为 B.设两物体离地面高度为 h，A 的水平速度为$\boldsymbol{v}_0$，斜面长为 l.

对 A，有

$$h=\frac{1}{2}gt^2,\quad mgh+\frac{1}{2}mv_0^2-\frac{1}{2}mv^2$$

式中 t 和 v 分别为 A 到达地面所用时间和速率，可解得

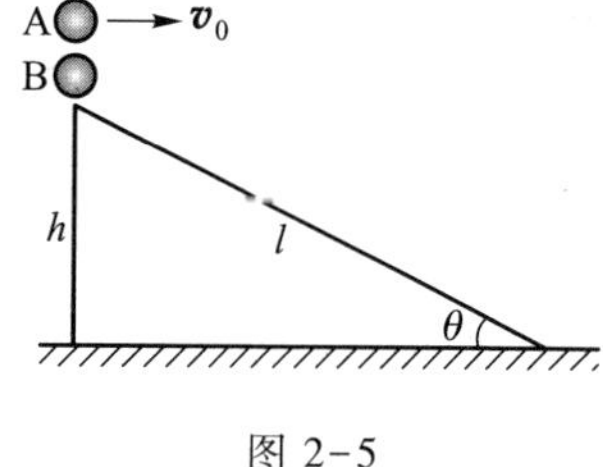

图 2-5

$$t=\sqrt{\frac{2h}{g}},\quad v=\sqrt{2gh+v_0^2}$$

对 B，有　$$l=\frac{1}{2}at'^2=\frac{1}{2}g\sin\theta t'^2,\quad mgh=\frac{1}{2}mv'^2$$

式中 t'和 v'分别为 B 到达地面所用时间和速率.并且

$$h=l\sin\theta$$

可解得　$$t'=\sqrt{\frac{2l}{g\sin\theta}}=\sqrt{\frac{2h}{g\sin^2\theta}}>t$$

$$v'=\sqrt{2gh}<v$$

即平抛物体 A 先到达地面，并且到达地面时的速率比自由下滑物体 B 的大.

§2-5　保守力　成对力的功　势能

2-5-1　非保守力做功总是负的，对吗？举例说明之.

答：非保守力做功并非总是负的，也可以做正功.例如，人从静止走动获得动能，地面静摩擦力不做功，从能量守恒与转化观点来分析.人获得的动能来自有

机体内部生物化学能转化而来的,它是用非保守力做正功来量度的.类似地,汽车启动使汽车获得一定的动能,它也是用非保守力所做的正功来量度的.

2-5-2 为什么重力势能有正负,弹性势能只有正值,而引力势能只有负值?

答:势能具有相对性,势能的大小与势能零点的选取有关.对于弹簧的弹性势能,一般选取没有形变时为势能零点,即 $E_p(0)=0$,由弹性力做功 $E_p(x)-E_p(x_0)=\frac{1}{2}kx^2-\frac{1}{2}kx_0^2$ 得

$$E_p(x)=\frac{1}{2}kx^2$$

这样,弹性势能对任意的 x 全为正值,不论 x 为正或者为负,势能都为正值.如果把势能零点选取在弹簧伸长某一特定值 l 处,即 $E_p(l)=0$,则得

$$E_p(x)=\frac{1}{2}kx^2-\frac{1}{2}kl^2$$

这样,当 $|x|<|l|$ 时,$E_p(x)<0$,弹性势能为负值.

同样,由于选取两质点相距无限远处时为势能零点,则相对距离为 r 处的势能

$$E_p(r)=-G\frac{m_1m_2}{r}$$

若选取相距 r' 处为势能零点,则有

$$E_p(r)=-G\frac{m_1m_2}{r}+G\frac{m_1m_2}{r'}$$

当 $r>r'$ 时,$E_p(r)>0$,即引力势能为正值.

总之,势能零点的不同选取,得到不同的势能的关系式,决定了势能的正负.

2-5-3 回答下列问题:

(1) 重力势能是怎样认识的? 又是怎样计算的? 重力势能的量值是绝对的吗?

(2) 引力势能是怎样认识的? 又是怎样计算的? 引力势能的量值是绝对的吗?

(3) 重力是引力的一个特例.你能从引力势能公式推算出重力势能的公式吗?

(4) 物体在高空中时,势能到底是正值还是负值?

答:重力和万有引力都是保守力,一对保守力的功取决于物体系统的始末相对位置,由此可引入势能函数 E_p,即

$$-\Delta E_p = A_{保}$$

重力势能

$$E_p(h) - E_p(h_0) = mgh - mgh_0$$

引力势能

$$E_p(r) - E_p(r_0) = -G\frac{m_1m_2}{r} - \left(-G\frac{m_1m_2}{r_0}\right)$$

势能具有相对性,势能的大小与势能零点的选取有关.通常选地面上的重力势能为零,选无限远处弹性势能为零.

如果物体在地球表面附近,这时物体与地球组成的系统的引力势能就是重力势能.

设物体距地面的高度为 h,并取地面处为势能零点,则物体的引力势能为

$$E_p(r) = -G\frac{mm_E}{R_E+h} + G\frac{mm_E}{R_E}$$

式中 m_E 为地球的质量,R_E 为地球的半径,由于 $h \ll R_E$,

$$\frac{1}{R_E+h} = \frac{1}{R_E\left(1+\frac{h}{R_E}\right)} = \frac{1}{R_E}\left[1 - \frac{h}{R_E} + \left(\frac{h}{R_E}\right)^2 - \cdots\right] \approx \frac{1}{R_E}\left(1 - \frac{h}{R_E}\right)$$

所以

$$E_p(r) \approx m\left(G\frac{m_E}{R_E^2}\right)h = mgh$$

物体在高空中时,重力势能为正或负,由势能零点的选取决定.

2-5-4 两个质量相等的小球,分别从两个高度相同、倾角不同的光滑斜面的顶端由静止滑到底部,它们的动量和动能是否相同?

答:动量和动能都是量度物体机械运动的物理量.动量 $\boldsymbol{p} = m\boldsymbol{v}$ 是矢量,沿速度 $\boldsymbol{v}$ 的方向;动能 $E_k = \frac{1}{2}mv^2$ 是正值标量,它们的量值都与参考系有关.

如图 2-6 所示,小球从光滑斜面滑下时,速度方向沿着斜面,因此,两球到达底部时的动量方向不同.两小球从高度 h 相同的斜面滑下时,取小球、光滑斜面和地球为系统.因机械能守恒,$mgh = \frac{1}{2}mv^2$,所以两球的动能相同,由于两小球到达底部的速度大小相同,所以它们动量的量值也相等.

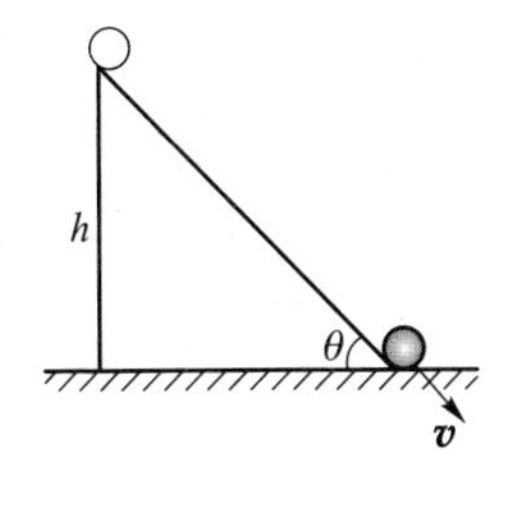

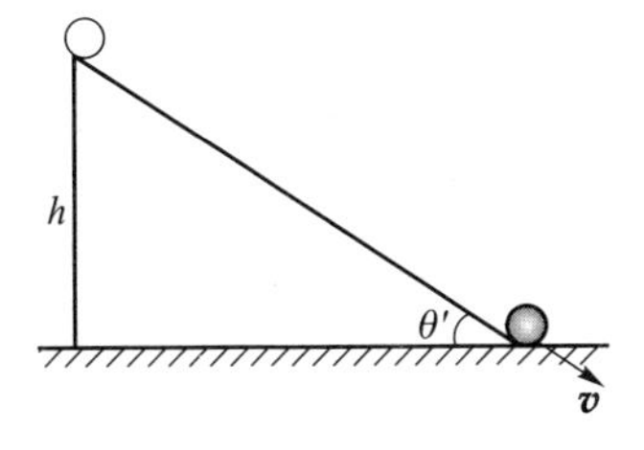

图 2-6

§ 2-6　质点系的功能原理　机械能守恒定律

2-6-1　功能原理与动能定理的区别是什么？

答：功能原理和动能定理都是反映所有的力做功之和与所引起的物体能量变化之间的关系.对单个物体来说，动能定理为：合外力对物体做的功总等于物体动能的增量.对多个物体组成的系统来说，动能定理为：系统的外力和内力做功的总和等于物体动能的增量.所以，动能定理侧重于说明物体的动能变化.但是动能只是机械能的一种，物体不是孤立的，对多个物体组成的系统，所受的力有外力与内力之分，而内力又有保守内力和非保守内力之分.考察保守内力所做的功，认识到系统存在着势能.势能和动能一样也是一种机械能.势能和动能不同的是：势能是物体之间相对位置的函数，它属于物体系统，而动能只是速度的函数.功能原理告诉我们：当系统从状态 1 变化到状态 2 时，它的机械能的增量等于外力的功与非保守内力的功的总和.由于机械能包含动能与势能两种类型，所以，功能原理所说明的机械能变化是把势能变化包含在内的.

例题 2-15 的解法有两种，一种用动能定理求解，另一种用功能原理求解.从中我们看到，应用动能定理时，必须计算一切外力所做的功，不管这些力是保守力还是非保守力.但在应用功能定理时，考虑了系统的重力势能，就不必再去计算重力所做的功，因为保守力所做的功现在被系统势能的变化所代替了.

2-6-2　试举例说明系统内非保守内力做功 $A_{id}>0$，机械能增大；$A_{id}<0$，机械能减小的情况.

答：系统内非保守内力做功 $A_{id}>0$，而机械能增大的情况是存在的.根据系统的功能原理，它的机械能的增量等于外力的功与非保守内力的功的总和，只要外力和非保守内力都做正功，系统的机械能就一定增大.如果两者一正一负，系统的机械能就不一定增加.在枪弹的射击时，枪身和枪弹组成的系统，在非保守内力做正功的情况下，使枪弹获得很大的动能，系统的机械能是增大的.

系统内非保守内力做功 $A_{id}<0$,机械能减小的情况也是存在的.根据上面的分析,可见在非保守内力所做的负功大于外力所做的正功时,系统的机械能是减小的.例如,人在地面作减速运动,人地之间的摩擦力是非保守力,它阻碍人的运动,做的是负功,终于导致人的动能减少,系统的机械能是减小的.

2-6-3 在光滑桌面上有一弹簧振子系统,对地面观察者来说,以弹簧和质点为系统,桌面的支持力和重力不做功,桌端的弹簧连接点没有位移,桌子对弹簧的作用力也不做功,系统内无非保守内力,因此,系统的机械能守恒.如果我们从相对地面以水平速度 $\boldsymbol{v}$ 作匀速直线运动的汽车为参考系来观察,系统的机械能是否守恒,为什么?

答:弹簧和质点组成的系统内没有非保守内力,桌面的支持力和重力又不做功,成对的作用力和反作用力所做的总功具有与参考系选择无关的不变性质,因此,当以水平匀速的运动的汽车为参考系时,该系统的机械能仍是守恒的.

2-6-4 一物体在粗糙的水平面上,用力 F 拉它作匀速直线运动,问物体的运动是否满足机械能守恒的条件?

答:物体在粗糙的水平面上运动,需要克服摩擦力做功,亦即摩擦力做的是负功,只有当力 F 所做的正功与之相等时,才能使它作匀速直线运动.显然,物体的运动不满足机械能守恒的条件.机械能守恒的条件是系统内只有保守力做功,其他内力和一切外力都不做功,系统的机械能全靠内部动能与势能之间的相互转化以保持守恒.现在,物体运动中动能保持不变并非由势能转化而来.

2-6-5 试比较机械能守恒和动量守恒的条件,判断下列说法的正误,并说明理由:(1) 不受外力的系统必定同时满足动量守恒和机械能守恒;(2) 合外力为零,内力中只有保守力的系统,机械能必然守恒;(3) 仅受保守内力作用的系统必定同时满足动量守恒和机械能守恒.

答:机械能守恒的条件是系统内只有保守力做功,其他非保守力和外力都不做功,条件涉及是什么力做功的问题.动量守恒的条件是合外力为零,并不涉及外力是否做功.据此,

(1) 不受外力的系统,其动量是守恒的.不受外力的系统,当然没有外力的功,但系统内非保守力有可能做功,所以,机械能不一定守恒.

(2) 合外力为零,与不受外力作用,意义并不相同.不受外力作用,外力的功一定为零.合外力为零,并不说明所有外力都不做功,也不排除有非保守力的功,所以,即使内力中只有保守力的系统,机械能也未必守恒.

(3) 仅受保守内力作用的系统,既满足合外力为零的条件,又满足除系统内保守力做功外,其他非保守力和外力都不做功的条件,所以同时满足动量守恒和机械能守恒.

§ 2-7 碰撞

2-7-1 两个物体作完全非弹性碰撞,碰撞后这个系统的动能是否可以为零?如果可以,试给出一个例子.如果这个系统最后的动能为零,系统最初的动量是多少?系统最初的动能是零吗?试解释之.

答:可以.比如两个质量均为 m 的黏性物体,以相同的速度 v_0 在一条直线上相向而行,系统最初的动能为 $E_0=2\times\frac{1}{2}mv_0^2=mv_0^2\neq0$,动量为 $p_0=mv_0-mv_0=0$.当它们发生完全非弹性碰撞后,两物体粘在一起,动量仍为零,即它们的速度必须为零,动能为零.

由于作完全非弹性碰撞 $e=0$,$v_{10}=-v_{20}$,从主教材中完全非弹性碰撞的公式(2-50)可知最终的速度 $v_1=v_2=0$,;又由公式(2-51)可计算机械能的损失 $E_0=mv_0^2$,即初始的动能全部损失.

第三章　刚体和流体的运动

§ 3-1　刚体模型及其运动

3-1-1　刚体的平动是否一定是直线运动？游客在游乐场中乘坐摩天轮和乘坐过山车，那是什么运动？

答：不一定.只要刚体内任何一条给定的直线在运动中始终保持它的方向不变，这样的运动就是平动.例如，自行车踏足板的运动就是平动.

乘坐摩天轮[图 3-1(a)]，不言而喻，轮盘本身的运动是绕其中心转轴转动的；但由于吊车是活动的，人体坐在吊车里身体一直保持垂直向上，所以人体坐在吊车里是平动运动.

(a) 摩天轮

(b) 过山车的轨道在一个竖直平面上

(c) 过山车的轨道不在一个竖直平面上

图 3-1　游乐场的摩天轮和过山车

乘坐过山车，如果过山车的轨道在一个竖直平面上[图 3-1(b)]，游客坐在车里身体一直保持垂直向上，所以是平动；但是，如果过山车的轨道不在一个竖直平面上[图3-1(c)],游客坐在车里身体虽然保持垂直向上,但其身体随轨道而转弯,所以不再是平动.但无论(b)还是(c)的情况,沿着弯曲轨道运动的过山车都不是平动.

3-1-2　地球自西向东自转,它的自转角速度矢量指向什么方向?试作图说明.

答:角速度矢量的方向是这样规定的:右手螺旋转动的方向与物体的转动方向一致时,则螺旋前进的方向便是角速度矢量的正方向.地球自西向东自转,其转轴为南北极的连线上,根据右手螺旋定则可知,地球的自转角速度矢量的方向沿自转轴由南极指向北极方向,如图3-2所示.

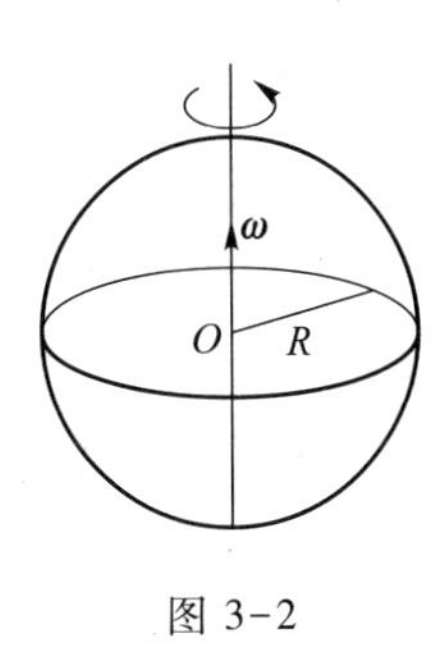

图3-2

§3-2　力矩　转动惯量　定轴转动定律

3-2-1　对静止的刚体施以外力作用,如果合外力为零,刚体会不会运动?

答:静止的物体受到外力的合力为零时,物体不产生平动.但合力为零时,合外力矩不一定为零,物体可能产生转动.例如,驾驶员用两手操纵方向盘时,在盘的左右两侧加上方向相反、大小相等的两个力,则方向盘所受的合外力为零.但外力矩不为零,可使方向盘转动.

3-2-2　如果刚体转动的角速度很大,那么(1)作用在它上面的力是否一定很大?(2)作用在它上面的力矩是否一定很大?

答:物体转动的角速度与它所受的力或所受的力矩没有直接关系.对于一般刚体的运动,合外力使刚体的质心产生加速度,即改变质心的平动状态,合外力矩使刚体绕轴转动,改变转动状态.

刚体受到外力矩作用,使刚体产生角加速度,合力矩越大,使刚体获得的角加速度越大,即角加速的变化率越大,并不是角速度越大.

3-2-3　为什么在研究刚体转动时,要研究力矩的作用?力矩和哪些因素有关?

答:要使物体转动,不仅与它所受的力的大小、方向有关,还和力的作用点和作用线有关,即与力的作用线与转轴间的垂直距离有关,也就是与作用的力矩有关.

在刚体的转动中,方向任意的外力 $\boldsymbol{F}$ 作用在刚体上的任一点,该点对坐标原点的位矢为 $\boldsymbol{r}$,则力 $\boldsymbol{F}$ 对原点的力矩定义为

$$\boldsymbol{M}=\boldsymbol{r}\times\boldsymbol{F}$$

对刚体的定轴转动,则与在转动平面内能使刚体转动的分力(与转轴垂直的分力)有关,与力的作用点到转轴的位矢 $\boldsymbol{r}$ 的大小有关,还和分力与位矢之间的夹角 φ 有关,即

$$M=rF_{\perp}\sin\varphi$$

§3-3 定轴转动中的功能关系

3-3-1 对刚体定轴转动,若用积分 $\int \boldsymbol{M}\cdot\boldsymbol{\omega}\mathrm{d}t$ 来计算外力矩做功时,因为力矩 $\boldsymbol{M}$ 和角速度 $\boldsymbol{\omega}$ 与转轴有关,所以做功也与转轴有关,你认为对吗?为什么?

答:在刚体定轴转动时,各质点的角速度是相同的,与转轴并无关系,但力矩却与转轴有关,所以,力矩的功也与转轴有关.

3-3-2 刚体作定轴转动时,其动能的增量只取决于外力对它所做的功,而与内力的作用无关.对于非刚体是否也是这样?为什么?

答:当非刚体作定轴转动时,体内质元之间发生相对位移,从而产生了形变.这是内力做功所致.所以,这时动能的增量不仅与外力对它所做的功有关,还与内力所做的功有关.

3-3-3 对于定轴转动的刚体,计算了转动动能,是否还要计算平动动能?

答:对定轴转动的刚体来说,其整体运动特征为转动,将各质元的平动动能相加在一起,即得转动动能.所以,不必再计算平动动能.

3-3-4 一根匀匀细棒绕其一端在竖直平面内转动,如从水平位置转到竖直位置时,其势能变化多少.

答:一个不太大的刚体的重力势能与它的质量集中在质心时所具有的势能一样.该均匀细棒的质心位于细棒的中点.当它从水平位置向下转到竖直位置时,如以此时细棒的动端为势能零点,则细棒的重力势能将减少一半.

§3-4 定轴转动刚体的角动量定理和角动量守恒定律

3-4-1 两个同样大小的轮子,质量也相同.一个轮子的质量均匀分布,另一个轮子的质量主要集中在轮缘.问:

(1) 如果作用在它们上面的外力矩相同,哪个轮子转动的角加速度较大?

(2) 如果它们的角加速度相等,作用在哪个轮子上的力矩较大?

(3) 如果它们的角动量相等,哪个轮子转得快?

答:两个同样大小的轮子,质量相同,一个轮子的质量均匀分布,另一个轮子的质量主要集中在轮缘,则它们的转动惯量不同,后者比前者要大.

(1) 由刚体定轴转动定律 $M=J\alpha$ 知,当外力矩相同时,刚体所获得的角加速度与转动惯量成反比,所以质量均匀分布的轮子转动的角加速度较大.

(2) 两轮子的角加速度相等时,转动惯量大的轮子所受的力矩也大,所以质量集中分布在边缘的轮子受到的力矩较大.

(3) 两轮的角动量相等时,两轮的角速度与它们的转动惯量成反比,所以质量均匀分布的轮子转动的角速度较大,也就转得较快.

3-4-2 一个转动着的飞轮,如不给它提供能量,最终将停下来.试用转动定律解释这个现象.

答:一个转动着的飞轮,如不给它提供能量,最终将停下来,这是由于飞轮在转动过程受到阻力矩的作用,阻力矩的功使飞轮的转动动能减小,因而最终停下来.

如用转动定律来解释:这是由于飞轮受到阻力矩的作用,产生负的角加速度,即角加速度与角速度反向,使角速度逐渐减小,最终使飞轮停下来.

3-4-3 将一个生鸡蛋和一个熟鸡蛋放在桌上分别使其旋转,如何判定哪个是生的,哪个是熟的?为什么?

答:用手指分别将一个生蛋和一个熟蛋在桌面上旋转,如果蛋转了很久才停下,这个蛋是熟蛋;如果蛋转没多久就停了,则是一个生蛋.

熟蛋由于蛋白质凝固,可以看成是固体.使它旋转起来后,对质心轴的转动惯量可以认为是不变的.旋转蛋时,使蛋获得一定的初角速度 ω_0,而且从内到外整体都以同一角速度转动.由于桌面的摩擦力矩,使蛋的角动量逐渐减小.根据角动量定理,蛋转动的持续时间 $t=\dfrac{J\omega_0}{M}$.

生蛋内部是可以流动的流体,手所给予的初速度 ω_0 只是对蛋的外壳而言的,蛋内部的流体要靠流体间的内摩擦力带动才能转动,而且角速度是由外向内逐渐减小的.因此生蛋在最初所具有的角动量便小于熟蛋的角动量,当摩擦力矩一定时,生蛋旋转的时间必然小于熟蛋旋转的时间.

3-4-4 有两个质量相等的小孩,分别抓住跨过定滑轮绳子的两端,一个用力往上爬,另一个不动,问哪一个先到达滑轮处?如果小孩质量不相等,情况又将如何？（滑轮和绳子的质量可以忽略.）

答:将两个小孩、定滑轮、绳子取为系统.设两小孩的质量分别为 m_1 和 m_2，定滑轮的半径为 R.对定滑轮的轴，系统所受外力矩是两小孩所受重力的力矩的代数和（以顺时针方向为正）.

即
$$M_{外}=\frac{\mathrm{d}L}{\mathrm{d}t}=m_2gR-m_1gR \tag{1}$$

设两小孩以相对地面的速率 v_1、v_2 沿绳向上运动，对定滑轮的轴，系统的角动量为（以顺时针方向为正）

$$L=m_1v_1R-m_2v_2R \tag{2}$$

两小孩质量相等时，$m_1=m_2$.由（1）式可知，

$$M_{外}=0$$

故系统对定滑轮轴的角动量守恒，即 $L=$常量.

由（2）式可知，任何时刻都有 $v_1=v_2$.即质量相等的两小孩应同时到达滑轮处，与谁在用力谁不用力无关.

两小孩质量不等，$m_1\neq m_2$ 时，$M_{外}\neq 0$.系统对定滑轮轴的角动量不守恒.由（1）式可知，如 $m_1<m_2$ 时，$\frac{\mathrm{d}L}{\mathrm{d}t}>0$，系统的角动量与假定正方向一致，即质量为 m_1 的小孩先到达滑轮处；如 $m_1>m_2$ 时，$\frac{\mathrm{d}L}{\mathrm{d}t}<0$，质量为 m_2 的小孩先到达滑轮处.

结论是：质量小的小孩将先到达滑轮顶部，与谁在用力谁不用力无关.

*3-4-5 直升机的尾部装有一个尾桨，试问它起什么作用？

答:直升机在发动前，系统的总角动量为零.一旦发动，旋翼在水平面内高速旋转，系统内出现了一个竖直向上的角动量.根据角动量守恒定律，系统的总角动量必须仍是零.于是，在出现上述角动量的同时，又出现了另一个大小相同而方向相反（向下）的角动量，这样，机身就要作危险的反向旋转.为了预防机身的反向旋转，在设计时，在机身尾部装一个在竖直平面内旋转的尾桨，由它来产生一个水平推力，使系统受到一个向上的推力矩.这样，旋翼的旋转就不再引起机身的反向旋转了.由此可见，问题是由角动量守恒引起的，但最终起作用的则是角动量定理.

*§3-5 进动

3-5-1 骑自行车拐弯时，比如想向左转，骑车人只需把身体的重心偏向左边，同时向左转动车把，试解释之.如果骑车人只向左转动车把，将出现什么情况？

答:如图 3-3 所示,骑自行车向左拐弯时,身体的重心稍微偏向左边,这样重力和地面支撑力的合力就能产生拐弯运动所需的向心力,与此同时骑车人向左稍微转动车把,自行车就顺势转弯了.骑自行车实际上是蹬踏后轮推动前轮而前进的,拐弯时,稍微转动车把即是让前轮沿拐弯轨道的切线方向行进.由此可见,自行车拐弯,身体倾斜与转动车把必须同时协调发生.如果只转动车把而不倾斜身体,那么就没有转弯运动所需要的向心力,前后轮又不在同一方向上,这就很容易摔倒.

(a)

(b)

图 3-3

*§3-6 理想流体模型 定常流动 伯努利方程

3-6-1 试述伯努利方程的适用条件?

答:伯努利方程形式简单,但它仅适用于理想流体,即不可压缩,且无内摩擦力(黏性力)的流体.

3-6-2 如图 3-4 所示,当水龙头开启得不大时,流出的水柱会变得越来越细.试解释这个现象.

答:当水流以比较低的速度流出时,可以看做是理想流体的定常流动.水龙头外的压力均为大气压,由伯努利方程可知水龙头出口以下 h 处水柱的流速必定大于出口处水柱的流速;又按照连续性方程,水龙头出口处以及以下 h 处水流量相等,$S_0v_0=Sv$(S_0 与 S 分别是水龙头出口处及出口以下 h 处水柱的截面积,v_0 与 v 分别是相应处水柱的流速),所以随着 h 的增大,流速 v 加快,从水龙头流出的水柱 S 就变得越来越细.

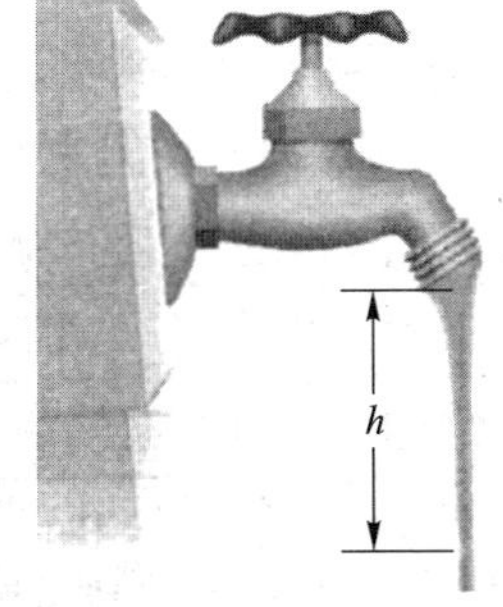

图 3-4

第四章　相对论基础

§4-1　狭义相对论基本原理　洛伦兹变换

4-1-1　爱因斯坦的相对性原理与经典力学的相对性原理有何不同？

答：提起相对论，容易产生神秘感.其实相对论的中心仍是我们熟悉的运动的相对性问题.运动的相对性表明，物质不是孤立的，物质与物质之间存在着相对运动的关系.相对运动的形式多种多样，由相对运动产生的相互作用力也形式不一.相对论是研究相对运动和相互作用的科学.它使研究物质、能量及其相互作用的物理学发展到更高更深的层次.

爱因斯坦的相对性原理是："在所有惯性系中，物理定律的形式相同".或者说："所有惯性系对于描述物理现象都是等价的".显然，这条原理有别于经典力学的相对性原理.经典力学的相对性原理仅说明一切惯性系对力学规律的等价性，而爱因斯坦的相对性原理却把这种等价性推广到包括力学定律和电磁学定律在内的一切自然规律上去.爱因斯坦的这个推广具有深刻的意义.试想，如果相对性原理仅限于机械运动，而对光和电磁运动不适用，则光和电磁运动对不同惯性系就将有不同的形式.我们虽然不能凭借在某一惯性系中所进行的力学实验，来确定本系统的"绝对运动"，但可借助于电学或光学实验确定出本系统的"绝对运动"来.于是，从电学或光学看来，绝对静止的参考系就是存在的了.然而这与实验事实相矛盾.爱因斯坦正是基于对客观规律的根本认识以及对实验事实的总结，才提出这个相对性原理的.

4-1-2　洛伦兹变换与伽利略变换的本质差别是什么？如何理解洛伦兹变换的物理意义？

答：洛伦兹变换与伽利略变换的本质差别是：前者是相对论时空观的具体表述，而后者则是经典力学绝对时空观的具体表述.在洛伦兹变换中，不仅 x' 是 (x,t) 的函数，而且 t' 也是 (x,t) 的函数，并且还都与两个惯性系之间的相对速度有关.所以，洛伦兹变换的重大物理意义在于它集中地反映了相对论关于时间、空间和物质运动三者紧密联系的新观念.洛伦兹变换是建立相对论力学的基础.运用洛伦兹变换，能够鉴别一条物理规律是否符合相对论的要求，凡是在洛伦兹变换下能保持不变式的物理规律，都是相对论性的规律.在 $v \ll c$ 时，洛伦兹变换将转换为伽利略变换，从这个意义上说，相对论力学就是经典力学的继承、批判和发展.

4-1-3 设某种粒子在恒力作用下运动，根据牛顿力学，粒子的速率能否超过光速？

答：根据牛顿力学，粒子的质量是不变的，粒子的加速度和所受外力成正比关系.外力愈大，所得加速度也愈大.所以对粒子速度的变大是没有限制的，粒子的速率可以超过光速.根据相对论力学，粒子的质量随速度的增大而增大着，粒子的加速度和所受外力不成简单正比关系，加速度的大小有所制约，从而导致粒子的速率不会超过光速.

§4-2 相对论速度变换

4-2-1 一人在速度恒定为 v 的火车上向前方发射一光脉冲，他测得光脉冲的传播速度为 c，按伽利略速度变换式，站在地面上的观察者测得光脉冲的传播速度是多少？按相对论理论，你会得出什么新的结果？

答：按伽利略速度变换式(1-35)，站在地面上的观察者测得光脉冲的传播速度是火车速度 v 与在火车上测得的光脉冲速度 c 之和，即 $u=v+c$，超过了光速 c，但这违背了狭义相对论光速不变原理.狭义相对论指出，在任何惯性系测量光的速度都不变，均为 c，这就导致了对伽利略变换的修正，导出了新的洛伦兹变换.按相对论速度变换公式，站在地面上的观察者测得光脉冲的传播速度是

$$v'=\frac{c+v}{1+cv/c^2}=c$$

仍旧是 c，这正是光速不变原理所预言的.所以无论是火车上的观察者还是站在地面上的观察者，测得光脉冲的传播速度都是 c.

§4-3 狭义相对论的时空观

4-3-1 长度的量度和同时性有什么关系？为什么长度的量度和参考系有关系？

答：测量一物体的长度，就是在自己的参考系中测量物体两端点位置之间的距离.当待测物体相对于观测者静止时，在不同的时刻测量两端点的位置，其距离总是物体的长度.然而，当待测物体相对于观测者运动时，物体的长度就必须

同时记录下物体两端点的位置.如果不是同时测定,那么测量了一端的位置,另一端已运动到新的位置,其坐标差值不再是物体的长度了.由于同时性的相对性,所以长度的量度与同时性紧密相连,从而与测量的参考系有关.

设有一细棒静止在K′系的x'轴上,而K′系相对惯性系K以速度$\boldsymbol{u}$沿Ox轴运动.如把记录细棒左端坐标为第一事件,记录细棒右端坐标为第二事件,则两事件在K′系和K系中相应的时空坐标为

	K′系	K系
事件1	x_1',t_1'	x_1,t_1
事件2	x_2',t_2'	x_2,t_2

由于细棒静止在K′系,所以$\Delta x'=x_2'-x_1'$就是细棒的固有长度,根据洛伦兹变换

$$\Delta x'=x_2'-x_1'=\frac{(x_2-x_1)-u(t_2-t_1)}{\sqrt{1-\frac{u^2}{c^2}}}=\frac{\Delta x-u\Delta t}{\sqrt{1-\frac{u^2}{c^2}}}$$

在K系测量两端坐标必须同时进行,即$\Delta t=0$,故有

$$\Delta x'=\frac{\Delta x}{\sqrt{1-\frac{u^2}{c^2}}}$$

所以在K系中测得物体的长度为

$$\Delta x=\Delta x'\sqrt{1-\frac{u^2}{c^2}}<\Delta x'$$

这就是所谓长度收缩效应.

4-3-2 下面两种论断是否正确?

(1) 在某一惯性系中同时、同地发生的事件,在所有其他惯性系中也一定是同时、同地发生的.

(2) 在某一惯性系中有两个事件,同时发生在不同地点,而在对该系有相对运动的其他惯性系中,这两个事件却一定不同时.

答:(1) 在一个惯性系中同时、同地发生的事件,本质上就是一个事件.因而,有

$$\Delta x=0,\quad \Delta t=0$$

根据洛伦兹变换关系可知

$$\Delta x'=0,\quad \Delta t'=0$$

在所有其他惯性系中也一定是同时、同地发生的.

（2）对惯性系 K 中同时发生在不同地点的两个事件，有

$$\Delta t=0,\quad \Delta x\neq 0$$

在相对运动的其他惯性系 K′中，有

$$\Delta x'=\frac{\Delta x-u\Delta t}{\sqrt{1-\left(\frac{u}{c}\right)^2}}\neq 0,\quad \Delta t'=\frac{\Delta t-\frac{u}{c^2}\Delta x}{\sqrt{1-\left(\frac{u}{c}\right)^2}}\neq 0$$

在惯性系 K′中这两个事件一定不同时.因此，同时性是相对的.

4-3-3　两个相对运动的标准时钟 A 和 B，从 A 所在惯性系观察，哪个钟走得更快？从 B 所在惯性系观察，又是如何呢？

答：根据“时间延缓”或“原时最短”的结论可知，从 A 所在惯性系观察，相对静止的时钟 A 所指示的时间间隔是原时，它走得“快”些；而时钟 B 给出的时间间隔是运动时，因“时间延缓”而走得“慢”些.同理，从 B 所在惯性系观察时，相对静止的时钟 B 给出的是原时，它走得“快”些；而时钟 A 给出的是运动时，因“时间延缓”而走得“慢”些.

4-3-4　相对论中运动物体长度缩短与物体线度的热胀冷缩是否是一回事？

答：“热胀冷缩”与物体的温度有关，涉及分子微观热运动的基本热学现象，与物体的宏观运动速度无关.

“长度收缩”是指在相对物体运动的惯性系中测量物体沿运动方向的长度时，测得的长度（运动长）与物体的运动速度有关，总是小于固有长度或静长的情况，这是由狭义相对论所得到的重要结论，与物体的具体组成和结构无关，是普遍的时空性质的反映.

因此，相对论的运动物体长度缩短与物体线度的热胀冷缩不是一回事.

4-3-5　有一个以接近于光速相对于地球飞行的宇宙火箭，在地球上的观察者将测得火箭上的物体长度缩短，过程的时间延长，有人因此得出结论说：火箭上观察者将测得地球上的物体比火箭上同类物体更长，而同一过程的时间缩短.这个结论对吗？

答：在狭义相对论中，“长度收缩”和“时间延缓”都是相对的.若以火箭和地球为相对运动的惯性参考系，则火箭上的观察者同样会测得相对地球静止物体的长度缩短，而地球上同一地点先后发生两事件的时间间隔变长.

所以，上述结论是错误的.

4-3-6　比较狭义相对论的时空观与经典力学时空观有何不同？有何联系？

答：洛伦兹变换也称洛伦兹-爱因斯坦变换，是狭义相对论中关于不同惯性系之间物理事件的时空坐标变换的基本关系式.在洛伦兹变换关系中，长度和时间都是相对量，反映的是相对论的时空观.

伽利略变换是经典力学中关于不同惯性系之间物理事件的时空坐标变换的关系式.在伽利略变换关系中，长度和时间都是绝对量，反映的是经典力学的绝对时空观.绝对时空观的观点是时间、空间是彼此独立的，都是绝对的，与物质运动无关.

狭义相对论时空观的观点是：(1) 空间和时间不可分割，与物质运动密切相关；(2) 时间是相对的，时间间隔随惯性系不同而异；(3) 空间是相对的，在不同的惯性系中，相同两点的空间间隔不同.从狭义相对论的两个基本原理可推导得出洛伦兹变换式；得出反映相对论时空观的一些重要结论，如同时性的相对性、长度收缩、时间延缓等；在 $v \ll c$ 时，洛伦兹变换过渡到伽利略变换，即经典力学包含在相对论力学的低速近似中.

§4-4　狭义相对论动力学基础

4-4-1　化学家经常说："在化学反应中，反应前的质量等于反应后的质量."以 2 g 氢与 16 g 氧燃烧成水为例，注意到在这个反应过程中大约放出了25 J 的热量，如果考虑到相对论效应，则上面的说法有无修正的必要？

答：根据狭义相对论的质能关系可知，在物质系统的变化过程中，静止质量的变化都与相应的能量变化相联系.

2 g 氢与 16 g 氧合成为水，并放出 25 J 的热量.其对应静质量的变化为

$$\Delta m = \frac{\Delta E}{c^2} = \frac{25}{(3\times10^8)^2}\ \text{kg} \approx 2.8\times10^{-16}\ \text{kg} \approx 0$$

因此可以认为：反应前后，系统的总质量守恒，包括反应过程中放出的热量，总能量守恒.所以，化学家的说法不必修正.

由于化学反应涉及的是电磁力，远小于核力.系统静质量的变化并不明显.在核反应中，必须考虑相对论的质能关系.

4-4-2　在相对论中，对动量定义 $\boldsymbol{p}=m\boldsymbol{v}$ 和公式 $\boldsymbol{F}=\frac{\mathrm{d}\boldsymbol{p}}{\mathrm{d}t}$ 的理解，与在牛顿力学中的有何不同？在相对论中，$\boldsymbol{F}=m\boldsymbol{a}$ 一般是否成立？为什么？

答：在相对论中，粒子相对惯性系 K 的动量定义为 $\boldsymbol{p}=m\boldsymbol{v}$，形式上与牛顿力学中的定义相同，但因物体的质量随运动速度变化，当粒子相对 K 系的运动速度为 v 时，运动质量 $m=\dfrac{m_0}{\sqrt{1-\left(\dfrac{v}{c}\right)^2}}$，因此，K 系中的动量为

$$\boldsymbol{p}=m\boldsymbol{v}=\frac{m_0\boldsymbol{v}}{\sqrt{1-\left(\frac{v}{c}\right)^2}}$$

牛顿力学中，认为物体的质量与运动无关，在任何惯性系中的动量均为

$$\boldsymbol{p}=m_0\boldsymbol{v}$$

在相对论中，因粒子在惯性系 K 中所受的力按定义为动量对时间的变化率，即

$$\boldsymbol{F}=\frac{\mathrm{d}\boldsymbol{p}}{\mathrm{d}t}$$

故由相对论的动量，得

$$\boldsymbol{F}=\frac{\mathrm{d}\boldsymbol{p}}{\mathrm{d}t}=\frac{\mathrm{d}}{\mathrm{d}t}\left[\frac{m_0\boldsymbol{v}}{\sqrt{1-\left(\frac{v}{c}\right)^2}}\right]$$

相对论中的力与物体运动速度的变化率不成简单正比关系.

在 $v\ll c$ 时，上述相对论的力的表达式过渡为经典力学的牛顿第二定律：

$$\boldsymbol{F}=\frac{\mathrm{d}\boldsymbol{p}}{\mathrm{d}t}=m_0\boldsymbol{a}$$

在牛顿力学中，因质量与运动无关，故力与物体运动速度的变化率成正比关系.

此外，相对论否定超距作用，同时性是相对的，因此，牛顿力学中关于作用与反作用力的论断在相对论中不成立.

由上述讨论可知，$\boldsymbol{F}=m\boldsymbol{a}$ 在相对论中不再成立.

4-4-3 什么叫质量亏损？它和原子能的释放有何关系？

答：原子核的静质量 m_0 小于组成它的所有核子的静质量之和，其差额称为原子核的质量亏损.

$$\Delta m=\sum m_{0i}-m_0$$

根据质能关系，如果使粒子的静质量减少 Δm_0，它就能够释放出数量为 $(\Delta m_0)c^2$ 的巨大能量.

在原子核反应中，例如轻的原子核发生聚变反应后，其静止质量小于反应前的静止质量，静止质量的减少 Δm_0 也是质量亏损，与之相应，有大量的能量被释放出来.这就是氢弹的制造原理.在重原子核的裂变反应中，静质量也会减少，因而也能放出大量的能量.这就是原子弹和核反应堆的原理.

4-4-4 相对论的能量与动量的关系式是什么？相对论的质量与能量的关系式是什么？静止质量与静止能量的物理意义是什么？

答：相对论的动量和能量关系为

$$E^2=m^2c^4=c^2p^2+m_0^2c^4$$

其中 E 是物体总能量.

相对论的质量和能量关系式为 $E=mc^2$.

静止质量 m_0 是物体在它静止的参考系中的质量，物体的质量随运动速度的增大而增大，即

$$m(v)=\frac{m_0}{\sqrt{1-\frac{v^2}{c^2}}}$$

$m(v)$ 称为相对论性质量.同一物体相对于不同的参考系可以有不同的速率，所以物体质量在不同的参考系中也就不同.当 $v\ll c$ 时，$m(v)\approx m_0$.

静止能量是物体因静质量 m_0 而具有的能量 $E_0=m_0c^2$ 总能量与静止能量之差即为物体的动能，$E_k=mc^2-m_0c^2$ 在 $v\ll c$ 的情况下，$E_k\approx\frac{1}{2}m_0v^2$，即动能的经典力学表达式是相对论表达式的低速近似.

*§4-5 广义相对论简介

4-5-1 就参考系而言，广义相对论与狭义相对论有何不同？

答：狭义相对论所讨论的问题都是基于惯性系的，如狭义相对论的两条基本原理——相对性原理和光速不变原理都是惯性系中的理论；而广义相对论论述的是在非惯性系中的物理规律，如等效原理和广义相对论的相对性原理等.

第五章　气体动理论

§5-1　平衡态　理想气体物态方程

5-1-1　试解释气体为什么容易被压缩，却又不能无限地被压缩.

答:从物质结构看，物质都是由大量分子组成的.分子之间总是存在一定的间隙，同时分子之间也有相互作用力.在我们日常接触到的物质三态（固态、液态和气态）中，气体分子之间的间隙是最大的，而在常温常压下，气体分子除了碰撞以外它们之间的相互作用可以忽略，这就使得气体特别容易被压缩.压缩的结果使分子间的距离减小，但又不能无限地减小.这不仅是因为分子有一定的大小，而且还因为当分子之间距离压缩到一定程度后，分子之间的相互作用就不可忽略了.分子之间的作用力与分子距离的关系如图5-1所示.当分子之间距离 $r=r_0$（$r_0 \approx 10^{-10}$ m）或很大时，相互作用力为零.当分子间距离略大于 r_0 时，作用力表现为吸引力，且随距离的增加而增大，达到某个最大值后又随距离的增加而减小，当 $r>10^{-9}$ m 时这个吸引力就可忽略了.但如果 $r<r_0$，分子之间的作用力表现为排斥力，而且这个斥力随分子之间距离迅速增加.这就是气体的体积不能无限被压缩的根本原因.

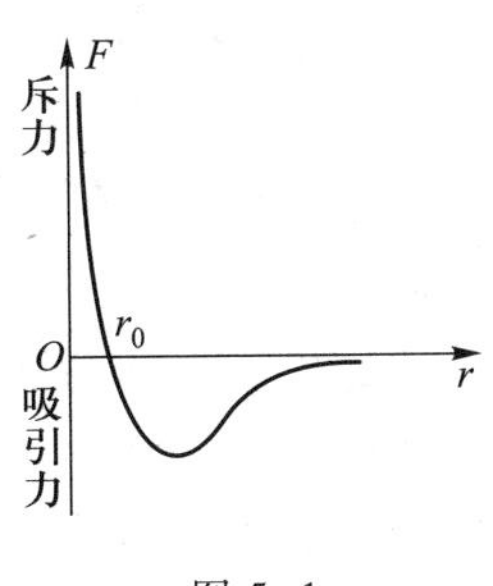

图 5-1

5-1-2　气体在平衡状态时有何特征？这时气体中有分子热运动吗？热力学中的平衡与力学中的平衡有何不同？

答:一定容积内的气体，其温度、压强处处相等，且不随时间发生变化，此时气体的状态称为平衡态.因气体的体积、温度和压强是描述气体状态的三个宏观参量，所以气体在平衡状态的特征就是宏观参量不随时间发生变化.

气体分子的热运动是大量分子无休止的随机运动.就微观上说，这种随机运动是永不停息的，单个分子的运动速度大小和方向都会因彼此碰撞而随机改变.但处于平衡态时，就宏观看，大量分子的这种热运动平均效果是不随时间而变化的.所以平衡态不是说分子处于“平静”而平衡，而是宏观上的稳定状态.

由此可见，气体的平衡状态是在没有外界作用下气体系统内大量分子热运动的统计平均效果,此时整体看分子系统没有运动,系统内分子却在作无规则的运动;而力学中的平衡状态是指分子系统整体上没有受到合外力或合外力矩的作用,因而处于静止或匀速定向运动或转动,至于微观上看单个分子,它们总是不断与其他分子发生碰撞,总是受到其他分子的作用,因而永远不会处于力学的平衡态.

§5-2 理想气体的微观模型

5-2-1 按理想气体的微观模型及统计假设,在考虑理想气体的能量时,是否要计及气体分子的动能和势能?

答:虽然按式(5-2),理想气体分子速度平均值为零,但式(5-3)和式(5-4)指出,分了速度平方的平均值不为零,因此与速度平方有关的动能不为零;由于除分子碰撞瞬间外,分子间作用力可以忽略,因此与相互作用力有关的势能就为零.这样理想气体的能量仅要计及气体分子的动能.

§5-3 理想气体的压强和温度公式

5-3-1 假设在一高度真空的容器内只有少数几个分子,你认为这些分子有"温度"的概念吗?为什么?

答:没有,因为温度是大量气体分子热运动平均平动动能的量度,是大量气体分子热运动的集体体现,具有统计的意义,对个别分子或少数几个分子说它有温度是没有意义的.

5-3-2 如盛有气体的容器相对于某坐标系从静止开始运动,容器内的分子速度相对于这坐标系也将增大,则气体的温度会不会因此升高呢?

答:不会.温度反映的是容器内气体分子作无规则随机运动的剧烈程度,而不是定向运动速度的大小.当容器以恒定速度相对某坐标系运动时,所有气体分子的速度自然也叠加了一恒定的定向速度,然而这个定向运动的速度并不影响分子的随机热运动,换句话说,容器的定向匀速运动没有改变气体系统的热平衡状态,因此气体温度并不会改变.

当然,如果作匀速运动的容器突然停下来,容器及分子系统定向运动的动能将通过分子与容器的碰撞而转化为分子系统的热运动的能量,因而升高分子系统的温度.

§5-4 能量均分定理 理想气体的内能

5-4-1 对一定量的气体来说,当温度不变时,气体的压强随体积的减小而增大;当体积不变时,压强随温度的升高而增大.就微观来看,它们是否有区别?

答:所谓气体的压强是气体分子作用在容器壁上单位面积的碰撞力.由压强公式 $p=\frac{2}{3}n\overline{\varepsilon}_k$ 知,分子压强与单位体积内的分子数 n 和分子平均平动动能 $\overline{\varepsilon}_k$ 有关.对一定量理想气体,当温度不变时,分子热运动的平均平动动能 $\overline{\varepsilon}_k$ 不变,若此时减小气体体积,那么单位体积内的分子数 n 即增加,直观上说这意味着单位时间内对容器壁的碰撞次数也增多,换句话,这就是单位时间内对单位器壁的冲量增加,因而压强增大.又如果保持体积 V 不变,那么单位体积内的分子数 n 亦不变,当温度升高后,气体分子的平均平动动能 $\overline{\varepsilon}_k=\frac{3}{2}kT$ 也随之增大,而平均平动动能又可写为 $\overline{\varepsilon}_k=\frac{1}{2}m\overline{v^2}$,意味着气体分子方均根速率增大,对容器壁的冲量亦增大,这必然导致气体压强的增大.

5-4-2 如果气体由几种类型的分子组成,试写出混合气体的压强公式.

答:由状态方程知,对一质量为 m_1,摩尔质量为 M_1 的理想气体,其压强为

$$p_1=\frac{m_1}{M_1}\frac{RT}{V}$$

由于是理想气体,我们已假定分子的大小可忽略不计,而且分子之间没有相互作用,仅当分子与容器壁碰撞时才有作用力,所以在该容器(体积为 V)内充以另一质量为 m_2,摩尔质量为 M_2 同一温度 T 的理想气体时,就如同不存在 m_1 的气体一样,该气体也对容器壁产生 p_2 的压强:

$$p_2=\frac{m_2}{M_2}\frac{RT}{V}$$

这两种气体都是理想气体,彼此没有作用力,所以第二种气体加入与不加入都不影响第一种气体的压强,反之亦然.这样,两种气体同时装入同一容器后,容器内气体的压强就是

$$p=p_1+p_2=\frac{m_1}{M_1}\frac{RT}{V}+\frac{m_2}{M_2}\frac{RT}{V}=(n_1+n_2)kT$$

满足力的叠加原理.推广到多种理想气体混合在一起的压强就是

$$p=\sum p_i=(\sum n_i)kT=nkT$$

式中

$$n=\sum n_i$$

是混合气体单位体积的分子数.由此可见,混合理想气体的压强就是各类分子单独存在于同一容器时的压强和.这个关系称之为道尔顿分压定律.

5-4-3 对汽车轮胎打气,使达到所需要的压强.问在夏天与冬天,打入轮胎内的空气质量是否相同?为什么?

答:由理想气体的压强公式 $p=nkT=\frac{N}{V}kT$ 可知,压强与温度 T、单位体积分子数 $n=\frac{N}{V}$ 有关.假定轮胎的容积 V 在夏天与冬天都一样,可承受的压强 p 也不变,那么由于冬天与夏天的气温不一样,为了保证相同的轮胎压强,需要充入轮胎内的空气分子数就不同,夏天气温高,充入轮胎的空气分子数 N 就可少一些;冬天气温低,充入轮胎内空气分子数 N 就要多些.更深入一点来说,冬天温度低,空气分子的平均平动动能 $\overline{\varepsilon}_k$ 小,对轮胎壁的碰撞冲量减小,充入更多的空气可增加碰撞次数,以保持足够的碰撞冲量.反之,夏天温度高,空气分子的平均平动动能 $\overline{\varepsilon}_k$ 高,平均说单个分子对轮胎的碰撞冲量增大,比较少的分子数就能保持足够的压强.

§5-5 麦克斯韦速率分布律

5-5-1 试用气体的分子热运动说明为什么大气中氢的含量极少?

答:地球表面有一相对稳定的大气层,这是地球吸引力与大气分子热运动共同作用的结果.试想如果没有地球的引力,大气分子就犹如在一开放的容器,由于热运动,分子不可能只在地球表面运动,它们将扩散至外层空间,飞向茫茫宇宙之中;反过来,如果地球的引力非常强大,把所有气体分子都吸在地面上,也就不存在厚达数千公里的大气层.

在大气中包含有不同成分的气体,它们的质量各不相同,受到的地球引力大小亦不同,同时它们的方均根速率 $\sqrt{\overline{v^2}}=\sqrt{\frac{3kT}{m}}$ 亦不同.例如氢分子,其质量 m 最小,受到的地球引力最小;在相同温度下其方均根速率却最大,所以它从地球表面逃逸的可能性最大.空气中的其他成分,如氧、氮等分子质量都比氢分子大,受到的地球引力也较大,而方均根速率又相对小,就更不容易从地球逃逸出去.

5-5-2 回答下列问题:(1) 气体中一个分子的速率在 $v \sim v+\Delta v$ 间隔内的概率是多少?(2) 一个分子具有最概然速率的概率是多少?(3) 气体中所有分子在某一瞬时速率的平均值是 $\overline{v}$,则一个气体分子在较长时间内的平均速率应如何考虑?

答:(1) 根据麦克斯韦分布律,速率在 $v \sim v+\Delta v$ 间隔内的分子数占分子总数的百分比为

$$\frac{\Delta N}{N}=4\pi\left(\frac{m}{2\pi kT}\right)^{3/2}\exp\left(-\frac{mv^2}{2kT}\right)v^2\Delta v$$

假如在所讨论的速率区间内的百分比为 3%,这意味着 100 个分子中有 3 个分子的速率落在 $v \sim v+\Delta v$ 间隔内,这也可以说,对每一个分子而言,尽管它的速率是随机可变的,但总有 3%的可能处于 $v \sim v+\Delta v$ 区间内.

(2) 最概然速率 v_p 是在某一温度的平衡状态下,系统内大量分子最可能具有的速率,这是对大量分了的速率分布所作的统计规律的一个特征值,它只对人量分子的整体有意义.对一个分子,我们只能说它在 $v_p \sim v_p+\Delta v$ 间隔内的概率为多少,而讨论它具有某一确定速率的概率是没有意义的.

(3) 气体在一定温度下处于平衡状态,其速率服从麦克斯韦速率分布律.这意味着大量气体分子中有的速率高,有的速率低,通过分子间的碰撞,在不同瞬间单个分子的速率都会有变化,但在任一瞬间大量分子的速率有一确定的平均值 $\overline{v}$.这是一个统计规律.就单个分子而言,在这一时刻可能处于较高的速率,通过碰撞,在下一时刻又可能处于较低的速率,而别的分子处于相反的速率变化,保持统计规律不变.所以就长时间而言一个分子可以经历大大小小不同的速率,但其不同时刻的统计平均速率仍是 $\overline{v}$.

5-5-3 气体分子的最概然速率、平均速率以及方均根速率各是怎样定义的?它们的大小由哪些因素决定?各有什么用处?

答:最概然速率是平衡态下气体分子速率分布函数 $f(v)$ 最大值对应的速率,其物理意义是:在一定温度下分子速率在 v_p 附近的概率最大.通过对麦克斯韦分布函数求导,令其等于零,即 $f'(v)=0$,可求出最概然速率 $v_p=\sqrt{\frac{2RT}{M}}$,它表明在所有相等的速率区间中,在包含 v_p 的区间内分子数的百分比最高.对一定的气体而言,温度愈高,最概然速率 v_p 也大;在一定的温度下,分子质量大的气体最概然速率较小.由此可以通过最概然速率的大小来比较不同情况下的速率分布.

平均速率是在平衡态下,大量分子速率的算术平均值,它可由麦克斯韦速率

分布律求出

$$\overline{v}=\frac{\int_0^{\infty} v\mathrm{d}N}{\int_0^{\infty}\mathrm{d}N}=\int_0^{\infty} v f(v)\mathrm{d}v=\sqrt{\frac{8RT}{\pi M}}$$

方均根速率也可以由麦克斯韦速率分布律求得

$$\sqrt{\overline{v^2}}=\sqrt{\int_0^{\infty} v^2 f(v)\mathrm{d}v}=\sqrt{\frac{3RT}{M}}$$

$\overline{v}$、$\sqrt{\overline{v^2}}$ 与 v_p 一样,它们都与温度和分子质量有关.在研究分子不同统计量时用到不同的统计速率值.如在计算分子的平均自由程、气体分子间的碰撞频率时,常用到平均速率,而在计算分子的平均平动动能时则用到分子的方均根速率.

5-5-4　在同一温度下,不同气体分子的平均平动动能相等.因氧分子的质量比氢分子的大,则氢分子的速率是否一定大于氧分子的呢?

答:首先,温度是分子平均平动动能的量度 $\overline{\varepsilon}_k=\frac{3}{2}kT$,温度相等,不论什么气体分子的平均平动动能都相同.但不同气体分子的质量是不同的,由 $\overline{\varepsilon}_k=\frac{1}{2}m\overline{v^2}$知,在相同温度条件下,不同气体分子的方均根速率肯定不等,才能保证有相同的平均平动动能.氧分子质量比氢分子质量大,所以在相同温度条件下,氢分子的方均根速率一定比氧分子高.

但是,如果说因氧分子质量比氢分子大,因而氢分子的速率一定比氧分子大就大错了,因为 $\overline{\varepsilon}_k=\frac{3}{2}kT$ 和$\sqrt{\overline{v^2}}=\sqrt{\frac{3kT}{m}}$都是统计规律,它们只对大量分子系统才成立,并不针对哪个分子.对大量分子系统,分子作无规则的热运动,每个分子的速率都可以在 0~∞ 范围内取值,且不断变化,只是在一定温度下大量分子的速率分布有一定的规律,这个规律就是麦克斯韦分布律,由此可得出大量分子的平均速率、方均根速率及最概然速率等统计平均值,就个别氧分子和个别氢分子去比较速率是没有意义的.

5-5-5　速率分布函数的物理意义是什么?试说明下列各量的意义:

(1) $f(v)\mathrm{d}v$;　(2) $Nf(v)\mathrm{d}v$;　(3) $\int_{v_1}^{v_2} f(v)\mathrm{d}v$;

(4) $\int_{v_1}^{v_2} Nf(v)\,\mathrm{d}v$；　(5) $\int_{v_1}^{v_2} v\,f(v)\,\mathrm{d}v$；　(6) $\int_{v_1}^{v_2} Nv\,f(v)\,\mathrm{d}v$.

答：速率分布函数 $f(v)$ 表示在 v 附近单位速率区间内的分子数占总分子数的百分比.对某个分子，则表示其速率出现在 v 附近单位速率区间内的概率.

(1) $f(v)\,\mathrm{d}v=\dfrac{\mathrm{d}N}{N}$表示速率在 $v\sim v+\mathrm{d}v$ 间隔内的分子数占总分子数的百分比；对某个分子而言，表示其速率出现在 $v\sim v+\mathrm{d}v$ 区间内的概率.

(2) $Nf(v)\,\mathrm{d}v=\mathrm{d}N$ 表示速率在 $v\sim v+\mathrm{d}v$ 间隔内的分子数.

(3) $\int_{v_1}^{v_2} f(v)\,\mathrm{d}v=\dfrac{\int_{N_1}^{N_2}\mathrm{d}N}{N}=\dfrac{\Delta N}{N}$表示速率在 v_1 到 v_2 间隔内的分子数占总分子数的百分比.

(4) $\int_{v_1}^{v_2} Nf(v)\,\mathrm{d}v=\int_{N_1}^{N_2}\mathrm{d}N=\Delta N$ 表示速率在 v_1 到 v_2 间隔内的分子数.

(5) $\int_{v_1}^{v_2} vf(v)\,\mathrm{d}v=\dfrac{\int_{v_1}^{v_2} vNf(v)\,\mathrm{d}v}{N}=\dfrac{\int_{v_1}^{v_2} v\mathrm{d}N}{N}$，式中的分子为速率在 v_1 至 v_2 间隔内每一速率与相应的分子数乘积之和，分母为容器内分子总数，所以这个比值就是速率在 v_1 至 v_2 间隔内分子速率相对所有分子的加权平均值.

(6) $\int_{v_1}^{v_2} Nvf(v)\,\mathrm{d}v=\int_{v_1}^{v_2} v\mathrm{d}N$ 表示速率在 v_1 至 v_2 间隔内分子速率的总和.

§5-7　分子碰撞和平均自由程

5-7-1　一定质量的气体，保持容器的容积不变.当温度增加时，分子运动更趋剧烈，因而平均碰撞频率增大，平均自由程是否也因而减小呢？

答：由平均自由程 $\overline{\lambda}=\dfrac{\overline{v}}{\overline{Z}}$及 $\overline{v}=\sqrt{\dfrac{8kT}{\pi m}}$知，当温度升高，分子随机运动加剧，平均碰撞频率 $\overline{Z}$ 增加时，其平均速度也相应地增大了.进一步地，由 $\overline{\lambda}=\dfrac{1}{\sqrt{2}\,n\pi d^2}$可以看出对一定量的分子平均自由程与温度没有关系，仅取决于单位体积的分子数 n，只要保持容器体积不变，其单位体积内分子数 n 不变，所以自由程亦不变.事实上由物态方程 $p=nkT$ 也可以看出，由于 $nk=\dfrac{p}{T}$，体积不变，温度升高必然有压强的同步增大，那么从平均自由程的另一表达式 $\overline{\lambda}=\dfrac{kT}{\sqrt{2}\,\pi d^2 p}$可知，$\overline{\lambda}$ 仍保持不变.

5-7-2 平均自由程与气体的状态以及分子本身的性质有何关系？在计算平均自由程时,什么地方体现了统计平均？

答:由 $\overline{\lambda}=\dfrac{1}{\sqrt{2}\,\pi n d^2}$可知,平均自由程与分子本身的有效直径 d 有关,对一定量的气体还与单位体积的分子数 n 有关,这是因为分子密度越高,分子有效直径越大,分子间距越小,平均说来每次碰撞走过的距离越短,即平均自由程越小.

实际上由于分子的随机运动,分子之间的间距与运动速度都不尽相同,每两次碰撞所走过的路程就不相等,因此在计算平均自由程时,我们只能采用分子的平均速度 $\overline{v}$,以及考虑到所有分子都在运动且它们是按麦克斯韦速率分布律确定的,因此在计算平均碰撞频率时必须考虑到分子平均相对速率与算术平均速率的关系 $v_r=\sqrt{2}\,\overline{v}$,这样我们采用分子在圆柱体模型中的碰撞来导出平均自由程时,就充分体现了大量分子随机运动的统计结果.

*§ 5-8 气体的输运现象

5-8-1 分子热运动与分子间的碰撞,在输运现象中各起什么作用？哪些物理量体现了它们的作用？

答:黏性现象、热传导现象及扩散现象都是非平衡态过程.在这个过程中,它们通过分子间的相互碰撞而交换或传输了某个物理量.例如黏性现象,由于气体各部分的流速不等,定向运动的动量不同,这样两气层通过交换分子而产生了动量的转移.动量的转移就是形成气流层之间的黏性力.所以黏性现象是各层气流分子相互碰撞和掺和引起动量转移的结果.

热传导现象是由于各部分气体温度不同,分子的平均平动动能不相等,通过气体分子相互碰撞和掺和,高温区的分子将热能传递和输运给低温区的分子,所以热传导是热能量流的输运过程.

至于扩散则是由于各部分气体的密度不同,通过气体分子无规则的热运动,高密度区的分子向低密度区转移占上风,这就提高了原来低密度区的分子数,从而实现了质量的转移.

上述三种现象具有共同的宏观特征,即都是由于气体内部存在一定的不均匀性,都是由于气体分子热运动的不断碰撞和掺和,导致气体各部分趋于均匀一致.又从气体的黏度 $\eta=\frac{1}{3}\rho\,\overline{v}\,\overline{\lambda}$、热导率 $\kappa=\frac{1}{3}\frac{C_{V,\mathrm{m}}}{M}\rho\,\overline{v}\,\overline{\lambda}$ 和扩散系数 $D=\frac{1}{3}\overline{v}\,\overline{\lambda}$ 可以看出,这些过程都与气体的平均速度 $\overline{v}$ 和平均自由程 $\overline{\lambda}$ 有关,说明它们决定于气体的性质和状态.

5-8-2　在推导输运现象的宏观规律时,有人认为:既然分子的平均自由程是 λ,则在 ΔS 两侧 A、B 两部分的分子通过 ΔS 面前最后一次碰撞应发生在与 ΔS 相距 $\frac{1}{2}\overline{\lambda}$ 处,这样才能保证通过 ΔS 面的分子无碰撞地通过 $\overline{\lambda}$ 的路程.你是否同意这种看法?说明理由.

答:迁移现象的实质是气体内部存在一定的不均匀性,整体上处于非平衡状态,不能用确定的状态参量来描述系统的状态.但是,如果将系统划分很多小的子系统区则可以近似认为每一个宏观小微观大的子系统区内的分子处于平衡态.例如图 5-2 所示那样,在某个分界面 ΔS 两侧以 ΔS 为底,以 h 为高建立两个相邻的小子系统 A、B,则 A、B 内气体分子的宏观参量不同,它们通过与对方分子的碰撞与渗透来达到彼此均匀的效果.如果 $h=\overline{\lambda}$,那么在 A 区顶部发生一次碰撞的分子可以在本区内不再发生碰撞而到达分界面,并有可能与 B 区域分子发生碰撞.当然,如果选取 $h<\overline{\lambda}$,那么在 A 区域内的分子作完一次碰撞后完全有可能越过 ΔS 面而与 B 区域的分子作下一次碰撞.但是如果选取 $h>\overline{\lambda}$,那么 A 区域顶部的分子发生一次碰撞后至少必须再发生一次碰撞才能到达或越过 ΔS 界面与 B 区域分子发生碰撞.所以为了保证 A 区域的分子无碰撞地通过 ΔS 的路程是 $\overline{\lambda}$,而不是 $\frac{\overline{\lambda}}{2}$.

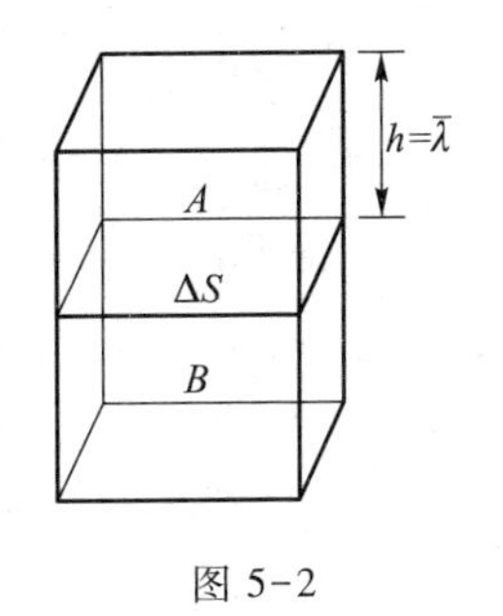

图 5-2

* § 5-9　真实气体　范德瓦耳斯方程

5-9-1　真实气体范德瓦耳斯模型的假设在哪些方面修正了理想气体模型的假设?

答:真实气体范德瓦耳斯模型在两方面修正了理想气体模型的假设:一是不再把气体分子当作分子大小可以忽略不计的理想气体分子;二是气体分子之间的相互作用也不能忽略.考虑了分子本身的大小以及它们之间的相互作用力,范德瓦耳斯给出了他的真实气体模型假设.

第六章　热力学基础

§6-1　热力学第零定律和第一定律

6-1-1　怎样区别内能与热量？下面哪种说法是正确的？

(1) 物体的温度越高，则热量越多.

(2) 物体的温度越高，则内能越大.

答：内能与热量是两个不同的概念，应该注意它们的区别和联系.

内能是由热力学系统状态所决定的能量.从微观的角度看，内能是系统内粒子动能和势能的总和.关于内能的概念，应注意以下几点：

(a) 内能是态函数，是用宏观状态参量（如 p、T、V）描述的系统状态的单值函数，对于理想气体，系统的内能是温度 T 的单值函数；

(b) 内能的增量只与确定的系统状态变化相关，与状态变化所经历的过程无关；

(c) 系统的状态若经历一系列过程又回到原状态，则系统的内能不变；

(d) 通过对系统做功或者传热，可以改变系统的内能.

热量是由于系统之间存在温度差而传递的能量.从微观的角度看，传递热量是通过分子之间的相互作用完成的.对系统传热可改变系统的内能.关于热量，应注意以下几点：

(a) 热量是过程量，与功一样是改变系统内能的一个途径，对某确定的状态，系统有确定的内能，但无热量可言；

(b) 系统所获得或释放的热量，不仅与系统的初、末状态有关，也与经历的过程有关，过程不同，系统与外界传递热量的数值也不同；

(c) 在改变系统的内能方面，传递热量和做功是等效的，都可作为系统内能变化的量度.

所以，(1) 是错误的.温度是状态量，是分子平均动能大小的标志.“温度高”表示物体处在一个分子热运动的平均效果比较剧烈的宏观状态，无热量可言.热量一定与过程相联系.(2) 对理想气体是正确的.对一般热力学系统，内能是分子热运动的动能与势能之和，即内能并非只是温度的单值函数.

6-1-2 说明在下列过程中,热量、功与内能变化的正负:(1) 用气筒打气;(2) 水沸腾变成水蒸气.

答:(1) 气筒打气是外力做功压缩气筒内的空气,在气筒内压强未达到足够高而冲开气筒阀门之前,气筒内空气被压缩而减小,即 $\Delta V<0$,所以气筒内空气做负功;由于这个压缩过程进行得很快,气体尚未与外界交换热量就已被压缩,因此这个过程可近似看作是绝热压缩过程,因而 $Q=0$.根据热力学第一定律 $\Delta E=Q-A=-A>0$,即气筒内空气的内能增加.

(2) 通常水的沸腾温度为 100 ℃,吸取足够的热量($Q>0$)后变成 100 ℃的水汽,这个过程温度没有变化,因而内能不变($\Delta E=0$),但水汽的体积增加,对外做功($A>0$).如果容器体积不能变化,水汽不能对外膨胀做功,那么水汽从外界吸取大量热量而成为过热蒸汽,此时温度上升,内能增加.

§ 6-2 热力学第一定律对于理想气体准静态过程的应用

6-2-1 为什么气体热容的数值可以有无穷多个?什么情况下,气体的摩尔热容是零?什么情况下,气体的摩尔热容是无穷大?什么情况下是正值?什么情况下是负值?

答:气体的热容定义为 $C=\dfrac{\delta Q}{\mathrm{d}T}$,是在没有化学反应和相同的条件下温度升高 1 K 所需的热量.因为热量 δQ 是过程量,热力学系统从一种平衡态过渡到另一种平衡态有无数条路径,每一条路径代表一个过程,不同的路径所需的热量不同,所以这无数条路径就对应有无数个不同的热容 C.

所谓气体的摩尔热容是 1 mol 气体温度升高 1 K 所需的热量,用 C_{m} 表示.在绝热过程中 $\delta Q=0$,因此 $C_{\mathrm{m}}=0$,这就是气体经历绝热过程温度升高 1 K 可以不需向外界吸取热量.

对等温过程 $\mathrm{d}T=0$,由 $C_{\mathrm{m}}=\dfrac{\delta Q}{\mathrm{d}T}$知,$C_{\mathrm{m}}\to\infty$.

前面已说过热容是过程量,那么摩尔热容大于零或小于零都可能,且都有无数个.在常见的过程中,如等压膨胀,由于 $\Delta E>0$,$A=p\Delta V>0$,则 $Q=\Delta E+A>0$,所以 $C_{p,\mathrm{m}}>0$.又如等体升温过程,$Q=\Delta E>0$,其摩尔热容 $C_{V,\mathrm{m}}$也为正值.

当气体经历多方过程时,若多方指数 $1<n<\gamma$(γ 为摩尔热容比),则将出现多方负热容,即系统温度升高 1 K,反而放出热量($\Delta Q<0$),例如下面一例中的过程 1 即是这种情况.

6-2-2　一理想气体经图 6-1 所示各过程，试讨论其摩尔热容的正负：(1) 过程 Ⅰ—Ⅱ；(2) 过程 Ⅰ′—Ⅱ(沿绝热线)；(3) 过程 Ⅱ′—Ⅱ.

答：在图示的三个过程中，系统的初、末状态的温度都相同，且都是升温过程，所以内能变化的增加值都相同，即 $\Delta E_1=\Delta E_2=\Delta E_3>0$(这里脚标 1、2 和 3 分别代表 Ⅰ—Ⅱ、Ⅰ′—Ⅱ 和 Ⅱ′—Ⅱ 过程，以下相同)；但这三个过程的过程曲线下的面积不等，包围的面积越大，做负功的绝对值也越大. 由图可以看出 $|A_1|>|A_2|>|A_3|$. 因过程 Ⅰ′—Ⅱ 是绝热的，即 $Q_2=0$，所以该过程的摩尔热容亦为零. 又利用热力学第一定律 $Q_2=\Delta E_2+A_2=0$，则 $A_2=-\Delta E_2$，得到 $\Delta E_1=\Delta E_2=-A_2$. 再把这个结果代入热力学第一定律对过程 Ⅰ—Ⅱ 和过程 Ⅱ′—Ⅱ，分别有

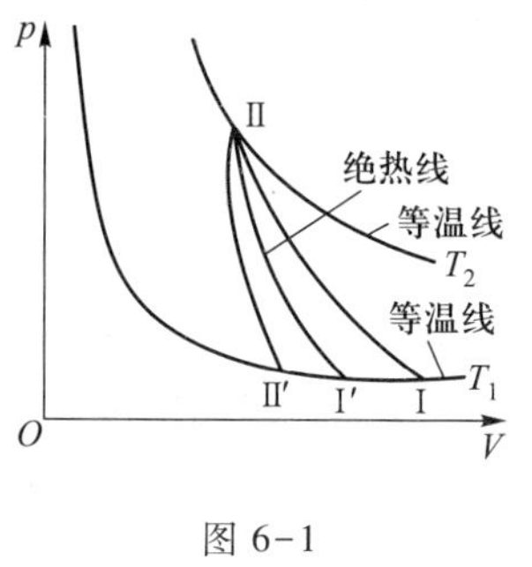

图 6-1

过程 Ⅰ—Ⅱ：　$Q_1=\Delta E_1+A_1=-A_2+A_1<0$　(因为 $|A_1|>|A_2|$)

过程 Ⅱ′—Ⅱ：　$Q_3=\Delta E_3+A_3=-A_2+A_3>0$　(因为 $|A_2|>|A_3|$)

上述结果说明：过程 Ⅰ—Ⅱ 升温反而放出热量，其摩尔热容 $C_{m1}<0$ 为负值，这是因为外界压缩气体做功不仅提高了系统的内能，而且还向外界放出了一些热量，导致摩尔热容为负. 而在过程 Ⅱ′—Ⅱ，外界压缩系统做正功的同时系统还从外界吸取了热量才使系统升温，所以其摩尔热容 $C_{m3}>0$，为正.

6-2-3　对物体加热而其温度不变，有可能吗？没有热交换而系统的温度发生变化，有可能吗？

答：这两种可能都存在. 对一个热力学系统加热，则 $Q>0$，若系统温度不变，则内能不变 $\Delta E=0$，对这个过程应用热力学第一定律有 $Q=A$，说明系统吸收外界的热量全部用于对外做功. 理想气体的等温膨胀就是这样的过程.

没有热交换，则 $Q=0$，是绝热过程. 若系统的温度发生变化，则内能或增加(升温)或减小(降温). 对这个过程应用热力学第一定律有 $Q=\Delta E+A=0$，$\Delta E=-A$，如果是绝热膨胀对外做功，则系统的内能减少，说明做功是以消耗内能为代价的；反之若是绝热压缩，内能增加，意味着外界对系统做功的结果提高了系统的内能.

§6-3　循环过程　卡诺循环

6-3-1　为什么卡诺循环是最简单的循环过程？任意热机的循环需要多少个不同温度的热源？

答：由热力学第二定律的开尔文表述知，我们不可能制造一种只依靠一个

热源循环动作的热机.换句话说,可能制造的循环动作的热机至少要两个以上的热源.卡诺循环是由两个可逆的等温过程和两个可逆的绝热过程组成的循环.这个循环只需要一个高温热源(提供热量)和一个低温热源(接纳放出的热量),所以这是构成循环热源数最少、最简单的理想循环.

如图 6-2 所示,任一可逆循环都可看作由许多小卡诺循环组成,每一个小的卡诺循环对应有两个工作热源,这许许多多微小的卡诺循环就对应许许多多不同温度的热源,所取的小卡诺循环数目越多,就越接近实际的循环过程,所对应的不同温度热源数也就越多.

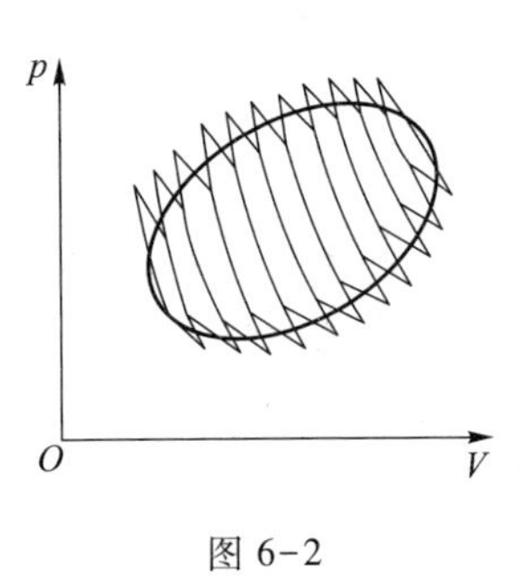

图 6-2

6-3-2　有两个热机分别用不同热源作卡诺循环,在 $p-V$ 图上,它们的循环曲线所包围的面积相等,但形状不同,如图 6-3 所示.它们吸热和放热的差值是否相同?对外所做的净功是否相同?效率是否相同?

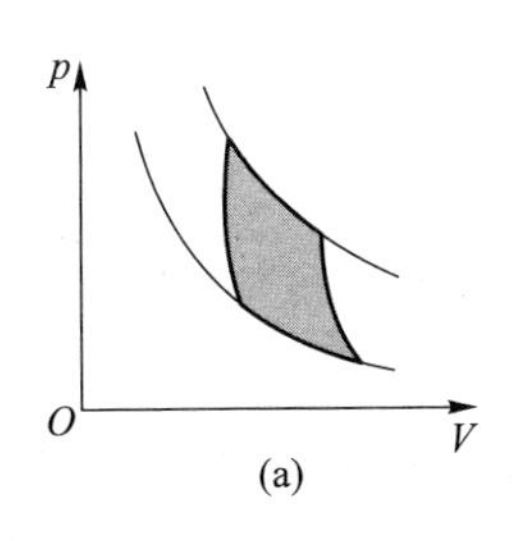

(a)

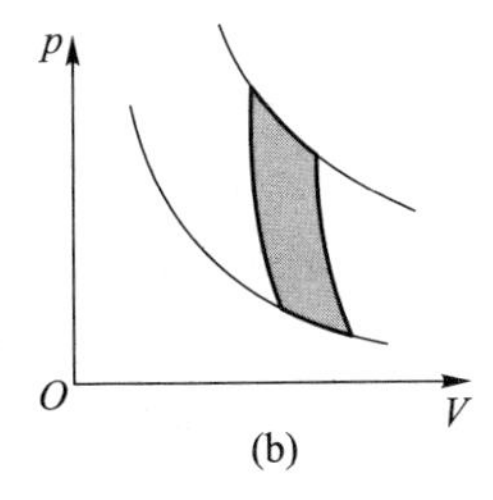

(b)

图 6-3

答:在 $p-V$ 图上循环曲线所包围的面积即是循环系统对外做的净功,由于一次循环系统的内能不变($\Delta E=0$),所以对外做的净功等于系统与外界交换的热量,即吸热与放热之差.如果两个循环曲线所包围的面积相同,而不论它们的形状如何,这两个循环对外做的净功就相同,吸热与放热之差亦相同.但由热机效率的定义 $\eta=\dfrac{A}{Q_{吸}}$知,效率除与循环一周对外做的净功 A 有关外,还取决于从外界吸取的热量 $Q_{吸}$.对卡诺循环效率还可写作 $\eta=\dfrac{A}{Q_{吸}}=\dfrac{T_1-T_2}{T_1}$,不仅与高温热源与低温热源温度差有关,还与高温热源的温度有关,图 6-3 所示的两个循环,高温热源温度不等,效率也不可能相同.

6-3-3 $p-V$图中表示循环过程的曲线所包围的面积,代表热机在一个循环中所做的净功.如图6-4所示,如果体积膨胀得大些,面积就大了(图中面积$S_{abc'd'}>S_{abcd}$),所做的净功就多了,因此热机效率也就可以提高了.这种说法对吗?

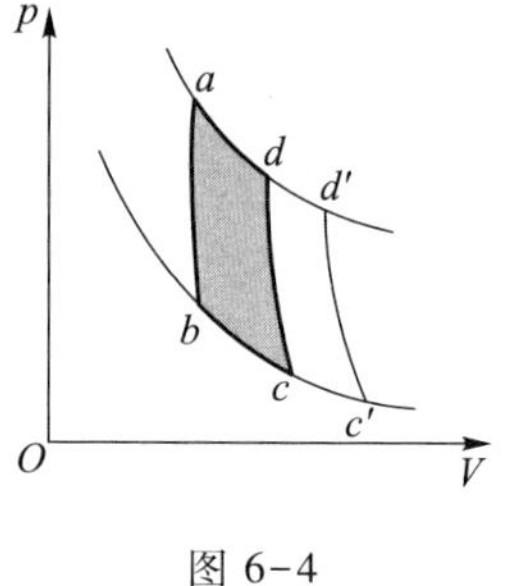

图 6-4

答:由热机效率的定义$\eta=\frac{A}{Q_{吸}}$知,效率不仅取决于一个循环对外做的净功的多少,还取决于一个循环从外界吸收的热量$Q_{吸}$.表面上看系统体积膨胀得大,对外做的净功确实是多了,但在吸热做功的过程中从外界吸取的热量也可能多了,A与$Q_{吸}$的比值不一定会更大.例如,卡诺循环,其效率可写作$\eta=\frac{A}{Q_{吸}}=1-\frac{T_2}{T_1}$,这清楚地表明不论系统膨胀多大其效率都只与高温热源的温度T_1与低温热源的温度T_2有关,而与对外做多少净功无关.换句话说,膨胀做功越多,吸热亦越多,比值$\frac{A}{Q_{吸}}$并不增加,效率不变.

§6-4 热力学第二定律

6-4-1 判别下面说法是否正确:(1) 功可以全部转化为热,但热不能全部转化为功;(2) 热量能从高温物传到低温物,但不能从低温物传到高温物.

答:(1)"功可以全部转化为热"的说法是正确的.例如等温压缩就是这种情况.在等温条件下外界对系统做功A,并不改变系统的内能,$\Delta E=0$,因此所做的功A全部转化为热量,$Q=\Delta E+A=A$.但"热不能全部转化为功"的说法是不对的.等温膨胀内能不变,系统从外界吸取的热量全部转化为对外做功.

(2)"热量能从高温物体传到低温物体"是不言而喻的,在我们日常生活中都有这样的经验.但热量从低温物体传到高温物体则是有条件的.这个条件就是外界做功.例如电冰箱、空调等设备就是这样,通过电磁力做功,热量可以从低温热源传送到高温热源区.当然,正如热力学第二定律所指明的,如果没有外力做功,热量是不能自动地从低温热源传向高温热源的.

6-4-2 一条等温线与一条绝热线能否相交两次,为什么?

答:不能.可用反证法说明:设一条等温线与一条绝热线能相交于1、2两点,如图6-5(a)和(b)所示.

(1) 如图(a)所示,可构成一正循环1→3→2→4→1.在该循环中对外做正功(所围面积),只有等温放热而无吸热,这显然是违反热力学第一定律的.

(2) 如图 7-10(b)所示,可构成一正循环,该循环对外做正功(所围面积),只从单一热源吸热,这显然是违背热力学第二定律的.

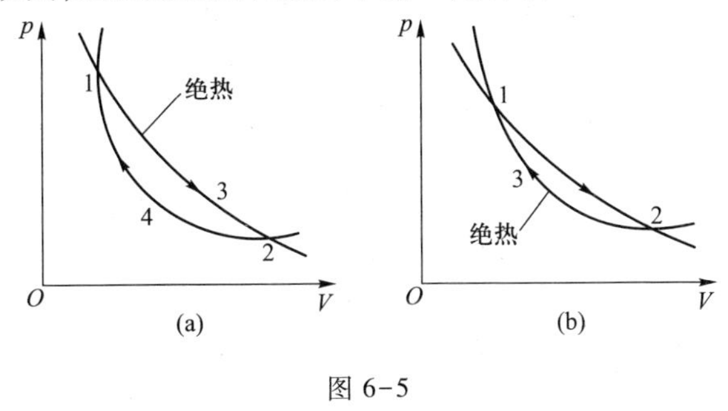

图 6-5

6-4-3 两条绝热线与一条等温线能否构成一个循环,为什么?

答:不能.可用反证法说明:设两条绝热线 A、B 相交于点 1,与另一条等温线 C 分别相交于点 3、2,则 1→2→3→1 构成一个正循环,如图 6-6(a)和(b)所示.

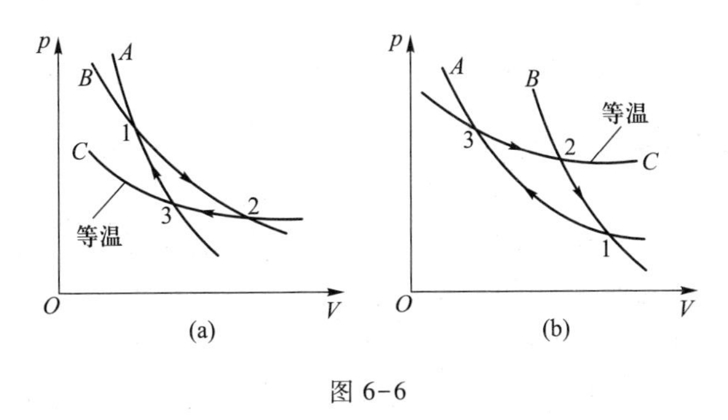

图 6-6

(1) 如图 6-6(a)所示,该正循环对外做正功,而只在状态 2 到状态 3 的过程中等温放热,即既不吸热又对外做有用功,显然违反热力学第一定律.

(2) 如图 6-6(b)所示,该正循环对外做正功,而只在状态 3 到状态 2 的过程中等温吸热,成为从单一热源吸热对外做有用功的热机,显然违背热力学第二定律.

§6-5 可逆过程与不可逆过程 卡诺定理

6-5-1 有一可逆的卡诺机,它作热机使用时,如果工作的两热源的温度差越大,则对于做功就越有利.当作制冷机使用时,如果两热源的温度差越大,对于制冷是否也越有利?为什么?

答:卡诺热机的效率为 $\eta=\frac{T_1-T_2}{T_1}$,为了获得高效率可以增大高温热源与低温热源的温度差(T_1-T_2).但卡诺循环的制冷机的制冷系数 $w=\frac{T_2}{T_1-T_2}$,温差(T_1-T_2)越大,制冷系数就越小.从制冷机的制冷系数的定义 $w=\frac{Q_2}{A}$来看,制冷系数越小意味着外界必须做更多的功 A 才能从低温热源抽取相同的热量 Q_2.所以加大高温热源与低温热源的温度差对制冷机是不利的.

§6-6 熵 玻耳兹曼关系

6-6-1 从原理上如何计算物体在始末状态之间进行不可逆过程所引起的熵变?

答:因为熵是状态量,因此熵变与过程无关,只与初末状态的熵值有关.这样在理论上计算物体经历一个不可逆过程的熵变时,可任意设计一个连接同一初末状态的可逆过程,计算这个可逆过程的熵变 $S_2-S_1=\int_1^2\frac{\delta Q}{T}$,就是系统从状态 1 经历任一其他过程到达状态 2 的熵变.

6-6-2 在日常生活中,经常遇到一些单方向的过程,如:(1) 桌上热餐变凉;(2) 无支持的物体自由下落;(3) 木头或其他燃料的燃烧.它们是否都与热力学第二定律有关? 在这些过程中熵变是否存在? 如果存在,则是增大还是减小?

答:热力学第二定律是物理学应用最为广泛的定律之一,它指明了自然界自发过程的方向性.自然界中一切与热有关的现象都与热力学第二定律有关.而熵增加原理正是热力学第二定律的数学描述.在所论的三个过程中,如果我们把热餐与周围的环境当作一孤立系统,物体与地球组成一孤立系统,燃烧物与周围的环境当作一孤立系统,那么所有这些过程都只能单方向自发发生.我们无法期待散发在空气中的热量重新聚集到食物之中,或者落在地面上的物体自动升高,或者燃烧后的灰与散发的热量又积集为木头.所以这些系统内单方向发生的过程熵值必将增加.熵值的增加意味着能量可用度的丧失.例如热餐中的热量散发到周围环境,食物与环境最终达到同一温度,这些散发到环境的热量在这个孤立系统内就没有了做功的能力;从一定高度落下的物体的势能变为动能,这些机械能最终转化为热能,为物体与地球所吸收也不再有利用的价值;木头燃烧的化学能在这个过程中最终也耗散在环境之中,在这个系统内不再有做功的可能.这一切都是系统熵值增加的结果.

§6-7　熵增原理　热力学第二定律的统计意义

6-7-1　一杯热水放在空气中,它总是冷却到与周围环境相同的温度,因为处于比周围温度高或低的概率都较小,而与周围同温度的平衡却是最概然状态,但是这杯水的熵却是减小了,这与熵增加原理有无矛盾?

答:没有矛盾.因为熵增加原理说的是,在一封闭系统内发生的过程熵永不减少,但这杯热水并非一个孤立的封闭系统,它与外部环境存在热交换,与外部环境的这种作用使这杯水的熵减小是完全可能的.如果把这杯水与外部环境当作一个整体的封闭系统,那么热水与周围环境的熵变加在一起是永不减小的.

6-7-2　一定量的气体,初始压强为 p_1,体积为 V_1,今把它压缩到 $V_1/2$,一种方法是等温压缩,另一种方法是绝热压缩.问哪种方法最后的压强较大?这两种方法中气体的熵改变吗?

答:在图 6-7 所示的 $p-V$ 图上,绝热过程曲线的斜率较之等温过程曲线的斜率为陡,表明从相同的初始状态将气体压缩到相同的末态体积时,若经绝热过程,则气体末态的压强较大.

$p-V$ 图上所表示的过程都是可逆过程,而可逆的绝热过程是等熵过程,熵变为零.可逆等温压缩过程,则气体的熵将减少.

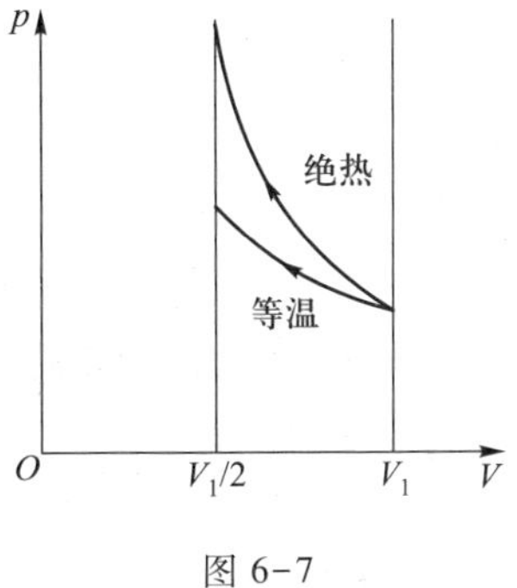

图 6-7

*§6-8　耗散结构　信息熵

6-8-1　试列举若干在日常生活中见到的单方向过程,并说明它们是否与热力学第二定律有关,熵是增加还是减小?

答:凡是与热有关的真实过程都是单方向的,它们都逃不过热力学第二定律。例如我们把燃烧木头与周围环境组成一孤立系统,那么在这个系统内发生的过程只能是单方向的,我们不可能把燃烧后的灰烬、二氧化碳和热量收集起来重新“组装”成木头。燃烧的过程系统的熵值必定增大。燃烧木头产生的热量在这个系统内就丧失了做功的本领。我们常说“水往低处流”,这也是自然界单方向的过程,高处的水有较大的势能,具有做功的本领(例如水力发电),但当它们流入大海,就丧失了做功的本领,或者说熵值增大了.

第七章　静止电荷的电场

§7-1　电荷　库仑定律

7-1-1　一个金属球带上正电荷后，该球的质量是增大、减小还是不变？

答：金属球带正电荷实际上是失去了负电子，所以理论上说其质量是减小了，但电子的质量非常小，一个电子的质量 $m_e=9.1\times10^{-31}$ kg，电荷量为 -1.6×10^{-19} C，即使金属球失去了 1 C 的负电荷（这相当于一个半径 100 m 的金属球在 10^5 kV 的高压下所带的电荷），也不过失去了 9.1×10^{-31} kg$\times1/1.6\times10^{-19}=5.7\times10^{-12}$ kg 的质量，这是微不足道的，所以仍可认为该球的质量没有变化.

7-1-2　点电荷是否一定是很小的带电体？什么样的带电体可以看作是点电荷？

答：点电荷是研究带电体电性质时提出的一个理想模型.首先，"大小"是一个相对的概念，因此带电体的大小也只有相对的意义.相对什么呢？相对所论点的位置距离，即当带电体的几何大小相对它至所论点的距离小很多，可忽略时，该带电体才可以看作是"点电荷"；其次，当我们说到某一点至一带电体的距离，或者两带电体之间的距离时，也只有在带电体可以当作"点"处理时才有确切的意义，此时带电体的形状、大小和电荷分布都可以不予考虑，而仅当作有一定电荷量的几何点.如以研究半径为 R，电荷面密度为 σ 均匀带电圆盘轴线上与盘心相距为 x 的任一给定点 P 处的电场强度为例[见本教材上册 265 页例题 7-5 中式(7-14)].在一般情况下，轴线上距离盘心为 x 的 P 点的电场强度是

$$E=\frac{\sigma}{2\varepsilon_0}\left[1-\frac{x}{\sqrt{R^2+x^2}}\right]$$

仅当若 $x>>R$ 时，上式可以简化为

$$E=\frac{q}{4\pi\varepsilon_0x^2}$$

这正是点电荷的电场强度公式，它说明当点 P 离开圆盘的距离比圆盘本身的大小大得多时，点 P 的电场强度与电荷量 q 集中在圆盘的中心的一个点电荷在该点所激发的电场强度相同，即此时带电圆盘可以看作是点电荷.

但若 $R\gg x$，即在点 P 处看来均匀带电圆盘可认为是无限大，则点 P 的电场强度又可化简为无限大均匀带电平面所激发的电场

$$E=\frac{\sigma}{2\varepsilon_0}$$

由此可见，同一带电体是否能看作点电荷完全由所讨论的问题决定.点电荷这一概念也只具有相对的意义，它本身不一定是很小的带电体.

7-1-3　在干燥的冬季人们脱毛衣时，常听见噼里啪啦的放电声，试对这一现象作一解释.

答：脱毛衣时，毛衣与内衣发生摩擦，摩擦使毛衣与内衣分别带有异号电荷，由于毛衣和内衣都是绝缘材料，这些电荷会在表面积聚起来.在一般情况下，空气比较潮湿，含有大量的正负离子，它们很容易快速地与出现在毛衣和内衣表面上的电荷中和掉.但在干燥的冬季里，空气里的正负离子很少，摩擦导致毛衣和内衣表面积聚很多电荷，产生很高的电场强度，其大小往往高于空气的击穿电场强度，从而将空气击穿，产生噼里啪啦的放电声.

7-1-4　带电棒吸引干燥软木屑，木屑接触到棒以后，往往又剧烈地跳离此棒.试解释此现象.

答：假定带电棒带有正电荷，处于该正电荷电场中的干燥软木屑被极化，木屑靠近带电棒一端被极化出负电荷，木屑背着带电棒的一端被极化出正电荷，它们分别受到带电棒正电荷的吸引力和排斥力，但因木屑上负电荷更靠近带电棒，受到的吸引力大于木屑上正电荷的排斥力，所以木屑总是被吸引移向带电棒.一旦木屑接触到带电棒后，木屑上负电荷被带电棒上的正电荷中和，吸引力同时消失，而木屑上正电荷仍旧存在，它受到带电棒上的正电荷排斥，便又立即跳离带电棒.若带电棒带有负电荷，除了木屑两端极化电荷的极性相反以外，整个过程都与上述情况相同，木屑总是先被吸引，接触到棒以后，又剧烈地跳离带电棒.

§ 7-2　静电场　电场强度

7-2-1　判断下列说法是否正确，并说明理由.(1) 电场中某点电场强度的方向就是将点电荷放在该点处所受电场力的方向；(2) 电荷在电场中某点受到的电场力很大，该点的电场强度 E 一定很大；(3) 在以点电荷为中心、r 为半径的球面上，电场强度 E 处处相等.

答：(1) 不一定，取决于该点电荷所带的电荷量.如果该点电荷所带的电荷

量比较小,它的引入几乎不会改变原场源电荷所激发的电场分布,而且所带电荷是正电荷的话,那么该点电荷所受到的电场力方向就是其所在点的电场方向.但是,如果该点电荷所带的电荷量比较大,它的引入破坏了原场源电荷所激发的电场分布,那么该点电荷所受到的电场力就不能反映原来电场的性质,其方向当然就不能代表其所在点的电场方向,尤其是所带电荷是负电荷的话,电场力方向就更不能说是所在点的电场方向.

(2) 不一定.电荷在电场中所受到的电场力不仅取决于该电荷所在处的电场强度,而且还与该电荷的电荷量有关,即 $F=qE$.另一方面,用电场力来确定某点的电场强度,受力的电荷是带电荷量不太大的点电荷.如果该电荷可以当作是点电荷处理(即该电荷在电场中的线度足够小),那么该点电荷所受到的电场力越大,说明点电荷所在处的电场强度也越强;但是,如果该电荷在电场中的线度比较大,不能当作点电荷处理,那么它所受到的电场力就无法说明是哪一点的电场强度.

(3) 不正确.因为电场强度是一矢量,就其大小来说,在真空中一点电荷所激发的电场具有球对称,在以点电荷为中心的同一球面上的点都有相等的电场强度大小;但同一球面上不同的点其径向不同,所以就电场强度方向来说不同点有不同的方向(电场强度方向沿半径方向).

7-2-2 根据点电荷的电场强度公式(7-7)$\boldsymbol{E}=\dfrac{1}{4\pi\varepsilon_0}\dfrac{q}{r^2}\boldsymbol{e}_r$ 当所考察的场点和点电荷的距离 $r\to0$ 时,电场强度 $E\to\infty$,这是没有物理意义的,对这似是而非的问题应如何解释?

答:当场点和电荷的距离得很近时,该电荷已不能再看作是点电荷了,换句话说,在 $r\to0$ 情况下点电荷的模型不成立(关于点电荷模型成立的条件参看 7-1-2 的解答),点电荷的电场强度公式 $\boldsymbol{E}=\dfrac{1}{4\pi\varepsilon_0}\dfrac{q}{r^2}\boldsymbol{e}_r$ 自然也就不能用了.

7-2-3 为什么在无电荷的空间里电场线不能相交?

答:用反证法证明。假设有两条电场线在无电荷的空间的 P 点相交,按照电场线描绘的原则——电场线上每一点的切线方向都与该点处的电场强度 $\boldsymbol{E}$ 的方向一致,那么在 P 点处就有两个切线方向,即两个电场强度方向,这与电场强度 $\boldsymbol{E}$ 是描写电场空间性质的物理量相违背。电场强度是空间位置的函数,某点的电场强度只有单一的大小值和方向,所以电场线不能相交.

7-2-4 在正四边形的四个顶点上,放置四个带相同电荷量的同号点电荷,试定性地画出其电场线图.

答:为了定性地画出四个带相同电荷量的同号点电荷的电场线图,可以先画出两个带相同电荷量的同号点电荷的电场线图.

对于正电荷其电场线总是从电荷出发呈辐射状的.两个正电荷的系统,它们的电场线在空中相遇不能相交,只能相互排斥改变路径.另外,在两个正电荷连线的中点电场强度为零,即该处的电场线密度为零.由此分析,两个正电荷系统的电场线可描绘如图 7-1(a)所示.

当一正四边形的四个顶点上都放上正点电荷时,边线中点的电场强度不再为零,此时对角线中点电场强度为零,即正四边形中心处电场线密度为零.由此正四边形的四个顶点上都放上正点电荷系统的电场线可描绘如图 7-1(b)所示.

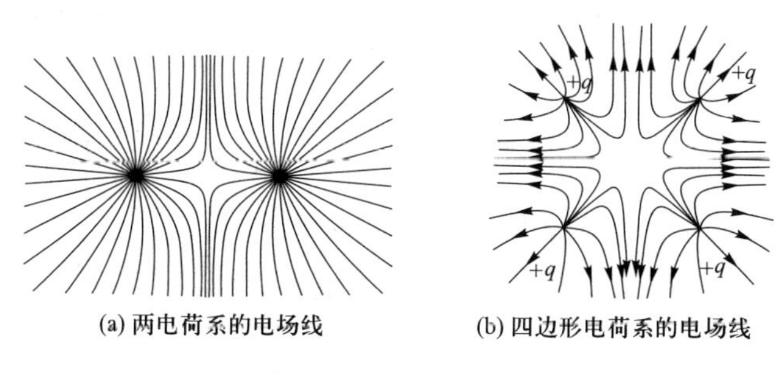

(a) 两电荷系的电场线 (b) 四边形电荷系的电场线

图 7-1 正点电荷系统的电场线

§ 7-3 静电场的高斯定理

7-3-1 如果在高斯面上的 $\boldsymbol{E}$ 处处为零,能否肯定此高斯面内一定没有净电荷? 反过来,如果高斯面内没有净电荷,能否肯定面上所有各点的 $\boldsymbol{E}$ 都等于零.

答:如果在高斯面上的 $\boldsymbol{E}$ 处处为零,那么穿过该高斯面的 $\boldsymbol{E}$ 通量必定等于零,即 $\oint_S \boldsymbol{E}\cdot \mathrm{d}\boldsymbol{S}=0$,又根据高斯定理 $\oint_S \boldsymbol{E}\cdot \mathrm{d}\boldsymbol{S}=\dfrac{1}{\varepsilon_0}\sum q_i$,所以必定有 $\sum q_i=0$,即此高斯面内一定没有净电荷,或者说要么此高斯面内根本就没有电荷,要么此高斯面内正负电荷相等,净电荷为零.

反过来,如果高斯面内没有净电荷,即 $\sum q_i=0$,只能说明穿过该高斯面的总 $\boldsymbol{E}$ 通量必定等于零,即 $\oint_S \boldsymbol{E}\cdot \mathrm{d}\boldsymbol{S}=0$,但不能肯定面上所有各点的 $\boldsymbol{E}$ 都等于零.因为穿过该高斯面的 $\boldsymbol{E}$ 通量等于零,可以是确实没有电场($\boldsymbol{E}=0$),也可以是进入高斯面的 $\boldsymbol{E}$ 通量等于从高斯面穿出的 $\boldsymbol{E}$ 通量,$\boldsymbol{E}$ 通量总和为零,在这种情况下面上所有各点的 $\boldsymbol{E}$ 就不一定等于零.此外,从数学上也可以看出,$\oint_S \boldsymbol{E}\cdot \mathrm{d}\boldsymbol{S}=\oint_S E\cos\theta \mathrm{d}S=0$,积分结果等于零,并不能说积分式中的某个变量一定等于零.

7-3-2 (1) 一点电荷 q 位于一立方体的中心,立方体边长为 l.试问通过立方体一面的 $\boldsymbol{E}$ 通量是多少? (2) 如果把这个点电荷移放到立方体的一个角上,这时通过立方体每一面的 $\boldsymbol{E}$ 通量各是多少?

答:(1) 以这个立方体的六个面构成高斯面,点电荷 q 位于该立方体的中心,所以由高斯定理知,通过立方体的 $\boldsymbol{E}$ 通量为其包围的中心电荷 q 除以 ε_0.由于本情况的对称性,通过每个面的 $\boldsymbol{E}$ 通量是总 $\boldsymbol{E}$ 通量的六分之一,即$\dfrac{q}{6\varepsilon_0}$.

(2) 如果把这个点电荷移放到立方体的一个角上,那么可以添加七个相同的立方体,构成如图 7-2 所示边长为 $2l$ 的大立方体,此时该点电荷位于大立方体的中心,通过大立方体的 $\boldsymbol{E}$ 通量仍为$\dfrac{q}{\varepsilon_0}$,大立方体共有 24 个以 l 为边长的面,其中原立方体有 3 个边长为 l 的面暴露在这个边长为 $2l$ 的立方体外面,那么通过它们每一面的 $\boldsymbol{E}$ 通量各是$\dfrac{q}{24\varepsilon_0}$;另有 3 个面在大立方体内,由 q 发出的电场线均与它们相切,即没有 $\boldsymbol{E}$ 通量通过它们.

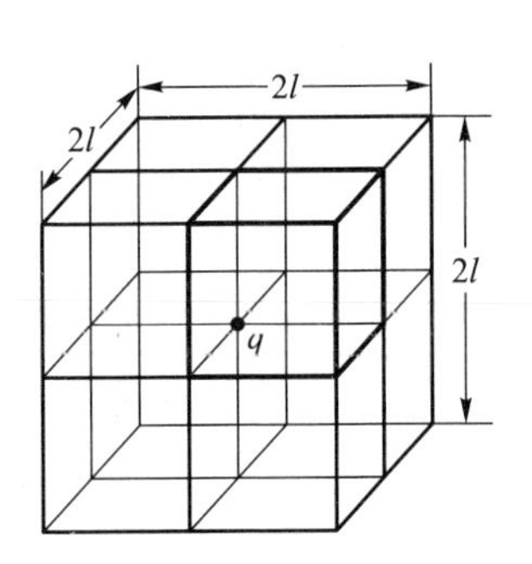

图 7-2 点电荷位于大立方体的中心

7-3-3 一根有限长的均匀带电直线,其电荷分布及所激发的电场有一定的对称性,能否利用高斯定理算出电场强度来?

答:不能.虽然当电荷分布具有某些对称性,从而使相应的电场分布也具有一定的对称性时,有可能应用高斯定理来计算电场强度,但能否应用高斯定理求解电场强度,还必须看对所讨论的问题能不能找出合适的高斯面,使电场强度垂直于这个闭合面,且大小处处相等;或者在闭合面的某一部分上电场强度处处相等且方向与该面垂直,另一部分上电场强度与该面平行,因而通过的 $\boldsymbol{E}$ 通量为零.如果能找到这样的闭合面,才能应用高斯定理求出电场强度.本例电荷分布和相应的电场分布都具有一定的对称性,但其电场线除带电线表面处外,大多不是垂直于带电线的直线,特别是在靠近带电直线的两端,电场线弯曲十分明显,我们找不到满足上述条件的高斯面,还是不能利用高斯定理来计算电场强度.例如如图 7-3 所示,如果作一以有限长均匀带电直线为中心的圆柱面为

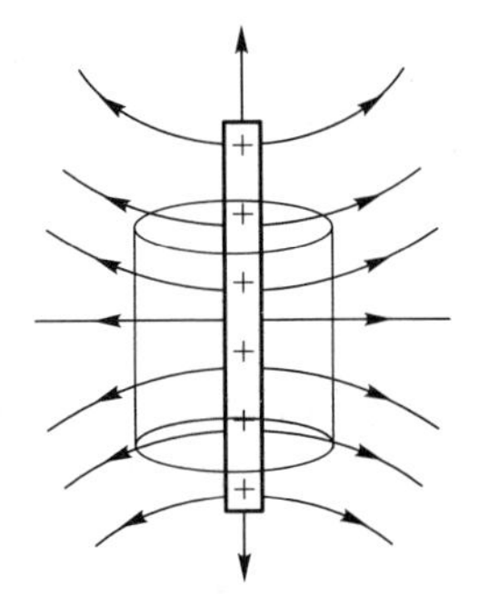

图 7-3 有限长的均匀带电直线的电场线

高斯面,无论在该高斯面的上下底面还是侧面的电场强度方向都不与之垂直或平行,明显地不符合用高斯定理求电场强度的条件.

7-3-4 如果点电荷的库仑定律中作用力与距离的关系是 $F\propto 1/r$ 或 $F\propto 1/r^{2+\delta}$(δ 是不等于零的数),那么还能用电场线来描述电场吗?为什么?

答:不能.我们知道,电场线有一个性质,即电场线起自正电荷(或来自无限远处),终止于负电荷(或伸向无限远处),不会在没有电荷的地方中断或产生.同时高斯定理又指出,通过任一闭合曲面的 $\boldsymbol{E}$ 通量(电场线的条数),只取决于该曲面内电荷量的多少而与闭合曲面的形状大小无关.由此我们就可以对一点电荷电场应用高斯定理为例来说明,仅当 $\delta=0$ 时,才能用电场线来描述电场.

假如两电荷 q 与 q_0 库仑定律中作用力与距离的关系是

$$F=\frac{qq_0}{4\pi\varepsilon_0 r^{2+\delta}}$$

那么点电荷 q 的电场应该为

$$E=\frac{F}{q_0}=\frac{q}{4\pi\varepsilon_0 r^{2+\delta}}$$

这时通过以 q 为中心半径为 r 的球面的 $\boldsymbol{E}$ 通量为

$$\Psi_E=\oint \boldsymbol{E}\cdot \mathrm{d}\boldsymbol{S}=\frac{q}{4\pi\varepsilon_0 r^{2+\delta}}\cdot 4\pi r^2=\frac{q}{\varepsilon_0 r^{\delta}}$$

显然,此时通过半径为 r 的闭合球面的 $\boldsymbol{E}$ 通量与半径为 r 有关.如果 $\delta\neq 0$,比如 $\delta=-3$,则

$$\Psi_E=\frac{q}{\varepsilon_0 r^{-3}}=\frac{q}{\varepsilon_0}r^3$$

r 越大,$\boldsymbol{E}$ 通量越多.比如分别以 $r=1$ m 和 $r=2$ m 为半径作两个球面,那么通过 $r=1$ m 的球面的 $\boldsymbol{E}$ 通量是 $\Psi_E=\frac{q}{\varepsilon_0}$,而通过 $r=2$ m 的球面的 $\boldsymbol{E}$ 通量是 $\Psi_E=8\frac{q}{\varepsilon_0}$,这就是说,通过后者的电场线的条数翻了几番.这多出的电场线是在电场空间中自然生长出来的.如果仍用电场线密度来表示电场强度,那么在 $r=1$ m 处的电场强度是 $E_1=\frac{\Psi_E}{4\pi r^2}=r\frac{q}{4\pi\varepsilon_0}=\frac{q}{4\pi\varepsilon_0}$,在 $r=2$ m 处的电场强度是 $E_2=r\frac{q}{4\pi\varepsilon_0}=\frac{q}{2\pi\varepsilon_0}=2E_1$,将得到"点电荷 q 的电场强度随着 r 的增大而增强"的荒唐结果.用这样的"电场线"来描述电场就毫无意义了.不难演算,只要 $\delta\neq 0$,通过闭合球面的电场线条数就不会是常数.所以,库仑定律中作用力与距离的关系必须是距离平方的反比关系($\delta=0$),这样,一定的电荷发出的电场线才不会在空中自然生长或自然消

失,使得高斯定理成立,保证了用电场线正确地描述电场.

§7-4 静电场的环路定理 电势

7-4-1 比较下列几种情况下 A、B 两点电势的高低.(1) 正电荷由 A 移到 B 时,外力克服电场力做正功;(2) 正电荷由 A 移到 B 时,电场力做正功;(3) 负电荷由 A 移到 B 时,外力克服电场力做正功;(4) 负电荷由 A 移到 B 时,电场力做正功;(5) 电荷顺着电场线方向由 A 移动到 B;(6) 电荷逆着电场线方向由 A 移动到 B.

答:A、B 两点电势差(V_A-V_B)与电场力把电荷 q_0 从 A 点移到 B 点所做的功 A_{AB} 的关系是

$$A_{AB}=q_0(V_A-V_B)$$

(1) 正电荷由 A 移到 B 时,外力克服电场力做正功,这意味着电场力做了负功,即 $A_{AB}<0$,所以 $V_A<V_B$,B 点的电势的高于 A 点.

(2) 正电荷由 A 移到 B 时,电场力做正功,即 $A_{AB}>0$,所以 $V_A>V_B$,A 点的电势高于 B 点;

(3) 负电荷由 A 移到 B 时,由于 $q_0<0$,且电场力做了负功,即 $A_{AB}<0$,所以仍有 $V_A>V_B$,A 点的电势的高于 B 点;

(4) 负电荷由 A 移到 B 时,由于 $q_0<0$,但电场力做正功,即 $A_{AB}>0$,所以有 $V_A<V_B$,A 点的电势低于 B 点;

(5) 电荷顺着电场线方向由 A 移动到 B,说明 $q_0>0$,电场力做正功,即 $A_{AB}>0$,所以有 $V_A>V_B$,A 点的电势高于 B 点;

(6) 电荷逆着电场线方向由 A 移动到 B,说明是电场力在移动负电荷做功,此时 $q_0<0$,电场力做正功,即 $A_{AB}>0$,所以有 $V_A<V_B$,A 点的电势低于 B 点.

7-4-2 (1) 如图 7-4(a)和(b)所示的两电场中,把电荷 $+q$ 从点 P 处移到点 Q 电场力是做正功还是做负功? P、Q 两点哪点的电势高? (2) 如果移动的是负电荷,再讨论上述两情况的结论.

答:(1) 从(a)图可以看出 P 点的电势比 Q 点高(电场线指向电势低方向),因此电场力把电荷 $+q$ 从 P 点移到 Q 点做正功;同样地道理,从(b)图可以看出 P 点的电势比 Q 点低(电场线指向电势低方向),因此电场力把电荷 $+q$ 从 P 点移到 Q 点做负功.

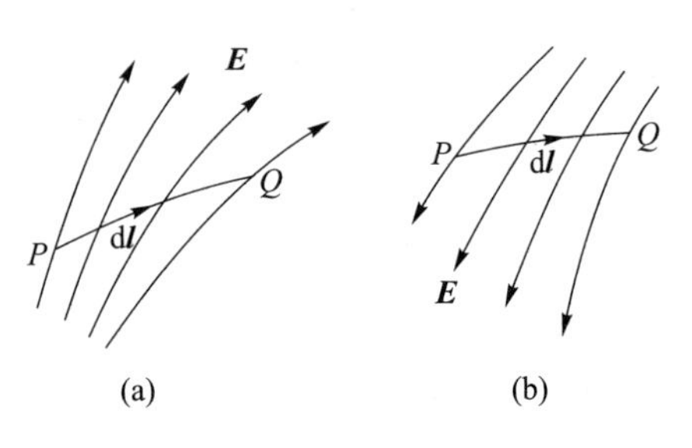

图 7-4 不同的电场

(2) 由于(a)图情况下 P 点的电势比 Q 点高,所以电场力把负电荷从 P 点移到 Q 点做负功;而在(b)图 P 点的电势比 Q 点低的情况下,电场力把负电荷从 P 点移到 Q 点做正功.

7-4-3 从图 7-5 所描绘的两种电场的等势面和电场线图上能不能说,等势面上各点的电场强度大小相等、方向与等势面垂直?

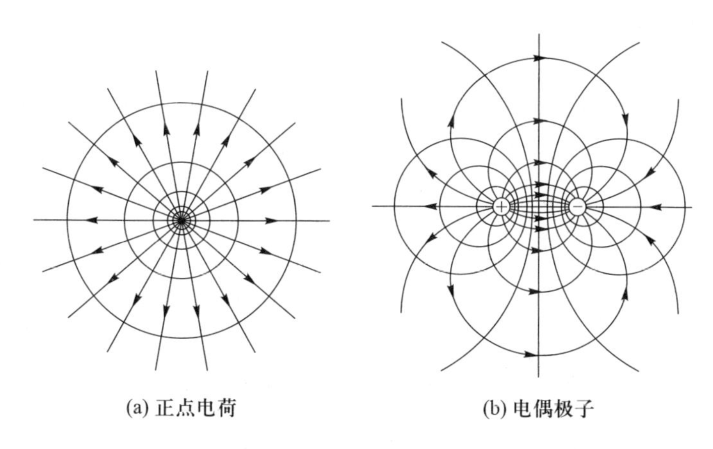

图 7-5 两种电场的等势面和电场线图

(各图中虚线表示等势面,实线表示电场线,每相邻的两个等势面之间的电势差都是相等的)

答:在一般情况下,不能说等势面上各点的电场强度大小相等,但可以说等势面上各点的电场强度方向与等势面垂直.这是因为等势面上各点的电场强度不取决于电势是否相等,而取决于等势面上各点处电势梯度是否相等,但电场强度与等势面必定处处正交.如果在电场中每隔 1 V 画一个等势面,用一系列等势面来描述电场,那么在图(a)的点电荷电场中,同一等势面上各点处的等势面间距都相等(对称性决定的),说明同一等势面上各点处的电势梯度相同,电场强度的大小相等;在图(b)的电偶极子电场中,很明显,同一等势面上各点处的等势面间距不相同,电场强度大小也就不相等.在两电荷连线之间的等势面间距最小,说明电势梯度大,电场强度就大,在两电荷连线的中垂线上等势面间距最大,说明电势梯度较小,电场强度就小.从图中可以看到等势面越密处电场强度越大,等势面越疏处电场强度越小,由此就能将电场中电场强度与电势之间的关系直观地表示出来.

§7-5 电场强度与电势的微分关系

7-5-1 (1) 已知电场中某点的电势,能否计算出该点的场强?(2) 已知电场中某点附近的电势分布,能否算出该点的场强?

答:(1) 不能.因为静电场中各点的电场强度由该点电势梯度的负值来决定,即 $E_l=-\frac{dV}{dl}$,而不是由该点的电势值决定,所以仅知道电场中某点的电势,是不能计算出该点的场强的.

(2) 已知电场中某点附近的电势分布,利用该点处电势分布函数的梯度,可以计算出该点的电场强度.

7-5-2 根据场强与电势梯度的关系分析下列问题.(1) 在电势不变的空间,电场强度是否为零?(2) 在电势为零处,场强是否一定为零?(3) 场强为零处,电势是否一定为零?(4) 在均匀电场中,各点的电势梯度是否相等?各点的电势是否相等.

答:由场强与电势梯度的关系 $\boldsymbol{E}=-\frac{dV}{dn}\boldsymbol{e}_n=-\text{gard } V$ 可知:

(1) 由于空间中电势恒定不变,其梯度等于零,所以电场强度为零.例如一个带电的金属球,其电势是一常量,恒定不变,而球内各点的电场强度为零.

(2) 已知某点电势为零,还不能说该点的电场强度为零.因为决定电场强度的是该点附近的电势分布,而不是该点的电势值.例如电偶极子中垂线上各点的电势均为零,但电场强度都不为零.

(3) 不一定,如果该点附近的电势没有变化是一常量,那么电势梯度为零,电场强度必定为零,而电势仍可以是一相对零电势点很高的值.例如一个带电的金属球,其内部各点的电场强度均为零,但各点的电势可以是一不为零的常量.

(4) 在均匀电场中,各点的电场强度值相等,电势梯度为一常量,但在不同的方向上,电势变化率是不一样的,在沿电场方向电势空间变化率为最大,也就是说在这个方向上的电势在作最大的线性增加;而在垂直于电场线方向上电势空间变化率最小为零,在这个方向上各点的电势相等.例如平行板电容器内的电场是一均匀电场,各点的电场强度大小相等,在垂直平行板方向上各点的电势随距离线性增加,而在平行于平行板方向上各点的电势有相同的大小,但不同的平行面上有不同的电势值.

7-5-3 试用式(7-50)说明改变零点电势的位置并不会影响各点电场强度的大小.

答:在静电场中,确定了零点电势位置后,每一点都有确定的电势值,这个电

势值就是该点相对于零点电势位置的电势差.如果改变零点电势的位置,那么电场空间中任一点的电势只会产生一恒定的电势变化,即

$$V' = V + V_0$$

V_0 是新零点电势位置相对原零点电势位置的电势差值,是个常量.将上式代入式(7-39)有

$$\begin{aligned} \boldsymbol{E} &= E_x \boldsymbol{i} + E_y \boldsymbol{j} + E_z \boldsymbol{k} = -\left(\frac{\partial V'}{\partial x}\boldsymbol{i} + \frac{\partial V'}{\partial y}\boldsymbol{j} + \frac{\partial V'}{\partial z}\boldsymbol{k}\right) \\ &= -\left(\frac{\partial (V+V_0)}{\partial x}\boldsymbol{i} + \frac{\partial (V+V_0)}{\partial y}\boldsymbol{j} + \frac{\partial (V+V_0)}{\partial z}\boldsymbol{k}\right) \\ &= -\left(\frac{\partial V}{\partial x}\boldsymbol{i} + \frac{\partial V}{\partial y}\boldsymbol{j} + \frac{\partial V}{\partial z}\boldsymbol{k}\right) \end{aligned}$$

可见电势梯度值没有发生变化,即电场强度的大小不受影响.

§7-6　静电场中的导体

7-6-1　将一电中性的导体放在静电场中,在导体上感应出来的正负电荷量是否一定相等?这时导体是否是等势体?如果在电场中把导体分开为两部分,则一部分导体上带正电,另一部分导体上带负电,这时两部分导体的电势是否相等?

答:导体放在静电场中后,静电感应的结果只是使导体中的电荷重新分布,而并没有失去或得到电子,因此,从整体看,感应出来的正负电荷量仍旧相等.

静电场中的导体,在静电平衡条件下,尽管导体表面分布有不同的电荷,但并没有电荷的移动,这就是因为导体是一等势体,表面是一等势面.

将电场中的导体分开为两部分,这就破坏了原来的静电平衡,分开的两部分重新建立了自己的静电平衡状态,但一部分导体带正电,另一部分导体带负电,它们的电势不再相等.

7-6-2　一个孤立导体球带有电荷量 Q,其表面附近的场强沿什么方向?当我们把另一带电体移近这个导体球时,球表面附近的场强将沿什么方向?其上电荷分布是否均匀?其表面是否等电势?电势有没有变化?球体内任一点的场强有无变化?

答:孤立导体球带有均匀分布的电荷 Q 时,球外任一点的电场方向或者沿径向($Q>0$),或者沿径向相反的方向($Q<0$),导体球表面附近的电场强度方向也不例外.

当把另一带电体移近这个导体球时，整个空间的电场分布将会发生变化，导体球表面的电荷分布也将发生变化，不再是均匀的了.球表面附近的电场强度将是导体球的电场与另一带电体的电场的叠加，叠加后的电场强度方向将依然垂直于导体球表面，根据导体球所带电荷的正负，电场强度的方向或者沿径向($Q>0$)，或者沿径向相反的方向($Q<0$).

由于整个空间的电场 $\boldsymbol{E}$ 发生了变化，导体球的电势 $V_R=\int_R^{\infty}\boldsymbol{E}\cdot\mathrm{d}\boldsymbol{l}$ 自然也就不同.不过此时导体球还是处于新的静电平衡状态，其电势虽然会发生变化，但依然是一等势体，其表面是也依然是等势面.在静电平衡状态下，导体内任一点的电场强度总是零，所以即使把另一带电体移近这个导体球，球体内的电场强度也还是零，没有变化.

7-6-3 如何能使导体(1) 净电荷为零而电势不为零；(2) 有过剩的正或负电荷，而其电势为零；(3) 有过剩的负电荷而其电势为正；(4) 有过剩的正电荷而其电势为负.

答：(1) 如图 7-6(a)所示，在 原来不带电的导体球壳的中心有一个带电荷量 q(设 $q>0$)的导体小球，由于静电感应，球壳内外表面分别带有 $-q$ 和 $+q$ 的电荷，但整体上说导体球壳的净电荷为零，如果选取无限远处为零电势位，那么球壳的电势为 $V=\dfrac{q}{4\pi\varepsilon_0 R_2}$(见教材，例题 7-21)，不为零.

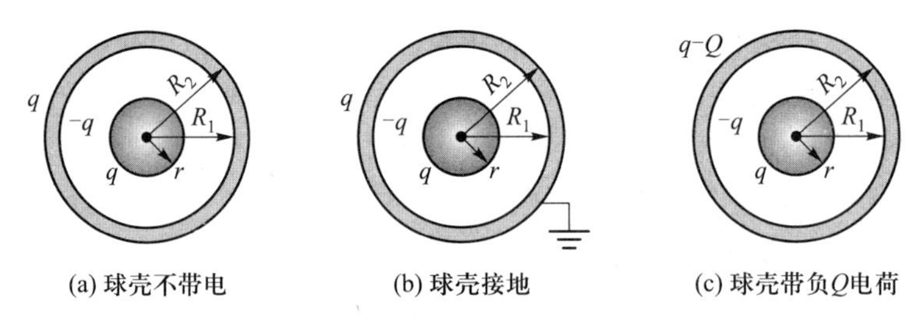

图 7-6 球壳在不同情况下的电势

(2) 如图 7-6(b)所示，如导体球壳接地，此时球壳外表面的电荷将流入大地，导体球壳内表面有 $-q$ 的净电荷，而球壳的电势因接地而等于零.

(3) 如图 7-6(c)所示，令导体球壳带 Q 的电荷，设 $Q<0$，为负电荷，且 $|q|>|Q|$，如果选取无限远处为零电势位，那么球壳的电势为 $V=\dfrac{q-Q}{4\pi\varepsilon_0 R_2}>0$(见教材，例题 7-21)，为正电势.

(4) 此时如果导体球壳带正 Q 的电荷，而中心导体小球带负电荷量 q，且

$|q|>|Q|$,如果选取无限远处为零电势位,那么球壳的电势为 $V=\dfrac{-q+Q}{4\pi\varepsilon_0 R_2}<0$(见教材,例题 7-21),为负电势.

7-6-4　如图 7-7 所示,在金属球 A 内有两个球形空腔,此金属球体上原来不带电,在两空腔中心各放置一点电荷 q_1 和 q_2,求金属球 A 的电荷分布.此外,在金属球外很远处放置一点电荷 $q(r\gg R)$,问 q_1、q_2、q 各受力多少?

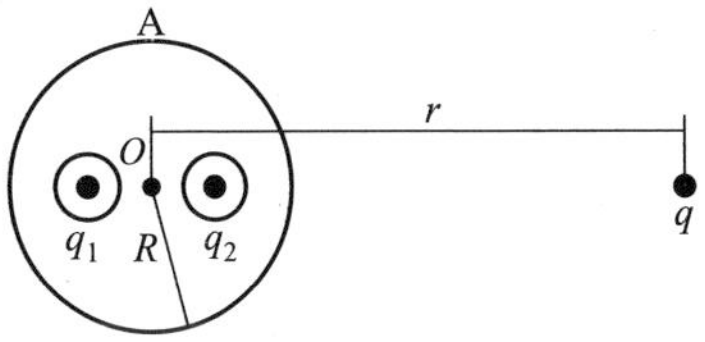

图 7-7

答:由于静电感应,在两空腔内表面和球体外表面都会产生感应电荷,其中 q_1 所在的空腔内表面有 $-q_1$ 的感应电荷,q_2 所在的空腔内表面有 $-q_2$ 的感应电荷,当金属球外没有其他电荷时,在球体外表面有 q_1+q_2 的感应电荷;由于点电荷 q_1 和 q_2 分别置于两空腔中心,所以空腔内表面的感应电荷 $-q_1$ 和 $-q_2$ 是均匀分布的;由于金属球体内的电场为零,感应电荷 $-q_1$ 和 $-q_2$ 相当于被屏蔽起来了,对外不产生作用,所以球体外表面的感应电荷 q_1+q_2 也是均匀分布的.

同样地,由于在静电平衡条件下金属球内的电场为零,所以 q_1、q_2 与 q 三个电荷之间以及电荷 q_1、q_2 与球体外表面的感应电荷 q_1+q_2 之间都不存在相互作用力,但电荷 q_1+q_2 与外电荷 q 之间存在相互作用力.在 $r\gg R$ 的条件下,金属球在 r 处的电场可以看作是点电荷的电场强度 $E=\dfrac{q_1+q_2}{4\pi\varepsilon_0 r^2}$,所以点电荷 q 所受到的电场力为 $F=qE=\dfrac{(q_1+q_2)q}{4\pi\varepsilon_0 r^2}$.

7-6-5　一带电导体放在封闭的金属壳内部,(1) 若将另一带电导体从外面移近金属壳,壳内的电场是否会改变?金属壳及壳内带电体的电势是否会改变?金属壳和壳内带电体间的电势差是否会改变?(2) 若将金属壳内部的带电导体在壳内移动或与壳接触时,壳外部的电场是否会改变?(3) 如果壳内有两个带异号等值电荷的带电体,则壳外的电场如何?

答:(1) 在静电平衡条件下,导体内的电场强度总等于零,因此移动金属壳外的带电导体,金属壳体内的电场强度最终总是零,所以壳内的电场不受影响,即壳内的电场维持不变.但金属壳及壳内带电体的电势并不是哪一点或者哪一局部区域的电场决定的,根据电势的公式 $V_P=\int_P^\infty \boldsymbol{E}\cdot \mathrm{d}\boldsymbol{r}$,其中的 $\boldsymbol{E}$ 是 P 点至无限远(零电势位)任一路径上的电场分布,很显然,一带电导体在金属壳外面移动,金属壳外的电场会不断发生变化,因此金属壳以及壳内的电势均会有变化.又从求电势差的公式 $V_{AB}=\int_A^B \boldsymbol{E}\cdot \mathrm{d}\boldsymbol{r}$ 可知,A 与 B 两点之间的电势差,由它们之间的电场强度 $\boldsymbol{E}$ 决定,当一带电导体在金属壳外面移动时,壳内的电场维持不变,因此金属壳和壳内带电体之间的电势差也就不会改变.

(2) 同样地,若将金属壳内部的带电导体在壳内移动或与壳接触时,由于金属壳体内的电场强度总是零,它不会影响到金属壳外表面的电荷分布,所以壳外的电场也就没有变化.

(3) 如果壳内有两个带异号等值电荷的带电体,那么在金属壳外表面的感应电荷为零,此时壳体本身内的电场强度为零,壳外也没有电场.

§7-7 电容器的电容

7-7-1 (1) 一导体球上不带电,其电容是否为零?(2) 当平行板电容器的两极板上分别带上等值同号电荷时与当平行板电容器的两极板上分别带上同号不等值的电荷时,其电容值是否不同?

答:(1) 导体的电容取决于导体本身的大小、形状以及导体周围的介质,而与导体是否带电无关,因此导体球即使不带电,其电容仍客观存在.

(2) 相同的原因,平行板电容器的两极板上带电还是不带电,或者带多少电、什么符号的电荷量均不改变平行板电容器的电容值,平行板电容器的电容仅取决于平行板的面积、两板之间的距离以及两板之间的介质.

7-7-2 两个半径相同的金属球,其中一个是实心的,另一个是空心的,电容是否相同?

答:相同.导体的电容是一个只与导体的大小、形状和周围介质有关的物理量,在真空中一个半径为 R 的孤立球形导体的电容为 $C=4\pi\varepsilon_0 R$,只取决于球的半径 R,所以两个半径相同的金属球,不论是实心的还是空心的,电容都相同.从另一角度看,电容是储存电荷的器件,而金属球带电时,其电荷仅分布在金属球表面,所以将实心球挖空变成空心球,其储存电荷的能力和其他静电性质(如电势)都没有发生什么变化.

7-7-3 有一平板电容器,保持板上电荷量不变(充电后切断电源),现在使两极板间的距离 d 增大.试问:两极板的电势差有何变化?极板间的电场强度有何变化？电容是增大还是减小？

答:在平板电容器两极板间的距离与平板面积的线度相比小得多的情况下，两极板间的电场是一均匀电场，由平板上的电荷面密度 σ 决定，即 $E=\dfrac{\sigma}{\varepsilon_0}$，所以保持板上电荷量不变，平板上的电荷面密度 σ 也就不变，两极板间的电场强度 E 没有变化.

但两极板间的电势差正比于两极板间的距离 d，即 $U=Ed$，如果两极板间的距离 d 增大，两极板间的电势差也就成正比的增加.对平板电容器的电容来说，其电容反比于两板之间的距离 d，为 $C=\dfrac{\varepsilon S}{d}$，所以两极板间的距离 d 增大时，平行板电容器的电容将会减小.

7-7-4　平板电容器如保持电压不变(接上电源)，增大极板间距离，则极板上的电荷、极板间的电场强度、平板电容器的电容有何变化？

答:首先，由于平板电容器的电容与其带电状态无关，所以在平板电容器两极板间的距离与平板面积的线度相比小得多的情况下，只要增大极板间距离 d，其电容必将减小$\left(C=\dfrac{\varepsilon S}{d}\right)$；其次，电容器极板上的电荷与电容有关，$Q=CU$，在保持极板上电压 U 不变的情况下，其电荷量 Q 因电容 C 的减小而减少；最后，至于极板间的电场强度 $E=\dfrac{\sigma}{\varepsilon}=\dfrac{Q}{\varepsilon S}$，将随电荷量 Q 的减小而减弱.或者从另一方面说，由极板间的电场强度 E 与极板上电压 U 与两极板间距离 d 的关系 $E=\dfrac{U}{d}$ 可以直接看出，在电压 U 保持不变时，电场强度 E 随间距 d 的增加而减弱.

7-7-5　一对相同的电容器，分别串联、并联后连接到相同的电源上后，问哪一种情况用手去触及极板较为危险？并说明其原因.

答:站在地面上的人去触及带电体时，如果带电体的电压非常高，这巨大的电势差在人体内产生强大的电场，有可能将人体分子"击穿"，破坏人体器官，从而使人因被电击身亡；或者带电体的电压并非十分高(人体的安全电压仅为 36 V)，但在人体内流过的电流产生的热量仍足以烧伤人体.

在本题所讨论的情况下，这对电容器不管是串联还是并联连接到电源上后，如果不断开电源[图 7-8(a)]，那么触摸串联电容器的 A 板与触摸并联电容器的 A 板，其危险性是一样的，因为此时它们的电压都稳定地等于电源电压.在图

7-8(a)中用虚线表示人体去触摸电路人体的等效电阻为 $R_{人}$.由电路分析可知，加在人体上的电压和流过人体的电流都是一样的.当然如果触摸串联电容器的 B 板，由于其电压仅为电源电压的一半，危险性也将减小一半.

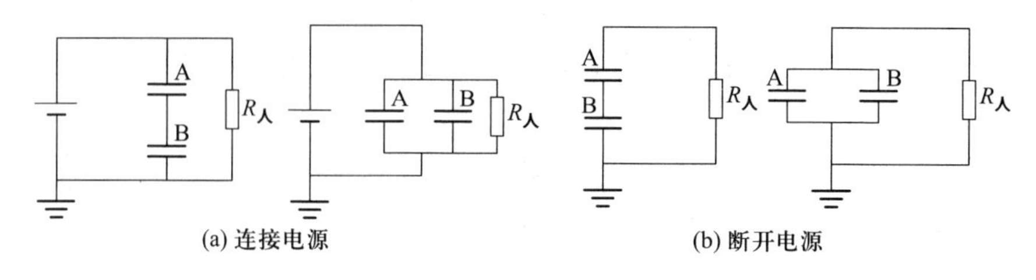

图 7-8 电容器串联、并联与人体的等效电路

如果这对电容器充电后断开电源[图(b)]，显然并联的这对电容器的等效电容($C_{并}=2C$)比这对电容器串联时的等效电容($C_{串}=C/2$)大，相应地，并联时的这对电容器比串联时的这对电容器储存有更多的电能，这可以计算如下：

$$W_{串}=\frac{1}{2}C_{串}\ U^2=\frac{1}{2}\frac{C}{2}U^2=\frac{1}{4}CU^2$$

$$W_{并}=\frac{1}{2}C_{并}\ U^2=\frac{1}{2}2CU^2=CU^2$$

并联时的电能是串联时的 4 倍，因此去触摸它们时，并联的这对电容器通过人体可以释放的电能更多，也就有更大的危险性.

§7-8 静电场中的电介质

7-8-1 电介质的极化现象与导体的静电感应现象有什么区别？

答:电介质在电场中极化时，在电介质表面层或在体内会出现极化电荷，它们是电介质的极化分子在电场作用下所作的微观移动形成的.导体静电感应时，表面会产生感应电荷，它们是导体内的自由电荷在电场作用下所作的宏观移动形成的.电介质极化后，电介质内的电场强度不为零，而导体静电感应时其内部的电场强度总为零.

7-8-2 如果把在电场中已极化的一块电介质分开为两部分，然后撤除电场，问这两半块电介质是否带净电荷？为什么？

答:不能够.电介质表面层出现的极化电荷是电介质分子中的正、负电荷中心在电场力作用下发生相对位移(无极分子)或分子电偶极矩沿电场取向排列(有极分子)的结果.电介质分子的这种微观移动不仅发生在电介质表面层，而且发生在整个电介质内.由于这里没有任何电荷的宏观移动,电介质内任一小范围内正负电荷的数量相等,所以当把已极化的一块电介质分开为两部分,撤除电场后每一部分也不会出现净电荷.

7-8-3　(1) 将平行板电容器的两极板接上电源以维持其间电压不变,用相对电容率为 ε_r 的均匀电介质填满极板间,极板上的电荷量为原来的几倍? 电场为原来的几倍? (2) 若充电后切断电源,然后再填满介质,情况又如何?

答:(1) 设电源电压为 U,未填满电介质时的电容为 C_0.用相对电容率为 ε_r 的均匀电介质填满极板之间的空间后,该平行板电容器的电容增加了 ε_r 倍,此时电容器的两极板仍与电源相接,电压不变,那么极板上的电荷量为 $Q=CU=\varepsilon_r C_0 U$,与未填满电介质时相比增加了 ε_r 倍.由于极板电压不变,两板之间的距离也没有变,所以两极之间的电场强度 $E=\dfrac{U}{d}$ 也没有变化.从另一方面说,虽然填满电介质后会削弱电场强度,但因为填满电介质后极板上的电荷量也相应地增加了,电场强度又应该增加,两者的效应抵消了,维持电场强度不变.

(2) 若充电后切断电源,极板上的电荷量 $Q_0=C_0U$ 固定不变,此时再填满介质,电容器的电容 C 和电势差 U 都发生了变化,$C=\varepsilon_r C_0$,$U'=\dfrac{Q_0}{C}=\dfrac{Q_0}{\varepsilon_r C_0}=\dfrac{U}{\varepsilon_r}$,即电容增加为原来的 ε_r 倍,而电压减少至原来的 $1/\varepsilon_r$ 倍.此时两板之间的距离没有变,所以填满介质后电场强度 $E=\dfrac{U'}{d}=\dfrac{U}{\varepsilon_r d}=\dfrac{E_0}{\varepsilon_r}$ 将削弱为原来电场强度的 $1/\varepsilon_r$ 倍.

§ 7-9　有电介质时的高斯定理和环路定理　电位移

7-9-1　在一均匀电介质球外放一点电荷 q,分别作如图 7-9 所示的两个闭合曲面 S_1 和 S_2,求通过两闭合曲面的 $\boldsymbol{E}$ 通量、$\boldsymbol{D}$ 通量.在这种情况下,能否找到一合适的闭合曲面,可应用高斯定理求出闭合曲面上各点的场强?

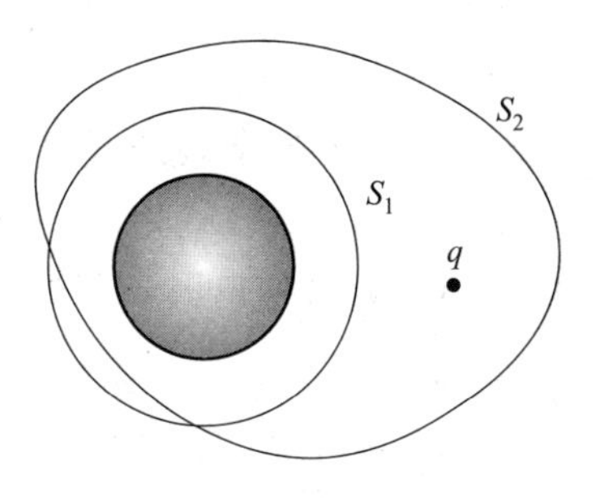

图 7-9

答:该均匀电介质球置于点电荷 q 的电场后,电介质球表面分别产生了极化电荷 $+q'$ 和 $-q'$,因此按高斯定理通过闭合曲面 S_1 的 $\boldsymbol{E}$ 通量是

$$\oint_{S_1} \boldsymbol{E}\cdot \mathrm{d}\boldsymbol{S}=\frac{q'-q'}{\varepsilon_0}=0$$

在 S_1 内没有包围任何自由电荷，所以通过闭合曲面 S_1 的 $\boldsymbol{D}$ 通量是

$$\oint_{S_1} \boldsymbol{D} \cdot \mathrm{d}\boldsymbol{S}=0$$

对于闭合曲面 S_2 来说，它所包围的电荷有极化电荷 $+q'$ 和 $-q'$ 以及自由电荷 q，因此通过 S_2 的 $\boldsymbol{E}$ 通量是

$$\oint_{S_2} \boldsymbol{E} \cdot \mathrm{d}\boldsymbol{S}=\frac{q'-q'+q}{\varepsilon_0}=\frac{q}{\varepsilon_0}$$

此时闭合曲面 S_2 内有自由电荷 q，所以通过闭合曲面 S_2 的 $\boldsymbol{D}$ 通量是

$$\oint_{S_2} \boldsymbol{D} \cdot \mathrm{d}\boldsymbol{S}=q$$

无论在闭合曲面 S_1、S_2 上，或者空间其他地方的电场都是 $+q'$、$-q'$ 和 q 共同激发的结果，这个电场分布没有什么对称性，找不到一个合适的高斯面，因此无法应用高斯定理求出闭合曲面上各点的场强.

7-9-2　在球壳形的均匀电介质中心放置一点电荷 q，试画出电介质球壳内外的 $\boldsymbol{E}$ 线和 $\boldsymbol{D}$ 线的分布. 在电介质球壳内外的场强和没有介质球壳时是否相同？为什么？

答：假定电介质球壳内外半径分别是 R_1 和 R_2，在电介质球壳内外的场强和没有介质球壳时是相同的. 可以用高斯定理来证明：在电介质球壳内以点电荷 q 为中心作一球形高斯面，不难看出由于对称性，高斯面上的电场强度处处相等，方向沿球面的径向，利用高斯定理得出介质球壳内（$r<R_1$）的电场强度为 $E=\dfrac{q}{4\pi\varepsilon_0 r^2}$，电介质球壳的存在并没有影响到介质球壳内的电场分布. 同样地，在电介质球壳外（$r>R_2$）也以这样的方法作一球形高斯面，它包围了点电荷 q 和介质球壳内外表面的极化电荷，但因介质球壳内外表面的极化电荷总和为零，通过高斯面的 $\boldsymbol{E}$ 通量仍为 $\dfrac{q}{\varepsilon_0}$，这样介质球壳外的电场强度还是 $E=\dfrac{q}{4\pi\varepsilon_0 r^2}$，与不存在介质球壳的情况一样. 需要说明的是，在介质球壳壳体内（$R_1<r<R_2$）的电场强度是削弱了，为 $E=\dfrac{q}{4\pi\varepsilon_r\varepsilon_0 r^2}$，即为该处没有介质球壳存在时的 ε_r 分之一.

由上述分析可画出电介质球壳内外的 $\boldsymbol{E}$ 线和 $\boldsymbol{D}$ 线的分布图，如图 7-10 所示. 由图可看出，$\boldsymbol{D}$ 线起始于中心的点电荷 q（假定它是正电荷），由于介质球壳上没有自由电荷，所以所发出的 $\boldsymbol{D}$ 线伸展至无限远；$\boldsymbol{E}$ 线也发自中心的点电荷

q,一部分终止于介质球壳内表面的负极化电荷,另一部分伸展至无限远,同时介质球壳外表面的正极化电荷也发出 $\boldsymbol{E}$ 线并伸展至无限远.

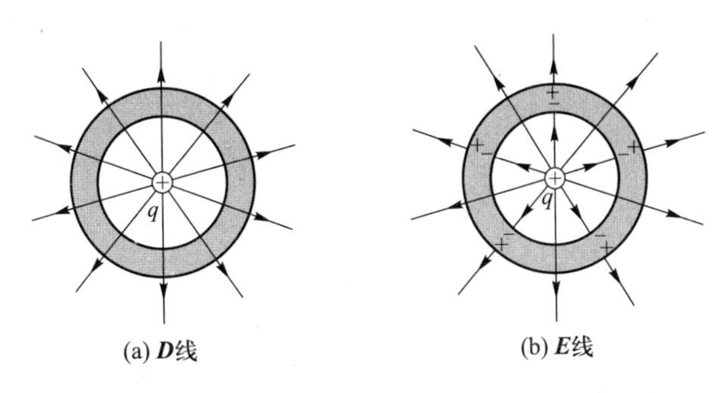

图 7-10　电介质球壳内外的 $\boldsymbol{E}$ 线和 $\boldsymbol{D}$ 线

7-9-3　(1) 一个带电的金属球壳里充满了均匀电介质,球外是真空,此球壳的电势是否为 $\dfrac{Q}{4\pi\varepsilon_r\varepsilon_0 R}$? 为什么?(2) 若球壳内为真空,球壳外充满了无限大均匀电介质,这时球壳的电势为多少?(Q 为球壳上的自由电荷,R 为球壳半径,ε_r 为介质的相对电容率.)

答:由例题 7-13 可知,在均匀带电球壳电场中的电势分布,仅与球壳外电场分布有关,因此在情况(1)下,球外是真空,电场强度为 $\dfrac{Q}{4\pi\varepsilon_0 r^2}$,代入式(7-38)有

$$V_1=\int_R^{\infty}\boldsymbol{E}\cdot \mathrm{d}\boldsymbol{l}=\int_R^{\infty}\frac{q}{4\pi\varepsilon_0 r^2}\mathrm{d}r=\frac{q}{4\pi\varepsilon_0 R}$$

与球壳里充满了相对电容率为 ε_r 的均均电介质无关。在情况(2)下,球外是充满了相对电容率为 ε_r 的均均电介质,电场强度为 $\dfrac{Q}{4\pi\varepsilon_r\varepsilon_0 r^2}$,代入式(7-38)有

$$V_1=\int_R^{\infty}\boldsymbol{E}\cdot \mathrm{d}\boldsymbol{l}=\int_R^{\infty}\frac{q}{4\pi\varepsilon_r\varepsilon_0 r^2}\mathrm{d}r=\frac{q}{4\pi\varepsilon_r\varepsilon_0 R}$$

§ 7-10　静电场的能量

7-10-1　电容分别为 C_1 和 C_2 的两个电容器,把它们并联充电到电压 U 和把它们串联充电到电压 $2U$,在电容器组中,哪种形式储存的电荷量、能量大些?

答:两电容器并联的等效电容为 $C=C_1+C_2$,把它们充电到电压 U 后所储存的电荷量和能量分别是

$$q'=CU=(C_1+C_2)U,\quad W_e'=\frac{1}{2}CU^2=\frac{1}{2}(C_1+C_2)U^2$$

两电容器串联的等效电容为 $C=\dfrac{C_1C_2}{C_1+C_2}$，把它们充电到电压 $2U$ 后所储存的电荷量和能量分别是

$$q''=C\times 2U=2\frac{C_1C_2}{C_1+C_2}U,\quad W''_e=\frac{1}{2}C(2U)^2=2\frac{C_1C_2}{C_1+C_2}U^2$$

两种情况所储存的电荷量和能量的比值分别是

$$\frac{q'}{q''}=\frac{C_1}{2C_2}+\frac{C_2}{2C_1}+1,\quad \frac{W'_e}{W''_e}=\frac{C_1}{4C_2}+\frac{C_2}{4C_1}+\frac{1}{2}$$

很显然，无论 C_1 和 C_2 为何值，比值 $\dfrac{q'}{q''}$ 均大于 1，所以有 $q'>q''$，即并联充电到电压 U 储存的电荷量更多.对于储存的能量似不能直观地看出，我们编写一 MATLAB 程序段，令 $C_1=0.1C_2,0.2C_2,\cdots,10C_2$，画出 W'_e/W''_e（程序及图中为 W1/W2）的变化曲线如图 7-11 所示.具体程序如下：

```
%能量比
k=(0.1 : 0.01 : 10);
p=k./4+1./(4*k)+0.5;
plot(k,p)
xlabel('C1/C2');ylabel('W1/W2');
```

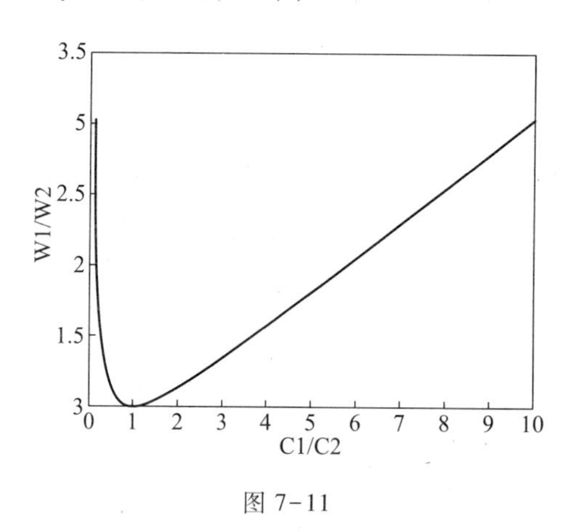

图 7-11

由曲线可见，仅当 $C_1=C_2$ 时，$W'_e=W''_e$，即两种情况所储存的能量一样多；在其他任何 $C_1\neq C_2$ 时，都有 $W'_e>W''_e$，即并联充电到电压 U 储存的能量更多.

7-10-2　一空气电容器充电后切断电源，然后灌入煤油，问电容器的能量有何变化？如果在灌油时电容器一直与电源相连，能量又如何变化？

答:由电容器能量公式 $W_e=\frac{1}{2}\frac{Q^2}{C}$可知,由于电容器充电并切断电源后极板上的电荷没有变化,而灌入煤油后,电容增加了 ε_r 倍,所以电容器储存的能量降为原来的 $1/\varepsilon_r$.又由 $W_e=\frac{1}{2}C(V_1-V_2)^2$,如果在灌油时电容器一直与电源相连,那么电容器两极板的电势差保持不变,而电容增加了 ε_r 倍,所以电容器储存的能量也增加了 ε_r 倍.

第八章　恒定电流的磁场

§8-1　恒定电流

8-1-1　一金属板[图 8-1(a)]上 A、B 两点如与直流电源连接,电流是否仅在 AB 直线上存在? 为什么? 试说明金属板上电流分布的大致情况.

答:不是.当 A、B 两点接在直流电源的正负极上后,它们之间就存在电势差.在这一金属板上连接 A、B 两点的任一直线或弧线都可以看作是阻值不同的电阻线,可以把它们设想为如图 8-1(b)所示的模型,即在 A、B 之间有无数个电阻并联,这些电阻有相同的电势差.如果把连接 A、B 两点的直线段对应于电阻 R_1,那么流过该直线段的电流就最大(电阻最小);连接 A、B 两点的弧线段对应于电阻 R_2、R_3、…、R_n,弧线越长,电阻越大,电流越小.事实上整个导电的金属板可以分割为无数的电阻线,因此理论上在整个金属板上都有电流线存在,只不过远离 A、B 两点的地方电流已很小了,电流比较集中在靠近 A、B 两点的线段上.根据这样的分析,可以画出如图 8-1(c)所示的电流线分布图.

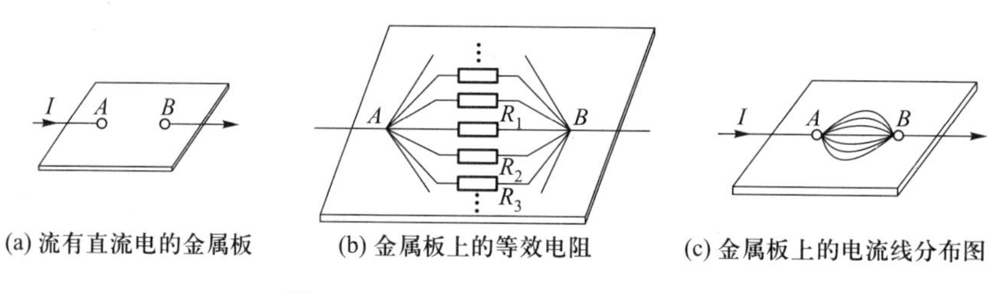

(a) 流有直流电的金属板　(b) 金属板上的等效电阻　(c) 金属板上的电流线分布图

图 8-1　金属板上的电流线分析图

8-1-2　两截面不同的铜杆串联在一起(如图 8-2),两端加有电压 U,问通过两杆的电流是否相同? 两杆的电流密度是否相同? 两杆内的电场强度是否相同? 如两杆的长度相等,两杆上的电压是否相同?

答:主教材图 8-1(b)(见图 8-3)描述了粗细不均匀的导线中的电流线,从该图可以看到,电流线在不同截面处既没有突然断失也没有突然长出,它们在导线中是连续的.这就是说电流在粗细不等的导线中是相同的.也可以这样来理解,把粗细不等的两段导线看作为两个阻值不同的电阻串联的关系,加上电

压 U 后,串联电路是电流处处相同,所以通过两杆的电流相同.但因两杆的截面不等,流过它们的电流密度 j 不相同,细的一段电流密度较大,粗的一段电流密度较小(图 8-3).

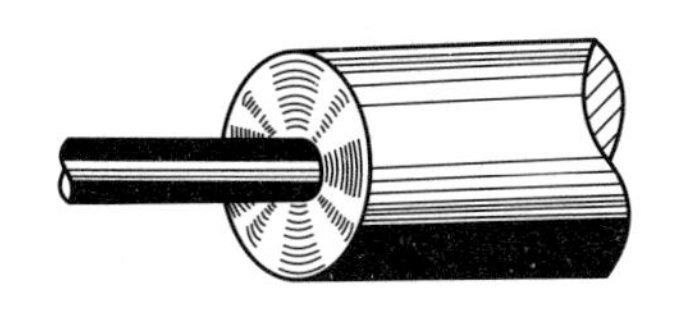

图 8-2

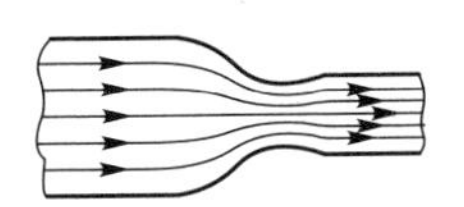

图 8-3 粗细不均匀的导线中的电流线

由欧姆定律的微分形式 $\boldsymbol{j}=\gamma\boldsymbol{E}$ 可知,电场强的地方相应的电流密度也大;电场弱的地方相应的电流密度也小,所以细杆内的电流密度大,电场强;粗杆内的电流密度小,电场弱.

若同样的材质和长度,细杆的电阻大,粗杆的电阻小,由欧姆定律 $U=IR$ 知,它们串联有相同的电流,电阻大的细杆有更高的电压,电阻小的粗杆上有更低的电压.

8-1-3 电源中存在的电场和静电场有何不同?

答:电源中同时存在两种电场,一种是非静电性电场,另一种是恒定电场.它们是性质不同的场.

非静电性电场对电荷的作用力是源自于非静电力,如化学力、核力等,所以非静电性电场的大小定义为单位正电荷所受到的非静电性力,非静电性电场方向是在电源内部从电源的负极(低电势)指向电源的正极(高电势),在电源外部没有非静电性力也就没有非静电性电场.静电场是由静止电荷激发产生的,其电场的大小定义为单位正电荷所受到的静电力,电场的方向由高电势指向低电势.非静电性电场是非保守力场,而静电场是保守力场.

与静电场是由静止电荷激发产生的不同,恒定电场是由运动电荷产生,但激发电场的电荷分布并不随时间而变化,所以其电场分布也是恒定的.由此看来,恒定电场和静电场有其共同点,即它们都是由不随时间变化的电荷或电荷分布所激发产生,它们都是保守力场.

8-1-4 一铜线外涂以银层,两端加上电压后在铜线和银层中通过的电流是否相同?电流密度是否相同?电场强度是否相同?

答:由于铜和银的电阻率不同,铜芯和银层的截面积也不同,尽管它们的长度相同,铜芯线和银层的电阻是不同的,可以把铜线外涂以银层的电线结构看作是两阻值不同的电阻并联,在电压相同的情况下,并联电阻通过的电流依阻值不同而不同,所以铜线两端加上电压后在铜芯和银层中通过的电流是不相同的.

设铜和银的电阻率分别为 ρ_1 和 ρ_2,铜芯和银层的截面积分别为 S_1 和 S_2,它们的长度都是 l,那么它们的电阻分别为

$$R_1=\rho_1\frac{l}{S_1},\quad R_2=\rho_2\frac{l}{S_2}.$$

电流分别为

$$I_1=\frac{U}{R_1}=\frac{US_1}{\rho_1 l},\quad I_2=\frac{U}{R_2}=\frac{US_2}{\rho_2 l}$$

电流密度分别为

$$j_1=\frac{I_1}{S_1}=\frac{US_1}{\rho_1 lS_1}=\frac{U}{\rho_1 l},\quad j_2=\frac{I_2}{S_2}=\frac{US_2}{\rho_2 lS_2}=\frac{U}{\rho_2 l}$$

由此可见,电流密度与电阻率成反比,而与铜芯和银层的截面积无关.由于铜的电阻率 ρ_1 比银的电阻率 ρ_2 大,所以铜芯的电流密度比银层的电流密度小.

根据欧姆定律的微分形式 $\boldsymbol{j}=\gamma\boldsymbol{E}$,可求出铜芯与银层中的电场强度大小分别是

$$E_1=\frac{j_1}{\gamma_1}=\rho_1 j_1=\frac{U}{l},\quad E_2=\frac{j_2}{\gamma_2}=\rho_2 j_2=\frac{U}{l}$$

可见铜芯与银层中的电场强度是相同的,与铜芯和银层的截面积、电阻率都没有关系.事实上上面式子是电场强度与电势梯度的关系,铜芯和银层两端加上相同的电压,它们的长度又一样,所以内部的电场强度——电势梯度自然就相同了.

§8-2 磁感应强度

8-2-1 一正电荷在磁场中运动,已知其速度 $\boldsymbol{v}$ 沿着 Ox 轴方向,若它在磁场中所受力有下列几种情况,试指出各种情况下磁感应强度 $\boldsymbol{B}$ 的方向.(1) 电荷不受力;(2) $\boldsymbol{F}$ 的方向沿 Oz 轴方向,且此时磁力的值最大;(3) $\boldsymbol{F}$ 的方向沿 Oz 轴负方向,且此时磁力的值是最大值的一半.

答:由运动电荷在磁场中受到的洛伦兹力公式 $\boldsymbol{F}=q\boldsymbol{v}\times\boldsymbol{B}$ 可知,洛伦兹力的大小为 $F=qvB\sin\theta$,θ 为 $\boldsymbol{v}$ 与 $\boldsymbol{B}$ 之间的夹角,因此,

(1) 当洛伦兹力 $F=qvB\sin\theta=0$ 时,说明磁感应强度 $\boldsymbol{B}$ 的方向与运动电荷的运动方向一致($\theta=0$),或者相反($\theta=\pi$)[见图 8-4(a)];

(2) 当洛伦兹力 $F=qvB\sin\theta=F_{max}$ 时,说明磁感应强度 $\boldsymbol{B}$ 的方向与运动电荷的运动方向垂直$\left(\theta=\frac{\pi}{2}\right)$,磁感应强度 $\boldsymbol{B}$ 的方向可由矢积 $\boldsymbol{F}_{max}\times\boldsymbol{v}$ 的方向确定,沿 y 轴方向[见图 8-4(b)].

（3）当洛伦兹力 $F=qvB\sin\theta=\dfrac{F_{\max}}{2}$ 时，说明磁感应强度 $\boldsymbol{B}$ 的方向与运动电荷运动方向之间的夹角 $\theta=\dfrac{\pi}{6}$，由于 $\boldsymbol{F}$ 的方向总是垂直 $\boldsymbol{B}$ 与 $\boldsymbol{v}$ 所在的平面，现在 $\boldsymbol{F}$ 的方向沿 Oz 轴负方向，可见 $\boldsymbol{B}$ 的方向在 xy 平面内，与 x 轴之间的夹角 $\theta=-\dfrac{\pi}{6}$，见图 8-4(c).

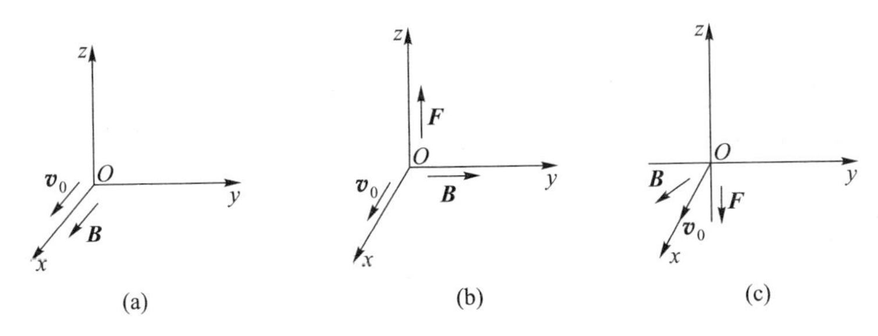

图 8-4　不同情况下磁感应强度 $\boldsymbol{B}$ 的方向

8-2-2　(1) 一带电的质点以已知速度通过某磁场的空间，只用一次测量能否确定磁场？(2) 如果同样的质点通过某电场的空间，只用一次测量能否确定电场？

答：(1) 用实验的方法来确定某点的磁场，必须知道该带电的质点所带电荷的正负、电荷的运动方向($\boldsymbol{v}$)以及在电荷运动时所受到的力是否最大的磁场力.如果我们确定了质点所带的是正电荷，而且电荷所受到的力是最大的磁场力 F_m，那么才可以确定磁场的大小

$$B=\frac{F_m}{qv}$$

以及方向为矢积 $\boldsymbol{F}_m\times\boldsymbol{v}$ 的方向.显然，靠一次测量我们不能确定带电的质点在测量点受到的力是否是最大的磁场力 F_m，必须通过多次测量比较后才能够找到最大的磁场力 F_m 以及相应的 $\boldsymbol{F}_m\times\boldsymbol{v}$ 方向.

(2) 由于带电质点在电场中受到的电场力与它的运动($\boldsymbol{v}$)没有关系，用实验的方法来确定某点的电场强度比较简单，按电场强度的定义 $\boldsymbol{E}=\dfrac{\boldsymbol{F}}{q_0}$，只要知道带电质点通过空间某点的电场力和带电质点的电荷量即可，电场强度的大小由电场力和带电质点电荷量的比值决定；如果是正电荷，电场强度的方向与电场力方向一致，如果是负电荷，电场强度的方向则相反.

8-2-3　为什么当磁铁靠近老式显像管电视机的屏幕时会使图像变形？

答:过去大多数电视机是靠显像管来形成电视图像的.显像管是一个真空电子管,尾部有一个电子枪,灯丝点亮后给阴极加热并发射电子,在加速电压的作用下,电子以很高的速度撞到屏幕的荧光粉上发出荧光,我们就看到一个亮点.在显像管颈外有两对互相垂直的偏转线圈,偏转线圈加上变化的电流后在显像管颈内产生了变化的磁场,高速电子穿过这个磁场时在洛伦兹力作用下发生偏转.一对偏转线圈使电子束产生水平(行扫描)运动,另一对使电子束产生垂直(场扫描)运动.随着偏转线圈电流的变化,电子束就在屏幕上描绘出图像.如果有磁铁靠近电视机的显像管,这就等于在显像管颈内附加了一个恒定的磁场,或者说在电子束上附加了一个洛伦兹力,在这个洛伦兹力的作用下电子束撞到屏幕上的位置发生了位移,图像也就变形失真了.

§8-3 毕奥-萨伐尔定律

8-3-1 在载有电流 I 的圆形回路中,回路平面内各点磁感应强度的方向是否相同?回路内各点的 B 是否均匀?

答:可以把载流圆形回路分割为无数个电流元 $I\mathrm{d}l$(见图 8-5),应用毕奥-萨伐尔定律可知,回路平面内各点磁感应强度的方向是由圆形回路上各电流元在该点磁场的矢量和为

$$\boldsymbol{B}=\int_L \mathrm{d}\boldsymbol{B}=\frac{\mu_0}{4\pi}\int_L \frac{I\mathrm{d}\boldsymbol{l}\times\boldsymbol{e}_r}{r^2}$$

任一电流元在回路平面内任一点的磁场方向都是垂直于 $I\mathrm{d}l$ 和 r(r 是电流元至场点的位置)所决定的平面,这个平面就是回路平面,所以回路平面内各点磁感应强度的方向都相同,垂直于回路平面.

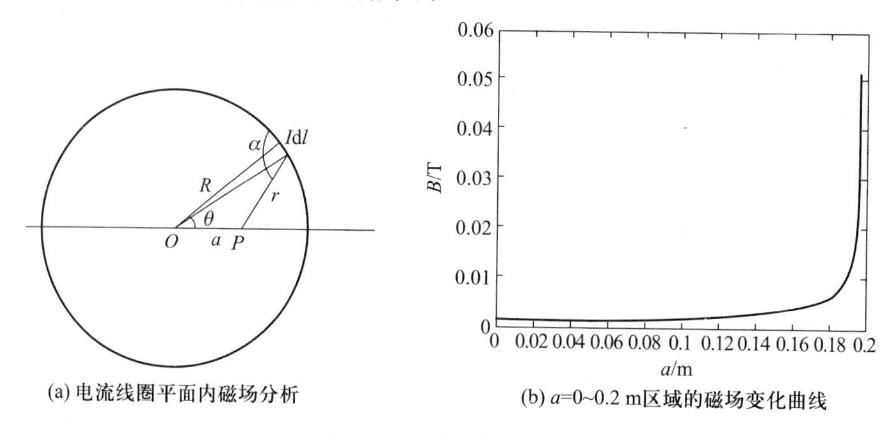

(a) 电流线圈平面内磁场分析

(b) a=0~0.2 m区域的磁场变化曲线

图 8-5 圆形电流平面内磁感应强度分布

至于回路平面内各点磁感应强度的大小，由图 8-5(a)可知，回路平面内 P 点位置不同，对同一电流元 $I\mathrm{d}l$，r 和 α 角都不相同，磁感应强度的大小会有变化，不是均匀的.但由圆形电流回路的对称性知，a 相同的点磁感应强度的大小还是相等的.由下面积分计算出发可以得出回路平面内不同点的磁感应强度的大小

$$B=\int_L \mathrm{d}B=\frac{\mu_0}{4\pi}\oint\frac{I\mathrm{d}l\sin\alpha}{r^2}$$

图 8-5(b)描绘了一半径 $R=20$ cm 的载流圆形回路中，径向各点的磁场分布，从分布曲线图可以看到，在线圈中心($r=a$)，磁感应强度最小；在半径小于 $a/2$ 的范围内(本例 $a<10$ cm)，磁感应强度 B 变化也不大，基本上是均匀的；仅在靠近线圈电流时磁感应强度的大小才急剧上升.

8-3-2　长螺线管中部的磁感应强度是 $\mu_0 nI$，边缘部分轴线上是 $\mu_0 nI/2$，这是不是说螺线管中部的磁感应线比边缘部分的磁感应线多？或说在螺线管内部某处有 1/2 磁感应线突然中断了？

答：不是.在任何情况下，磁感应线是闭合曲线，不会突然中断.长螺线管中部的磁感应强度是 $\mu_0 nI$，这表明在长螺线管中部的磁感应线是均匀的，通过垂直于磁感应线单位面积的磁感应线条数是 $\mu_0 nI$.在长螺线管的边缘轴线上的磁感应强度是 $\mu_0 nI/2$ 并不表明边缘部分的磁感应线减少了，而是表明在边缘部分的磁感应线密度减少了一半.不难想象，相同的磁感应线条数在长螺线管中部被“挤”在一起，密度当然大，磁感应强度强；在长螺线管的边缘磁感应线面对一个开放的空间，开始向外部分散，密度当然小，磁感应强度减小一半.

8-3-3　两根无限长载流导线十字交叉，流有相同的电流 I，但它们并不接触，如图 8-6 所示的哪些区域中存在磁感应强度为零的点？

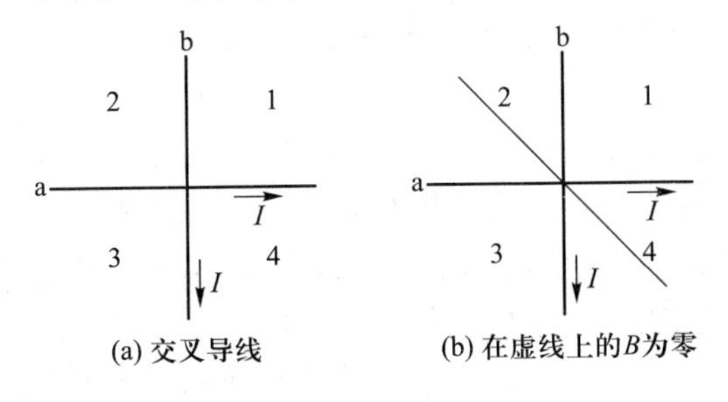

图 8-6　磁场方向分布

答:按载流导线电流方向与磁感应线环行方向的右手定则,电流 a 在其上方的磁场方向垂直于纸面指向上,在其下方的磁场方向垂直于纸面指向下;电流 b 在其右边的磁场方向垂直于纸面指向上,在其左边的磁场方向垂直于纸面指向下.因此两电流产生的磁场方向相反的区域为 2 与 4 区域,由于两电流大小相等,所以在 2、4 区域的角平分线上的那些点磁场叠加为零,如图 8-6(b)的虚线所示.

8-3-4　一个半径为 R 的假想球面中心有一运动电荷.问:(1) 在球面上哪些点的磁场最强? (2) 在球面上哪些点的磁场为零? (3) 穿过球面的磁通量是多少?

答:以速度 $\boldsymbol{v}$ 运动的电荷所激发的磁感应强度 $\boldsymbol{B}_q$ 为

$$\boldsymbol{B}_q=\frac{\mathrm{d}\boldsymbol{B}}{\mathrm{d}N}=\frac{\mu_0}{4\pi}\frac{q\boldsymbol{v}\times\boldsymbol{e}_r}{r^2}$$

假定半径为 R 的假想球面跟随该电荷一道运动,那么从上式不难看到:

(1) 假想球面上与 $\boldsymbol{v}$ 垂直的赤道周面上有最强的磁场[图 8-7(a)];

(2) 假想球面上在 $\boldsymbol{v}$ 方向上的两个极点的磁场为零[见图 8-7(b)中的 P、P'两点];

(3) 在任何情况下,磁场的高斯定理成立,以球面作一封闭曲面,那么有 $\oint_S \boldsymbol{B}\cdot\mathrm{d}\boldsymbol{S}=0$,即穿过球面的磁通量等于零.

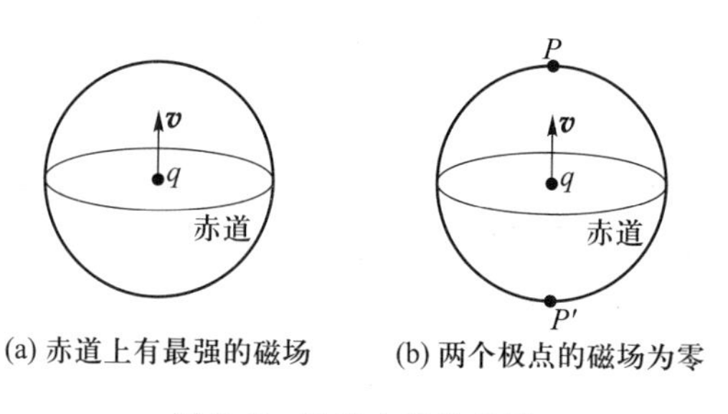

(a) 赤道上有最强的磁场　(b) 两个极点的磁场为零

图 8-7　运动电荷的磁场

§8-4　恒定磁场的高斯定理与安培环路定理

8-4-1　用安培环路定理能否求出有限长一段载流直导线周围的磁场?

答:如图 8-8(a)所示一段有限长载流直导线 AB,把它孤立起来看,所激发的磁场确实具有某种对称性.例如以直导线为中心在垂直于直导线的平面内作圆形积分回路 L_1,在该回路上各点的磁感应强度都相等,磁感应强度方向与回路方向一致,所以 L_1 是一条应用安培环路定理求解磁感应强度合适的积分回路,于是似乎有

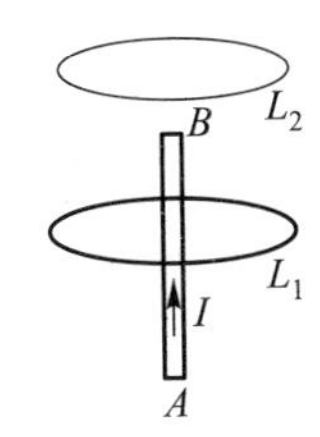

(a) 孤立的有限长载流直导线段

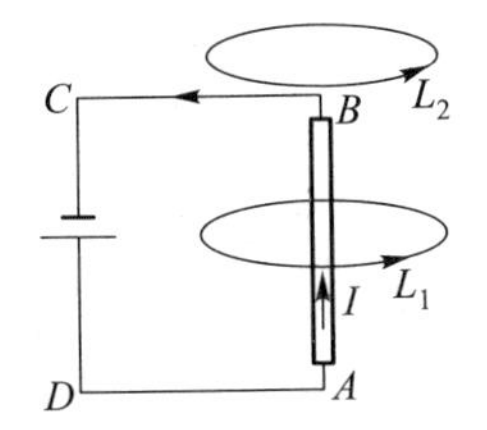

(b) 在全电路中的某段载流直导线

图 8-8　有限长载流直导线段的磁场

$$\oint_{L_1} \boldsymbol{B}\cdot \mathrm{d}\boldsymbol{l}=B\cdot 2\pi r=\mu_0 I$$

$$B=\frac{\mu_0 I}{2\pi r}$$

同样地，在直导线上方作一类似的积分回路 L_2，对 L_2 应用安培环路定理似应该有

$$\oint_{L_2} \boldsymbol{B}\cdot \mathrm{d}\boldsymbol{l}-B\cdot 2\pi r=0$$

$$B=0$$

这两个结果都与我们应用毕奥-萨伐尔定律求解的结果

$$B=\frac{\mu_0 I}{4\pi a}(\sin\beta_1-\sin\beta_2)$$

不一样.问题出在哪里呢?

问题在于孤立的有限长载流直导线段是不存在的.电路中的电流总示闭合的.如图 8-8(b)，有限长载流直导线 AB 只是这个闭合电路的一部分.因为无论对积分回路 L_1 或者积分回路 L_2，回路上任何一点的磁感应强度都不单单是载流直导线 AB 所产生的，而是整个电流回路所共同产生的(包括 DA 段、BC 段和 CD 段的电流)，因此积分回路上各点的磁感应强度不再相等，也完全没有了对称性.换句话说，对孤立的有限长载流直导线段，我们实际上是找不到满足条件的合适积分回路来应用安培环路定理求解磁感应强度.因此我们可以应用毕奥-萨伐尔定律求解这一部分载流直导线在空间某点的磁场，但我们不能应用安培环路定理来求解这一部分载流直导线在空间某点的磁场.

8-4-2　为什么两根通有大小相等方向相反电流的导线扭在一起能减小杂散磁场?

答:两根扭在一起通有大小相等方向相反电流的导线,在空间同一点激发的磁感应强度大小近似相等,方向近似相反,叠加起来磁感应强度大小近似为零,这就极大地减少了电流磁场.线绕电阻为了保证其纯粹的电阻性而尽可能地消除其电感性,就是采取这种双线绕制的方法.

8-4-3 设图 8-9 中两导线中的电流 I_1、I_2 均为 8 A,试分别求三条闭合线 L_1、L_2、L_3 的环路积分 $\oint \boldsymbol{B}\cdot \mathrm{d}\boldsymbol{l}$ 值.并讨论:(1) 在每个闭合线上各点的磁感应强度 $\boldsymbol{B}$ 是否相等? (2) 在闭合线 L_2 上各点的 $\boldsymbol{B}$ 是否为零? 为什么?

答:对各积分回路应用安培环路定理(假定流出纸面的电流为正,反之为负)根据闭合回路包围电流的正、负的规定:

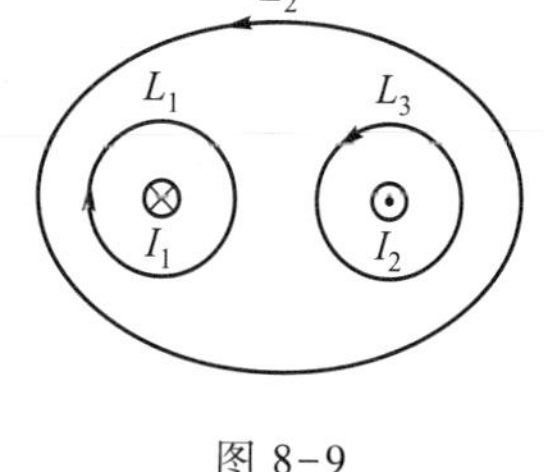

图 8-9

对 L_1: $\oint_{L_1} \boldsymbol{B}\cdot \mathrm{d}\boldsymbol{l}=\mu_0 I_1$

对 L_2: $\oint_{L_2} \boldsymbol{B}\cdot \mathrm{d}\boldsymbol{l}=\mu_0(I_2-I_1)=0$

对 L_3: $\oint_{L_3} \boldsymbol{B}\cdot \mathrm{d}\boldsymbol{l}=\mu_0 I_2$

(1) 空间任一点的磁感应强度 $\boldsymbol{B}$ 是由电流 I_1 和 I_2 各自在该点激发的 $\boldsymbol{B}_1$ 和 $\boldsymbol{B}_2$ 的矢量和,即 $\boldsymbol{B}=\boldsymbol{B}_1+\boldsymbol{B}_2$.空间磁场呈非均匀分布.各闭合回路上各点的空间位置不同,因此各点的 $\boldsymbol{B}$ 不相等.

(2) 对 L_2:由(1)的说明可知,各点的磁感应强度 $\boldsymbol{B}$ 不为零,各点处的 $\boldsymbol{B}\cdot \mathrm{d}\boldsymbol{l}$ 不为零,但对整个闭合回路 L_2,各点处 $\boldsymbol{B}\cdot \mathrm{d}\boldsymbol{l}$ 的代数和为零.

8-4-4 证明穿过以闭合曲线 C 为边界的任意曲面 S_1 和 S_2 的磁通量相等.

证:如图 8-10 所示,取以 C 为边界的底面为 S_1'(白色面)与 S_2 构成闭合曲面 S,即

$$S=S_1'+S_2$$

由磁场的高斯定理: $\oint_S \boldsymbol{B}\cdot \mathrm{d}\boldsymbol{S}=0$

即 $\oint_S \boldsymbol{B}\cdot \mathrm{d}\boldsymbol{S}=\int_{S_1'} \boldsymbol{B}\cdot \mathrm{d}\boldsymbol{S}+\int_{S_2} \boldsymbol{B}\cdot \mathrm{d}\boldsymbol{S}=0$

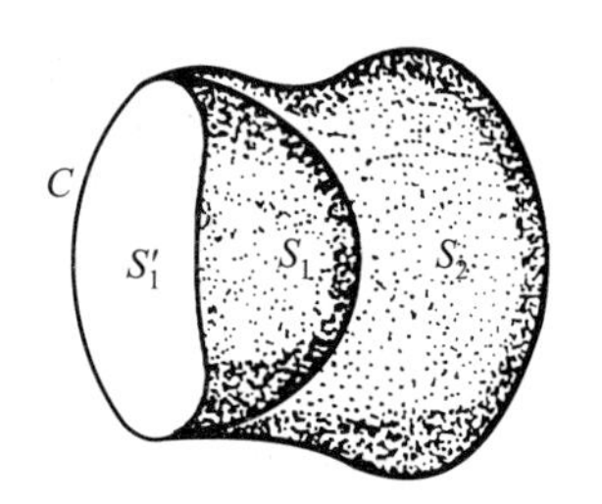

图 8-10

可得 $\Phi_2=\int_{S_2} \boldsymbol{B}\cdot \mathrm{d}\boldsymbol{S}=-\int_{S_1'} \boldsymbol{B}\cdot \mathrm{d}\boldsymbol{S}$

再取 S_1'与 S_1 构成闭合曲面 S',即

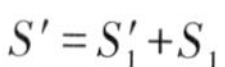

$$S'=S_1'+S_1$$

同样有
$$\oint_{S'} \boldsymbol{B}\cdot \mathrm{d}\boldsymbol{S}=\int_{S_1'} \boldsymbol{B}\cdot \mathrm{d}\boldsymbol{S}+\int_{S_1} \boldsymbol{B}\cdot \mathrm{d}\boldsymbol{S}=0$$
可得
$$\Phi_1=\int_{S_1} \boldsymbol{B}\cdot \mathrm{d}\boldsymbol{S}=-\int_{S_1'} \boldsymbol{B}\cdot \mathrm{d}\boldsymbol{S}$$
所以
$$\Phi_1=\Phi_2$$
即证.

§ 8-5　带电粒子在电场和磁场中的运动

8-5-1　一电荷 q 在均匀磁场中运动,判断下列的说法是否正确,并说明理由.(1) 只要电荷速度的大小不变,它朝任何方向运动时所受的洛伦兹力都相等;(2) 在速度不变的前提下,电荷量 q 改变为 $-q$,它所受的力将反向,而力的大小不变;(3) 电荷量 q 改变为 $-q$,同时其速度反向,则它所受的力也反向,而大小则不变;(4) $\boldsymbol{v}$、$\boldsymbol{B}$、$\boldsymbol{F}$ 三个矢量,已知任意两个矢量的大小和方向,就能确定第三个矢量的大小和方向;(5) 质量为 m 的运动带电粒子,在磁场中受洛伦兹力后动能和动量不变.

答:由运动电荷在磁场中受到的洛伦兹力公式 $\boldsymbol{F}=q\boldsymbol{v}\times\boldsymbol{B}$ 可知,洛伦兹力的大小为 $F=qvB\sin\theta$,θ 为 $\boldsymbol{v}$ 与 $\boldsymbol{B}$ 之间的夹角,因此,

(1) 不正确.因为改变电荷的运动方向,$\boldsymbol{v}$ 与 $\boldsymbol{B}$ 之间的夹角 θ 即发生变化,洛伦兹力的大小为 F 随之改变;

(2) 正确.此时洛伦兹力变为 $\boldsymbol{F}=-q\boldsymbol{v}\times\boldsymbol{B}$,可见力的方向相反,而绝对值不变;

(3) 不正确.由于电荷的符号和速度的方向同时改变,那么洛伦兹力可写为 $\boldsymbol{F}=-q(-\boldsymbol{v})\times\boldsymbol{B}=q\boldsymbol{v}\times\boldsymbol{B}$,结果保持不变;

(4) 正确.因为在洛伦兹力公式 $\boldsymbol{F}=q\boldsymbol{v}\times\boldsymbol{B}$ 中,只要电荷 q 确定了,任何两个矢量已知的话,第 3 个矢量就唯一的确定了.

(5) 不完全正确.由于洛伦兹力 $\boldsymbol{F}$ 总是垂直于运动方向($\boldsymbol{v}$),即洛伦兹力不做功,带电粒子运动的动能不变;但带电粒子受到洛伦兹力的作用,速度 $\boldsymbol{v}$ 的大小虽不改变,却会改变运动方向,因此动量($\boldsymbol{p}=m\boldsymbol{v}$)的方向在改变.

8-5-2　一束质子发生了侧向偏转,造成这个偏转的原因可否是(1) 电场?(2) 磁场?(3) 若是电场或者是磁场在起作用,如何判断是哪一种场?

答:(1) 可能.例如一束质子通过一平行板电容器的电场必将偏向带负电的极板;

（2）可能.例如在均匀磁场中运动的质子受到洛伦兹力的作用将作圆周运动或螺旋线运动，其运动方向不断发生偏转；

（3）这要取决于场的性质，如果只有电场或者磁场单独存在，且都是均匀不变的，那么质子的运动方向发生侧向偏转且速度大小也发生改变，这就可以肯定是受到了电场力的作用；假如质子的运动方向发生偏转但速度大小不发生改变，这就可以肯定是受到了磁场力（洛伦兹力）的作用；如果电场和磁场不是均匀的，质子在其中运动而发生了侧向偏转，这时就无法判断是哪一种场的作用，因为磁场力可以使质子偏转，非均匀的电场也可以使质子偏转且速度大小不发生改变（例如一个质子可以在一带负电的点电荷电场中以速度 v_0 作圆周运动，电场力提供了质子作圆周运动的向心力）；当然，如果同时存在有电场和磁场，且电场和磁场不是均匀恒定的，那么质子的侧向偏转就是电场和磁场共同作用力 $\boldsymbol{F}=q\boldsymbol{E}+q\boldsymbol{v}\times\boldsymbol{B}$ 的结果，此时就更不能区分是什么场的作用了.

8-5-3　如图 8-11 所示，一对正、负电子同时在同一点射入一均匀磁场中，已知它们的速率分别为 $2v$ 和 v，都和磁场垂直.指出它们的偏转方向；经磁场偏转后，哪个电子先回到出发点？

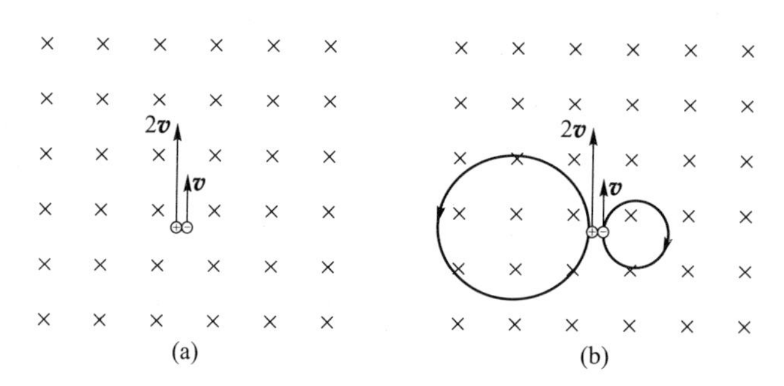

图 8-11　正负电子以不同速度射入均匀磁场

答：由负电荷的洛伦兹力 $\boldsymbol{F}=-q\boldsymbol{v}\times\boldsymbol{B}$ 可知，它射入磁场时，受到向右的磁场力而发生偏转，此后作顺时针方向的圆周运动；正电荷射入磁场时的洛伦兹力 $\boldsymbol{F}=q\boldsymbol{v}\times\boldsymbol{B}$ 方向向左，从而向左偏转，作反时针方向的圆周运动［见图 8-11(b)，由于圆周运动的半径 $R=\dfrac{mv_0}{qB}$正比于初速 v_0，所以正电荷的运动半径比负电荷大一倍］.

由于带电粒子在均匀磁场中作圆周运动的周期 $T=2\pi\dfrac{m}{qB}$与带电粒子的运动速度无关，所以这对正、负电子在完成一圆周运动后将同时回到出发点.

§ 8-6　磁场对载流导线的作用

8-6-1　一个弯曲的载流导线在均匀磁场中应如何放置才不受磁力的作用？

答：一个弯曲的载流导线在磁场中受到的磁场力，可以将其分割为许多电流元后用安培定律写出电流元的磁场力 $\mathrm{d}\boldsymbol{F}=I\mathrm{d}\boldsymbol{l}\times\boldsymbol{B}$，一般说这些电流元的磁场力都不会为零，但它们的合力可以为零．主教材例题 8-12 已经证明了一个任意弯曲的载流导线放在均匀磁场中所受到的磁场力，等效于弯曲导线起点到终点的一段直长载等量电流导线在磁场中所受的力，即 $\boldsymbol{F}=I\boldsymbol{L}\times\boldsymbol{B}$，这里 $\boldsymbol{L}$ 是弯曲载流导线等效的直长电流导线的长度，很显然，如果 $\boldsymbol{L}$ 的方向与均匀磁场 $\boldsymbol{B}$ 的方向一致，那么 $\boldsymbol{F}=I\boldsymbol{L}\times\boldsymbol{B}=0$．所以，只要一个弯曲的载流导线的起点和终点在均匀磁场的一条磁感应线上（图 8-12），这个弯曲的载流导线就不受磁力的作用．

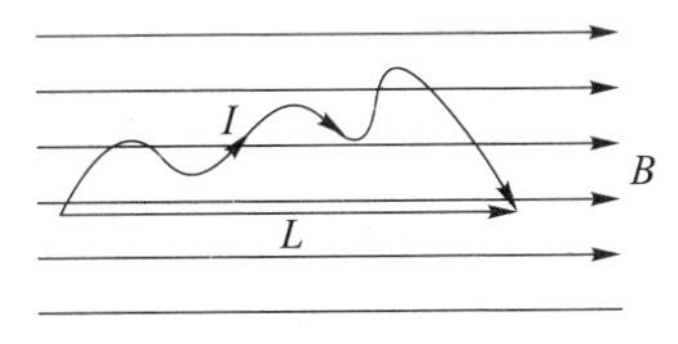

图 8-12　在均匀磁场中的弯曲载流导线

8-6-2　在一均匀磁场中，有两个面积相等、通有相同电流的线圈，一个是三角形，一个是圆形．这两个线圈所受的磁力矩是否相等？所受的最大磁力矩是否相等？所受磁力的合力是否相等？两线圈的磁矩是否相等？当它们在磁场中处于稳定位置时，由线圈中电流所激发的磁场的方向与外磁场的方向是相同、相反还是相互垂直？

答：载流线圈在磁场中受到的磁力矩的大小和方向取决于磁矩 $\boldsymbol{m}$、磁感应强度 $\boldsymbol{B}$ 及其相对方位，为 $\boldsymbol{M}=\boldsymbol{m}\times\boldsymbol{B}$．由于三角形线圈与圆形线圈的面积相等、通有电流相同，所以它们的磁矩 $m=IS$ 大小相同，磁矩 $\boldsymbol{m}$ 的方向由各自面积的方位决定．如果这两个线圈在磁场中的方位相同，那么它们受到的磁力矩就相等；反之，就不相等；但它们受到的最大磁力矩都一样，为 $M_{\max}=ISB$，此时线圈平面与磁场方向相互平行．

如果我们把三角形线圈和圆形线圈都分作对称的两条弯曲载流导线组成（见图 8-13），这两条弯曲载流导线流有方向相反、大小相等的电流，而且它们等效的直长电流导线的长度也一样，所以它们受到的磁力大小相等、方向相反，合磁力为零．由此分析可知，置于均匀磁场中的载流三角形线圈和载流圆形线圈所受到磁力的合力不仅相等，而且均为零．

由上分析知，置于均匀磁场中的载流线圈所受到磁力的合力恒等于零，不可能有平动运动；如果所受到的磁力矩也为零，即 $M=mB\sin\varphi=0$，那么线圈就没有

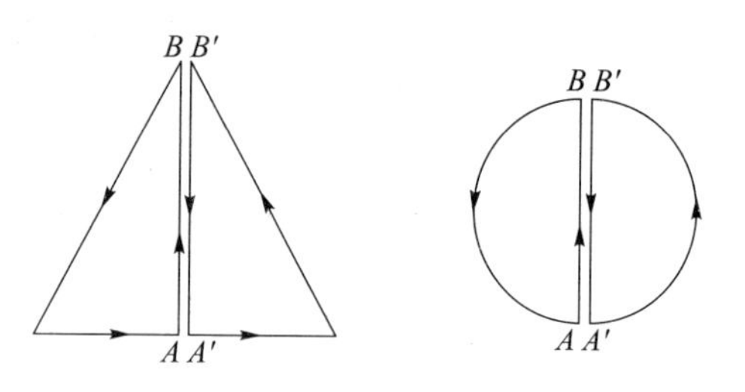

图 8-13　三角形线圈和圆形线圈的分解

转动,处于平衡状态,此时磁矩 $\boldsymbol{m}$ 的方向与磁感应强度 $\boldsymbol{B}$ 的方向之间的夹角 φ 或者为 0 或者为 π.当 $\varphi=0$ 时,亦即线圈平面与磁场方向垂直时,这是线圈稳定平衡的位置.当 $\varphi=\pi$ 时,线圈平面虽然也与磁场方向垂直,但 $\boldsymbol{m}$ 的方向与磁场方向正相反,线圈所受到的力矩虽然也为零,但这一平衡位置是不稳定的,当线圈稍受到扰动,它就会在磁力矩的作用下离开这一位置,而转回到 $\varphi=0$ 处的稳定位置上.由此可见,三角形线圈和圆形线圈在磁场中处于稳定位置时,线圈平面与磁场方向垂直,由线圈中电流所激发的磁场的方向——这也是磁矩 $\boldsymbol{m}$ 的方向,与外磁场的方向相同.

8-6-3　两根彼此绝缘的长直载流导线交叉放置,电流方向如图 8-14(a)所示,可绕垂直于它们所在平面的轴转动.问它们将如何转动?

答:如图 8-14(b)所示,载流导线 AB 在载流导线 CD 产生的磁场中受到一顺时针方向的力矩将沿顺时针方向转动;同样地,载流导线 CD 在载流导线 AB 产生的磁场中受到一逆时针方向的力矩将沿逆时针方向转动,因此导线 OB 部分与导线 OD 部分将转向靠拢;导线 OC 部分与导线 OA 部分将转向靠拢.当它们彼此靠拢后,由于惯性可能继续转动,但分开后彼此仍受到反力矩的作用,力图彼此靠拢,所以会有来回振荡的摆动过程.

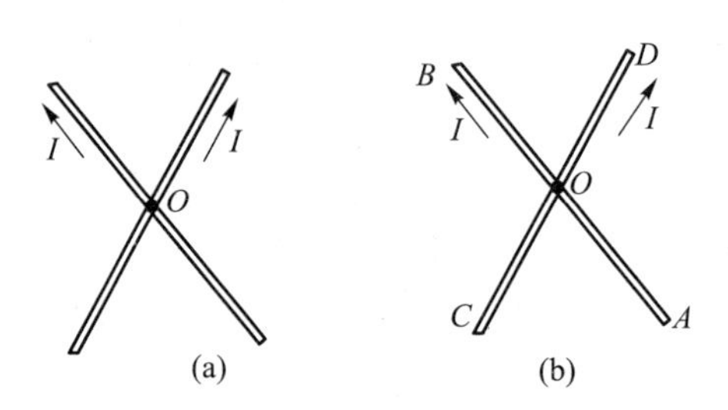

图 8-14　交叉的长直载流导线

§ 8-7 磁场中的磁介质

8-7-1 试对磁介质的磁化机制与电介质的极化机制作一比较.

答:磁介质的磁化是介质的分子电流在外磁场的作用下有一微观转动,并力图使分子磁矩整齐排列,在其表面出现了磁化分子面电流,产生一附加的磁场,根据介质材料的不同,这个附加的磁场可以削弱外磁场(抗磁质),也可以增强外磁场(顺磁质).电介质的极化是介质分子内的电荷在外电场的作用下有一微观运动,其电偶矩力图沿外场排列,结果会在表面出现极化电荷,但极化电荷的电场总是与外电场方向相反,从而削弱外电场.

8-7-2 将磁介质做成针状,在其中部用细线吊起来,放在均匀磁场中,发现不同的磁介质针静止时或者与磁场方向平行,或者与磁场方向垂直,试判断处于哪个位置的是顺磁质?哪个位置的是抗磁质?

答:顺磁质磁化后,其附加磁场方向与外磁场方向一致,那么其分子电流受到的磁力矩可使其处于稳定平衡状态,所以顺磁质针静止时与磁场方向平行;但抗磁质磁化后,其附加磁场方向与外磁场方向相反,那么其分子电流受到的磁力矩使其处于不稳定平衡状态,令抗磁质针转动,当它转过 90°后磁化方向也倒转过来,又要反过来转动,所以抗磁质针静止时可与磁场方向垂直.

§ 8-8 有磁介质时的安培环路定理和高斯定理 磁场强度

8-8-1 试说明 $\boldsymbol{B}$ 与 $\boldsymbol{H}$ 的联系和区别,并与静电场中 $\boldsymbol{E}$ 和 $\boldsymbol{D}$ 的关系作一比较.

答:描述磁场空间的分布:$\boldsymbol{B}$ 是基本物理量,$\boldsymbol{H}$ 是引入的辅助物理量.它们都满足场强的叠加原理:

$$\boldsymbol{B}=\sum \boldsymbol{B}_i,\quad \boldsymbol{H}=\sum \boldsymbol{H}_i$$

$\boldsymbol{B}$ 线和 $\boldsymbol{H}$ 线,都是闭合线.

$\boldsymbol{H}$ 的定义式:

$$\boldsymbol{H}=\frac{\boldsymbol{B}}{\mu_0}-\boldsymbol{M}$$

表明 $\boldsymbol{H}$ 与场源电流、磁介质的磁化电流都有关,是普遍适用的基本关系式.

环路定理:

$$\oint_L \boldsymbol{B}\cdot \mathrm{d}\boldsymbol{l}=\mu_0\sum I_i$$

$\sum I_i$ 为穿过环路的所有电流(含磁化电流)的代数和,即磁感应强度的环流积分决定于环路所包围的传导电流和磁化电流.

$$\oint_L \boldsymbol{H} \cdot \mathrm{d}\boldsymbol{l} = \sum I_i$$

$\sum I_i$ 为穿过环路的所有传导电流的代数和,即磁场强度的环流积分只决定于环路所包围的传导电流.

B 和 **H** 关系: $\boldsymbol{H} = \dfrac{\boldsymbol{B}}{\mu_0} - \boldsymbol{M}$

真空中: $\boldsymbol{B}_0 = \mu_0 \boldsymbol{H}$

各向同性、线性磁介质内部:$\boldsymbol{B} = \mu\boldsymbol{H} = \mu_0\mu_r\boldsymbol{H}$,$\mu_r$ 为常量;铁磁质内部,其形式上仍表示为 $\boldsymbol{B} = \mu\boldsymbol{H}$,但 μ 不为常量.

与静电场中 **E** 和 **D** 作一比较可知,描述电场空间的基本物理量是电场强度 **E**,而电位移矢量 **D** 是引进的辅助物理量,因此它们与 **B** 和 **H** 有下面的对应关系:

磁感应强度 **B**↔电场强度 **E**

磁场强度 **H**↔电位移矢量 **D**

电位移矢量 **D** 不仅与电场强度 **E** 有关,而且与极化强度 **P** 有关,即

$$\boldsymbol{D} = \varepsilon_0 \boldsymbol{E} + \boldsymbol{P}$$

这个关系式可与磁场强度 **H** 与磁感应强度以及磁化强度 **M** 有关作一比较.电位移矢量 **D** 与电场强度 **E** 有各自的高斯定理

$$\oint_S \boldsymbol{D} \cdot \mathrm{d}\boldsymbol{S} = \sum q_{0i}, \quad \oint_S \boldsymbol{E} \cdot \mathrm{d}\boldsymbol{S} = \frac{1}{\varepsilon_0} \sum q_i$$

前者说封闭曲面的电位移通量只与所包围的自由电荷有关;后者说封闭曲面的 **E** 通量不仅要计及所包围的自由电荷,而且要计及所包围的极化电荷.这可以与 **H** 和 **B** 的安培环路定理作一类比.

各向同性的均匀电介质中 **D** 与 **E** 有关系:

$$\boldsymbol{D} = \varepsilon_0 \varepsilon_r \boldsymbol{E} = \varepsilon \boldsymbol{E}$$

这与 **H** 与 **B** 的关系相类似.

8-8-2 下面的几种说法是否正确,试说明理由.(1) 若闭合曲线内不包围传导电流,则曲线上各点的 **H** 必为零;(2) 若闭合曲线上各点的 **H** 为零,则该曲线所包围的传导电流的代数和为零;(3) 不论抗磁质与顺磁质,**B** 总是和 **H** 同方向;(4) 通过以闭合回路 L 为边界的任意曲面的 **B** 通量均相等;(5) 通过以闭合回路 L 为边界的任意曲面的 **H** 通量均相等.

答:(1) 不正确.磁场中任一点的磁场强度 **H** 是所有电流的贡献,如果闭合

曲线内不包围传导电流，而闭合曲线外有传导电流存在，那么这些传导电流仍可激发磁场，在闭合曲线上各点的磁场强度 $\boldsymbol{H}$ 就不一定为零；

(2) 正确. 根据有磁介质时的安培环路定理 $\oint \boldsymbol{H} \cdot \mathrm{d}\boldsymbol{l} = \sum I$，如果闭合曲线上各点的 $\boldsymbol{H}$ 为零，则 $\oint \boldsymbol{H} \cdot \mathrm{d}\boldsymbol{l} = 0$，这就意味着 $\sum I = 0$，即该曲线所包围的传导电流的代数和为零；

(3) 由磁场强度 $\boldsymbol{H}$ 的定义 $\boldsymbol{H} = \dfrac{\boldsymbol{B}}{\mu_0} - \boldsymbol{M}$ 知，$\boldsymbol{H}$ 的方向并不总与 $\boldsymbol{B}$ 的方向一致，它还与 $\boldsymbol{M}$ 方向有关，但抗磁质与顺磁质都是弱磁质，磁化后它们的磁化强度 $\boldsymbol{M}$ 都不大，对磁场的影响实际上都是很小的. 顺磁质的 $\boldsymbol{M}$ 方向与该处的磁场 $\boldsymbol{B}$ 一致，抗磁质的 $\boldsymbol{M}$ 方向与该处的磁场 $\boldsymbol{B}$ 相反，由于 $\left|\dfrac{\boldsymbol{B}}{\mu_0}\right| \gg |\boldsymbol{M}|$，所以不论抗磁质还是顺磁质，磁场强度 $\boldsymbol{H}$ 的方向与磁感应强度 $\boldsymbol{B}$ 的方向都是一致的.

(4) 正确. 可以以闭合回路 L 为边界作一闭合曲面，它由两个曲面组成，一个是以闭合回路 L 为边界的底面 S_1，另一个是以闭合回路 L 为边界的任意曲面 S_2，那么通过这个闭合曲面的 $\boldsymbol{B}$ 通量 Φ 为通过底面 S_1 的 $\boldsymbol{B}$ 通量 Φ_1 与通过任意曲面 S_2 的 $\boldsymbol{B}$ 通量 Φ_2，即

$$\Phi = \Phi_1 + \Phi_2$$

由磁场的高斯定理知通过这个闭合曲面的 $\boldsymbol{B}$ 通量 Φ 应等于零，即 $\Phi = \oint_S \boldsymbol{B} \cdot \mathrm{d}\boldsymbol{S} = 0$，所以

$$\Phi_2 = -\Phi_1$$

说明通过以闭合回路 L 为边界的曲面 S_2 的 $\boldsymbol{B}$ 通量都等于以闭合回路 L 为边界的底面 S_1 的 $\boldsymbol{B}$ 通量的负值，与曲面 S_2 的形状、大小无关.

(5) 不正确. 由磁场强度 $\boldsymbol{H}$ 的定义 $\boldsymbol{H} = \dfrac{\boldsymbol{B}}{\mu_0} - \boldsymbol{M}$ 可得出闭合曲面的 $\boldsymbol{H}$ 通量与 $\boldsymbol{B}$ 通量和 $\boldsymbol{M}$ 通量的关系为

$$\oint_S \boldsymbol{H} \cdot \mathrm{d}\boldsymbol{S} = \oint_S \frac{\boldsymbol{B}}{\mu_0} \cdot \mathrm{d}\boldsymbol{S} - \oint_S \boldsymbol{M} \cdot \mathrm{d}\boldsymbol{S}$$

由此可见 $\boldsymbol{H}$ 通量与 $\boldsymbol{M}$ 通量有关，而不同曲面处的介质可能不同，磁化强度 $\boldsymbol{M}$ 也就不同，相应的 $\boldsymbol{M}$ 通量也就不等，所以通过以闭合回路 L 为边界的任意曲面的 $\boldsymbol{H}$ 通量不可能都相等.

§8-9 铁磁质

8-9-1 有两根铁棒,其外形完全相同,其中一根为磁铁,而另一根不是,你怎样辨别它们?不准将任一根棒作为磁针而悬挂起来,亦不准使用其他的仪器.

答:假设两铁棒分别为A和B.将A棒的一端靠近B棒的中间部位,感受一下它们是否有作用力,如果有,那么A是磁铁棒,B为普通铁棒;如果没有,那么A为普通铁棒,B是磁铁棒.这是因为磁铁棒的磁性表现在两端,中间部位没有磁性,如果A是磁铁棒,它的任一端都能吸引没有磁性的铁质;如果A不是磁铁棒,它的一端对没有磁性的磁铁棒的中段也就没有吸引力.

8-9-2 试说出软磁材料和硬磁材料的主要区别及用途.

答:软磁材料的磁滞回线成细长条形状,面积较小,因而磁滞损耗也比较小,其矫顽力小,磁滞特性不显著,容易磁化,也容易退磁,适用于交变磁场,可用来制造变压器、继电器、电磁铁、电机的铁芯以及各种高频电磁元件的铁芯.硬磁材料的矫顽力大,剩磁 B_r 也大,因而磁滞回线所包围的面积比较肥大,磁滞特性显著,磁滞损耗也就比较大,所以它适合于制成永久磁铁,应用于磁电式电表、永磁扬声器、耳机、小型直流电机以及雷达中的磁控管等器件中.

第九章　电磁感应　电磁场理论

§9-1　电磁感应定律

9-1-1　在下列各情况下,线圈中是否会产生感应电动势?何故?若产生感应电动势,其方向如何确定?(1) 线圈在载流长直导线激发的磁场中平动,如图 9-1(a)、(b);(2) 线圈在均匀磁场中旋转,如图(c)、(d)、(e);(3) 在均匀磁场中线圈从圆形变成椭圆形,如图(f);(4) 在磁铁产生的磁场中线圈向右移动,如图(g);(5) 如图(h)所示,两个相邻近的螺线管 1 与 2,当 1 中电流改变时,试分别讨论在增加与减少的情况下,2 中的感应电动势.

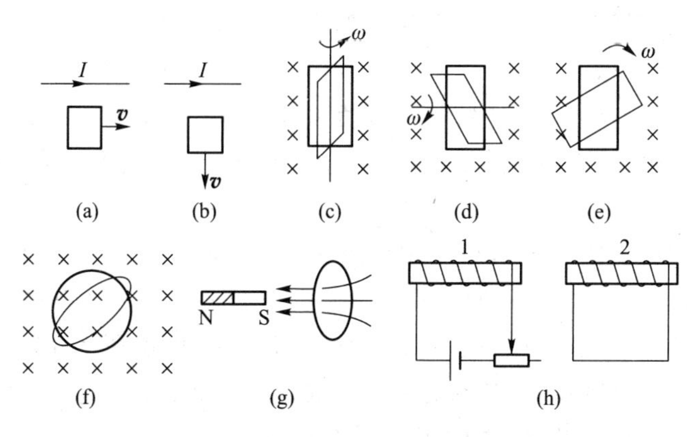

图 9-1　确定可能产生感应电动势的情况

答:根据法拉第电磁感应定律,通过回路所包围面积的磁通量发生变化时回路中将产生感应电动势,感应电动势的方向可用楞次定律来确定,据此

(1) 对无限长载流导线的磁场来说,距直导线为 x 处的磁感应强度为 $B=\dfrac{\mu_0}{2\pi}\dfrac{I}{x}$,在(a)的情况下,虽然线圈各点的磁场不尽相同,即磁通密度不尽相同,但不管线圈运动到何位置,线圈内的总磁通量都相同,没有发生变化,所以线圈中没有感应电动势产生.当然,从局部来看,线圈中垂直于直长导线的两条边框在运动过程中会切割磁感应线,因而会有电磁感应产生,不过由于两条边框中的感应电动势的方向都是从下指向上,对整个线圈回路来说感应电动势的大小抵

消了,整体为零.在(b)的情况下,线圈远离直长导线运动,线圈内磁场随 x 距离的增加而变小,磁通量也越来越小,发生了变化,所以线圈中有感应电动势的产生;由楞次定律知,感应电动势的方向为顺时针方向,此时线圈中感应电流的磁场可以补偿线圈中磁通量的变小.

(2) 在(c)的情况下,如图示所标定的两个位置通过线圈内的磁通量是不同的.实线位置,线圈平面垂直磁场方向,有最大的磁通量通过,而虚线位置,线圈平面平行磁场方向,没有磁通量通过线圈,所以当线圈旋转时线圈内的磁通量发生变化,线圈中有感应电动势产生,其方向根据线圈旋转所达到的位置的不同会有所变化,如图示所标定的由实线位置旋转到虚线位置时,通过线圈的磁通量越来越少,感应电动势的方向为顺时针方向;此后由虚线位置继续旋转时,通过线圈的磁通量越来越多,感应电动势的方向为逆时针方向.(d)的情况与(c)完全相同.(e)的情况,线圈运动时其平面始终垂直磁场方向,线圈内的磁通量没有发生变化,所以线圈中没有感应电动势产生.

(3) 如图(f)所示,当线圈从圆形变成椭圆形的过程中,线圈面积减小,所包围的磁通量也就越来越少,线圈磁通量的变化使得线圈中产生了顺时针方向的感应电动势.

(4) 如图(g)所示,当线圈向右移动时,由于磁场越来越弱,通过线圈的磁通量也越来越少,线圈中有感应电动势产生,感应电动势的方向从右向左看为顺时针方向.

(5) 在图(h)中,当螺线管1中电阻的滑动头向左滑动时,螺线管1中的电流增大,所激发的磁场增强,通过螺线管2的磁通量增加,所以在螺线管2中有反时针方向的感应电动势产生;相反,当螺线管1中电阻的滑动头向右滑动时,螺线管1中的电流减小,所激发的磁场减弱,通过螺线管2的磁通量减少,所以在螺线管2中有顺时针方向的感应电动势产生.

9-1-2 将一磁铁插入一个由导线组成的闭合电路线圈中,一次迅速插入,另一次缓慢地插入.问:(1) 两次插入时在线圈中的感应电动势是否相同?感生电荷量是否相同?(2) 两次手推磁铁的力所做的功是否相同?(3) 若将磁铁插入一不闭合的金属环中,在环中将发生什么变化?

答:(1) 由法拉第电磁感应定律 $\mathscr{E}_i=-\dfrac{\mathrm{d}\Phi}{\mathrm{d}t}$ 可知,感应电动势的大小取决于线圈中磁通量的变化率,迅速插入比缓慢地插入磁通量的变化率要大,因而产生的感应电动势要大些;但在相同的一段时间内通过导线截面的电荷量与这段时间内导线回路所包围的磁通量的变化值成正比,而与磁通量变化的快慢无关,设线

圈的电阻为 R,磁铁插入前后线圈中磁通量分别为 Φ_1 和 Φ_2,那么感生电荷量均是 $q=\frac{1}{R}(\Phi_1-\Phi_2)$.

(2) 手推磁铁的力所做功的大小等于感应电动势在这段时间内所做的功,即

$$\mathrm{d}A=\frac{1}{R}(\mathscr{E}_\mathrm{i})^2\mathrm{d}t=\frac{1}{R}\left(\frac{\mathrm{d}\Phi}{\mathrm{d}t}\right)^2\mathrm{d}t$$

由于迅速插入比缓慢插入时磁通量的变化率大,所以迅速插入时手推磁铁的力所做的功要比缓慢插入时大.

(3) 在磁铁插入金属环的过程中,金属环所在空间的磁场发生了变化(由弱到强),因而会产生感生电动势,在金属环上有感生电场的存在,但由于金属环不闭合,不能形成感应电流.

9-1-3　让一块很小的磁铁在一根很长的竖直铜管内下落,若不计空气阻力,试定性说明磁铁进入铜管上部、中部和下部的运动情况,并说明理由.

答:磁铁进入铜管上部时,铜管中将产生感应电流,该电流随着磁铁下落速度的增大而增大,感应电流的磁场对下落磁铁的阻力也越来越大.竖直铜管足够长时,可在管内某处使磁铁所受的重力和阻力的合力为零.以后,磁铁以恒定速率即收尾速率下落.到达铜管的下部即将离开铜管时,由于磁铁在管内的磁感应强度减小,感应电流的磁场对磁铁的阻力将小于磁铁所受重力,因而磁铁将加速离开铜管.

§9-2　动生电动势

9-2-1　如图 9-2 所示,与载流长直导线共面的矩形线圈 $abcd$ 作如下的运动:(1) 沿 x 方向平动;(2) 沿 y 方向平动;(3) 沿 xy 平面上某一方向 $\boldsymbol{L}$ 平动;(4) 绕垂直于 xy 平面的轴转动;(5) 绕 x 轴转动;(6) 绕 y 轴转动,问在哪些情况下矩形线圈 $abcd$ 中产生的感应电动势不为零?

答:(1) 穿过矩形线圈的磁通减少,产生感应电动势;(2) 穿过矩形线圈的磁通不变,不产生感应电动势;(3) 穿过矩形线圈的磁通减少,产生感应电动势;(4) 穿过矩形线圈的磁通发生变化,产生感应电动势;(5) 穿过矩形线圈的磁通发生变化,产生感应电动势;(6) 穿过矩形线圈的磁通发生变化,产生感应电动势.

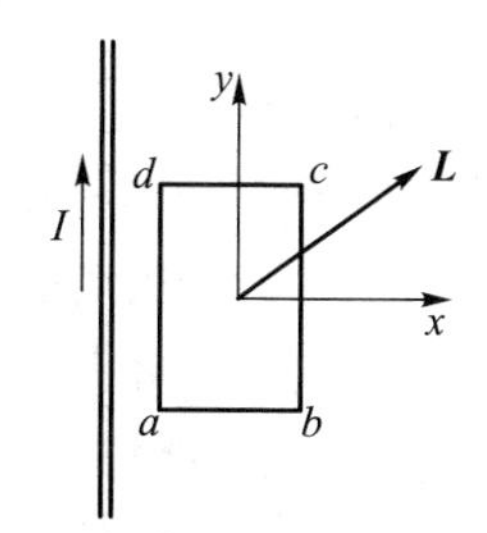

图 9-2　与载流直导线共面的运动线圈

所以在上述六种情况中,仅当矩形线圈 $abcd$ 沿 y 方向平动时感应电动势才为零.

9-2-2　如图 9-3 所示,一个金属线框以速度 $\boldsymbol{v}$ 从左边匀速通过一均匀磁场区,试定性地画出线框内感应电动势与线框位置的关系曲线.

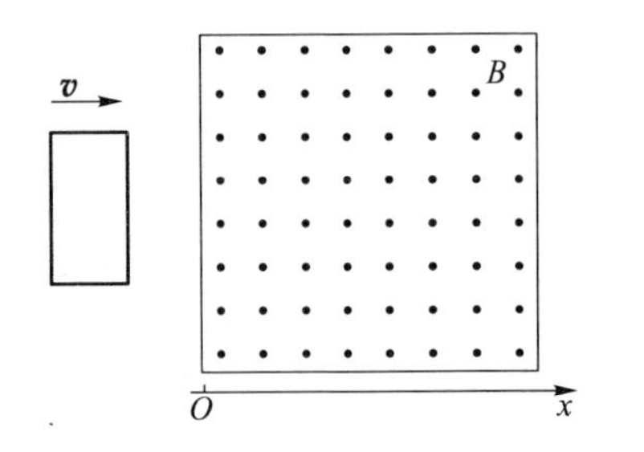

(a) 一个金属线框以匀速通过一均匀磁场区

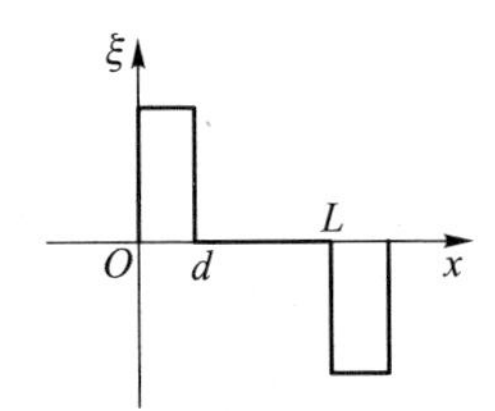

(b) 感应电动势与线框位置的关系曲线

图 9-3　进入和离开磁场区的金属线框内感应电动势的变化

答:仅当金属线框开始进入和开始离开磁场区且线框部分在磁场区外时才有可能产生感应电动势.进入磁场区时穿过金属线框的磁通量增加,开始离开磁场区时穿过金属线框的磁通量减少,因此只在这两个时间段内产生方向相反的感应电动势.设金属线框的宽度为 d,磁场区的宽度为 L,那么线框内感应电动势与线框位置的关系曲线如图 9-3(b)所示.

9-2-3　如图 9-4 所示,当导体棒在均匀磁场中运动时,棒中出现稳定的电场 $E=vB$,这是否和导体中 $E=0$ 的静电平衡的条件相矛盾?为什么?是否需要外力来维持棒在磁场中作匀速运动?

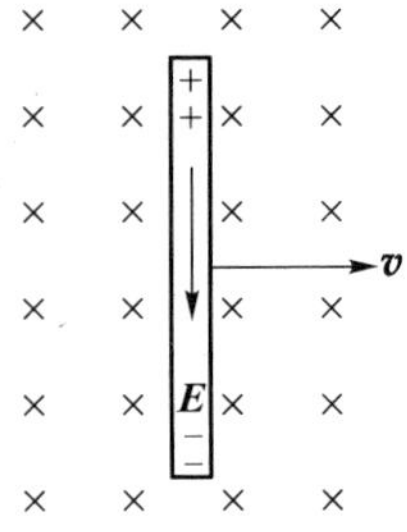

图 9-4　在均匀磁场中运动的导体棒

答:当导体棒在均匀磁场中运动时,棒中出现稳定的电场 $E=vB$ 与导体在静电平衡时导体中等于零的电场是两种不同的场.前者是"非静电性场",它反映的是单位正电荷受到的非静电力,或者说是非静电力场的场强,在这里这个非静电力就是洛伦兹力.静电场是静止电荷激发的电场,静电场的场强反映的是单位正电荷受到的库仑力.非静电性场的性质与静电场是不同的,非静电性场的场强沿整个闭合电路的环流不等于零,等于电源的电动势,而静电场的环流等于零.导体处于静电平衡时内部 $E=0$,是所有空间电荷的电场在导体内部叠加的结果;导体棒在均匀磁场中运动时它并不处于单一的静电平衡,不存在先前的静电平衡条件,此时导体内的电荷是在包括非静电力场 $E=vB$ 和库仑力场的作用下的平衡.

如图 9-5(a)所示,当导体棒在均匀磁场中作匀速运动且不形成电流回路时,尽管导体棒两端已产生了感应电动势,但不形成电流,不消耗任何电功率,感应电动势是稳定的,在运动方向上没有洛伦兹力或安培力之类的阻力,所以不需要外力来维持棒在磁场中作匀速运动.当导体棒在均匀磁场中作匀速运动但形成电路回路时,情况就不一样了.如图 9-5(b)所示,导体棒两端不仅产生了感应电动势 $\mathscr{E}$,而且形成回路电流 I,导体棒内的回路电流在运动方向上受到安培阻力 $F=BIL$,消耗电功率 $P=\mathscr{E}I$,所以需要外力来克服这个安培力的阻力作用,才能维持棒在磁场中作匀速运动,并依靠外力做功才能补充所消耗的电功率.

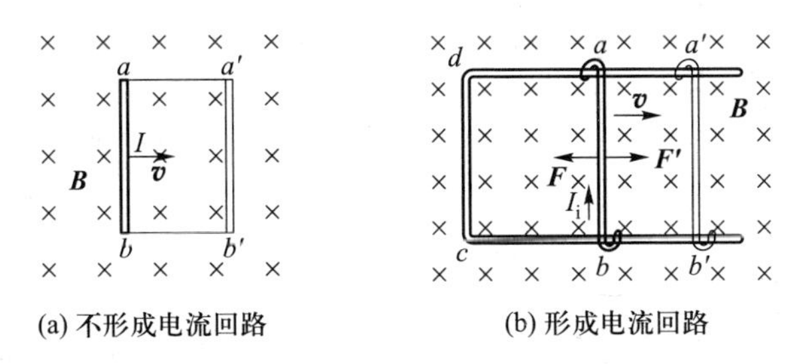

图 9-5 导体棒在均匀磁场中作匀速运动

§9-3 感生电动势 感生电场

9-3-1 如图 9-6 所示,一质子通过磁铁附近发生偏转,如果磁铁静止,质子的动能保持不变,为什么?如果磁铁运动,质子的动能将增加或减小,试说明理由.

答:如图所示,尽管静止磁铁附近的磁场是非均匀的,但质子无论运动到何位置其受到的洛伦兹力方向总是垂直于质子的运动方向,因而洛伦兹力不做功,质子的动能保持不变.但如果磁铁运动,质子就不仅受到洛伦兹力的作用,而且由于磁铁的运动,空间的磁场随时间发生变化,激发起了感生电场,质子同时受到了感生电场的作用力,它对质子做功的结果可以增加或减小质子的动能.

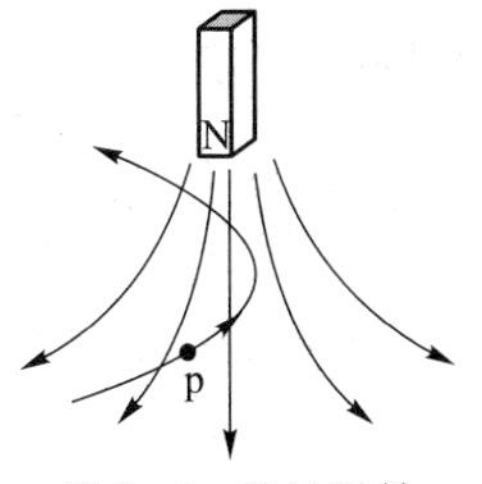

图 9-6 通过磁铁附近的质子

9-3-2 铜片放在磁场中,如图 9-7 所示.若将铜片从磁场中拉出或推进,则受到一阻力的作用,试解释这个阻力的来源.

答:当铜片从磁场中拉出或推进时,穿过铜片的磁通量随即发生变化,或减少或增加,在铜片内产生感应电动势,铜片是导体,在感应电动势的驱动下铜片内形成电流,这就是在大块导体内的涡流.如图所示,当铜片从磁场中拉出时,涡流的方向为顺时针走向(这可用楞次定律判断),在磁场边缘内的回路电流受到方向指向左的安培力的作用,在磁场边缘外的回路电流没有安培力的作用,总的说来拉出铜片就感受到了一指向左的阻力;反之,当铜片从磁场中推进时,涡流的方向为反时针走向,在磁场边缘内的回路电流受到方向指向右的安培力的作用,在磁场边缘外的回路电流也没有安培力的作用,总的说来拉出铜片就感受到了一指向右的阻力.

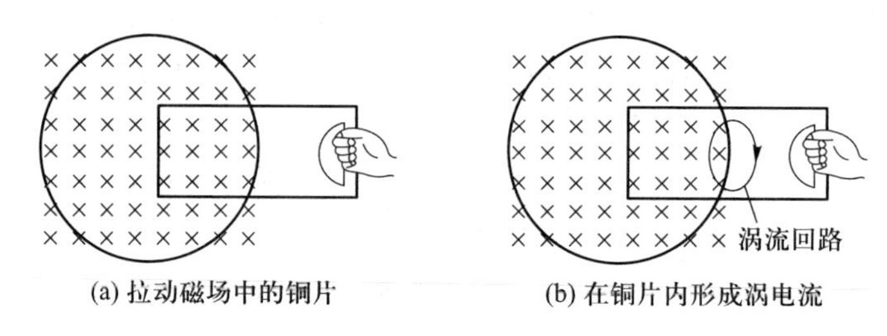

图 9-7 拉动磁场中的铜片形成涡电流

9-3-3 有一导体薄片位于与磁场 $\boldsymbol{B}$ 垂直的平面内,如图所示.如果 $\boldsymbol{B}$ 突然变化,在 P 点附近 $\boldsymbol{B}$ 的变化不能立即检查出来,试解释之.

答:如图 9-8 所示.如果 $\boldsymbol{B}$ 突然变化,那么在导体薄片内必然激发起感生电场并在导体薄片内形成涡流,由楞次定律知,涡流磁场必定反抗外磁场 $\boldsymbol{B}$ 的突然变化,或者说在 P 点附近的磁场得到了涡流磁场的补偿,$\boldsymbol{B}$ 的突然变化便不能立即显现出来.

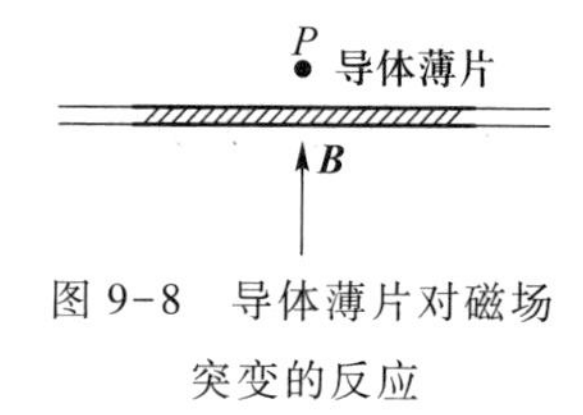

图 9-8 导体薄片对磁场突变的反应

9-3-4 如图 9-9 所示,一均匀磁场被限制在半径为 R 的圆柱面内,磁场随时间作线性变化.问图中所示闭合回路 L_1 和 L_2 上每一点的 $\dfrac{\partial \boldsymbol{B}}{\partial t}$ 是否为零?感生电场 $\boldsymbol{E}$ 是否为零?$\oint_{L_1} \boldsymbol{E}\cdot \mathrm{d}\boldsymbol{l}$ 和 $\oint_{L_2} \boldsymbol{E}\cdot \mathrm{d}\boldsymbol{l}$ 是否为零?若回路是导线环,问环中是否有感应电流?L_1 环上任意两点的电势差是多大?L_2 环上点 A、B、C 和 D 的电势是否相等?

答:如图 9-9 所示,闭合回路 L_1 在均匀磁场内,且磁场随时间作线性变化,所以在闭合回路 L_1 上的每一点的 $\dfrac{\partial \boldsymbol{B}}{\partial t}$ 均为常量;但

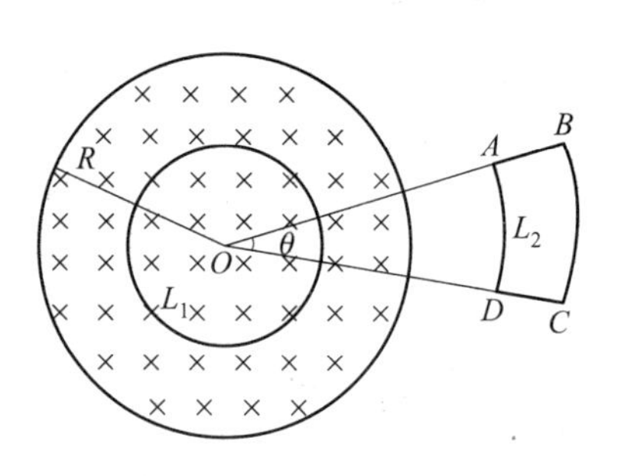

图 9-9 感生电场和感应电流研究

L_2 上位于均匀磁场外，每一点任何时候都没有磁场，那么当然$\dfrac{\partial \boldsymbol{B}}{\partial t}=0.$

本教材例题 9-4 已证明在半径为 R 的无限长螺线管内部的磁场 $\boldsymbol{B}$ 随时间作线性变化时，管内外的感生电场分别是 $E_{\mathrm{i}}=-\dfrac{r}{2}\dfrac{\mathrm{d}B}{\mathrm{d}t}(r<R)$ 以及 $E_{\mathrm{i}}=-\dfrac{R^2}{2r}\dfrac{\mathrm{d}B}{\mathrm{d}t}$ $(r>R)$，这就是说在变化的均匀磁场圆柱面内外的闭合回路 L_1 和 L_2 上每一点的感生电场 $\boldsymbol{E}$ 都不为零(注意：这里的$\dfrac{\mathrm{d}B}{\mathrm{d}t}$是圆柱面内磁场的变化率，不是闭合回路 L_1 和 L_2 上每一点的磁场的变化率；而上一段所讲的$\dfrac{\partial \boldsymbol{B}}{\partial t}$是闭合回路 L_1 和 L_2 上每一点的磁场的变化率，不是圆柱面内磁场的变化率.)

由法拉第电磁感应定律 $\oint_L \boldsymbol{E}_{\mathrm{i}}\cdot \mathrm{d}\boldsymbol{l}=-\int_S \dfrac{\partial \boldsymbol{B}}{\partial t}\cdot \mathrm{d}\boldsymbol{S}$，可求出闭合回路 L_1 和 L_2 上感生电场 $\boldsymbol{E}$ 的环流分别是

对 L_1：$\oint_{L_1} \boldsymbol{E}_1\cdot \mathrm{d}\boldsymbol{l}=-\int_{S_1}\dfrac{\mathrm{d}\boldsymbol{B}}{\mathrm{d}t}\cdot \mathrm{d}\boldsymbol{S}=-\dfrac{\mathrm{d}B}{\mathrm{d}t}\pi r_1^2\neq 0.$ 说明回路 L_1 中有电动势.若回路 L_1 是由均匀导体构成的，因环上各点处 $\boldsymbol{E}_1$ 的大小相同，所以电动势均匀分布于整个环上，环上会有感应电流.但因为环上没有电荷的堆积分布，不存在静电场或恒定电场，因此环上任意两点间无电势差.

对 L_2：因所围面积内的磁感应通量为零，可得 $\oint_{L_2} \boldsymbol{E}_2\cdot \mathrm{d}\boldsymbol{l}=0.$ 表明对整个回路 L_2 而言，电动势为零，所以，回路内没有感应电流.但在 L_2 各段上的电动势并不都为零.在 DC 和 AB 段，$\boldsymbol{E}_2$ 和 $\mathrm{d}\boldsymbol{l}$ 处处垂直，因此，$\boldsymbol{E}_2\cdot \mathrm{d}\boldsymbol{l}$ 处处为零.在 DA 和 BC 段则由

$$\oint_{L_2} \boldsymbol{E}_2\cdot \mathrm{d}\boldsymbol{l}=\int_D^A E_2\mathrm{d}l-\int_C^B E_2\mathrm{d}l=0$$

可得

$$\mathscr{E}_{DA}=\mathscr{E}_{CB}=\frac{R^2}{2}\frac{\mathrm{d}B}{\mathrm{d}t}\theta$$

θ 是 DA 和 BC 两段弧长对圆柱轴线的张角.所以，若$\dfrac{\mathrm{d}B}{\mathrm{d}t}>0$，则环上 A、B、C 和 D 点的电势为

$$V_A=V_B>V_D=V_C,\quad U_{AD}=U_{BC}=\frac{R^2}{2}\frac{\mathrm{d}B}{\mathrm{d}t}\theta$$

§9-4 自感应和互感应

9-4-1 用电阻丝绕成的标准电阻要求没有自感,问怎样绕制方能使线圈的自感为零,试说明其理由.

答:通常可以采取双线并绕的方法,即将电阻丝在中间对折后以双线密绕成线圈,此时电阻丝的电阻特征没有任何变化,而由于其电路的几何特征可导致自感几乎为零.如图9-10所示,由于电阻丝双线并绕,当线圈中通有电流时,每一半电阻丝任何时刻通过的电流大小相等、方向相反,它们在线圈内激发的磁场也是大小相等、方向相反,这就是说在线圈内通过的磁通量总和为零,$\Phi=0$,按自感的定义,这样的线圈自感 $L=\dfrac{\Phi}{I}=0$.

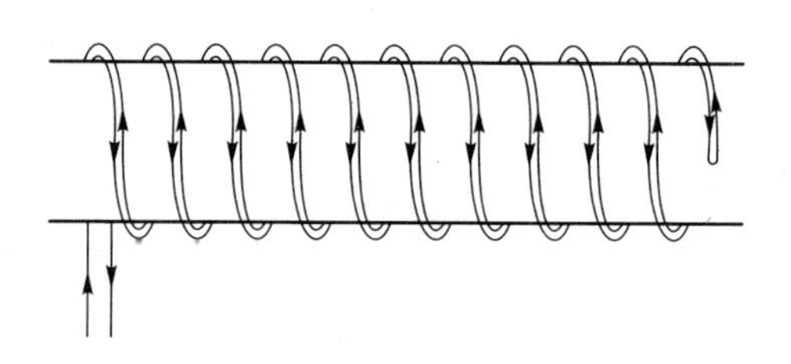

图 9-10 无感电阻

9-4-2 在一个线圈(自感为 L,电阻为 R)与电动势为 $\mathscr{E}$ 的电源的串联电路中,当开关接通的那个时刻,线圈中还没有电流,自感电动势怎么会最大?

答:回路的自感电动势并不取决于回路内电流的大小,而是取决于回路内电流的变化率,即 $\mathscr{E}_L=-L\dfrac{\mathrm{d}I}{\mathrm{d}t}$.如图9-11(a)所示,将自感为 L、电阻为 R 的线圈与电动势为 $\mathscr{E}$ 的电源的串联,开关接通后的瞬间电流变化曲线如图9-11(b)所示,不难看出,在开关接通的那一刻电流的变化率最大(曲线的斜率最大),因而自感电动势最大;而恰恰是电流接近稳定值时变化率最小,自感电动势最小,为零.

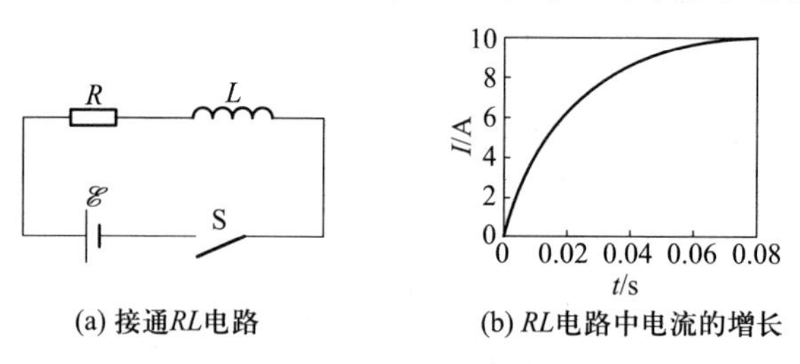

(a) 接通RL电路 (b) RL电路中电流的增长

图 9-11 RL 电路及其电流的增长

9-4-3　自感电动势能不能大于电源的电动势？瞬时电流可否大于稳定时的电流值？

答：如前所述，自感电动势的大小取决于回路内电流的变化率，而与电源的电动势的大小没有直接关系，所以根据回路内电流变化率规律，自感电动势有可能大于电源的电动势.例如与电源串联的 LR 电路，在闭合开关电流达到稳定值后，如果突然打开开关，由于在断开的一瞬间$\frac{\mathrm{d}I}{\mathrm{d}t}$极大，所产生的自感电动势可能比电源电动势大很多.在实际中我们经常看到电源拉闸时，闸刀两端会跳火，其道理就是电源拉闸时切断了电流，回路内的自感线圈产生了极大的自感电动势，这是一个反电动势，它与原电源电动势一起加在闸刀两端，产生的高电压以至于将空气击穿而放电，形成电流回路.又由于空气的电阻很小这个瞬时放电电流可以很大，瞬时电流可大于稳定时的电流值，有时会把闸刀烧得发黑，说明瞬时电流确实极大.

9-4-4　有两个半径相接近的线圈，问如何放置方可使其互感最小？如何放置可使其互感最大？

答：我们知道，互感是与两个回路形状、相对位置及周围介质有关的物理量.同样两个线圈，放置的相对位置不同，它们的互感也不同.又根据互感系数的定义 $M=\frac{\Phi_{21}}{I_1}$或 $M=\frac{\Phi_{12}}{I_2}$，互感系数正比于一线圈产生的磁通穿过另一线圈的多少，如图 9-12(a)，两线圈互为垂直，其中一线圈产生的磁通几乎不穿过另一线圈，即 $\Phi_{21}\approx 0$，所以互感系数最小，几乎为零；如图 9-12(b)，当两线圈互为平行时，其中一线圈产生的磁通极大部分穿过了另一线圈，即 Φ_{21} 最大，所以互感系数也最大.

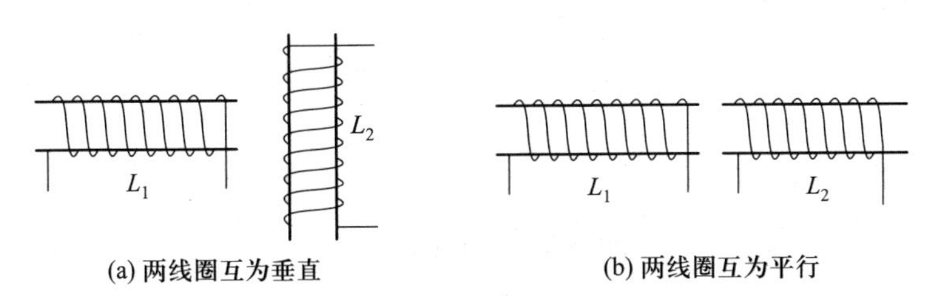

(a) 两线圈互为垂直　　(b) 两线圈互为平行

图 9-12　两个相邻线圈的互感

9-4-5　两个螺线管串联相接，两管中任何时候通有相同的恒定电流，试问两螺线管之间有没有互感存在？解释之.

答：首先我们要弄清楚“互感”的含义.如果互感是指“互感系数 M”，上一题我们已经说过,是否有互感取决于两个回路相对位置.两个螺线管串联相接,它们放置的相对位置不同,它们的互感也不同.至于互感系数的大小与两管中通有什么样的电流无关.如果互感是指“互感现象”或“互感电动势”,那么它不仅取决于两个螺线管的相对位置(互感系数 M 是否不为零),而且还取决于两个螺线管通有什么样的电流,这是因为 $\mathscr{E}_{21}=-M\frac{\mathrm{d}I_1}{\mathrm{d}t}$,或 $\mathscr{E}_{12}=-M\frac{\mathrm{d}I_2}{\mathrm{d}t}$,在本题情况下,两个螺线管任何时候通有相同的恒定电流,即$\frac{\mathrm{d}I_1}{\mathrm{d}t}=\frac{\mathrm{d}I_2}{\mathrm{d}t}=0$,所以 $\mathscr{E}_{21}=\mathscr{E}_{12}=0$,即不存在互感现象.当然,如果两个螺线管串联相接相距甚远,则 $M=0$,那么即使两个螺线管通有交变电流,这两个螺线管也不存在互感现象.

§9-5 磁场的能量

9-5-1 在螺绕环中,磁能密度较大的地方是在内半径附近,还是在外半径附近?

答:由磁能密度公式 $w_{\mathrm{m}}=\frac{1}{2}\frac{B^2}{\mu}$可知,磁能密度与磁场中某一点的磁感应强度 B 及介质的性质有关.如果螺绕环内是同一种介质,那么磁感应强度 B 大的地方磁能密度也较大.又由螺绕环内磁感应强度 $B=\frac{\mu_0 NI}{2\pi r}$知,螺绕环内的 B 与半径 r 成反比,螺绕环中内半径比外半径小,所以内半径附近处磁感应强度 B 比外半径附近处大,磁能密度也较大.

9-5-2 磁能的两种表式

$$W_{\mathrm{m}}=\frac{1}{2}LI^2$$

和

$$W_{\mathrm{m}}=\frac{1}{2}\frac{B^2}{\mu}V$$

的物理意义有何不同?(式中 V 是均匀磁场所占体积).

答:$W_{\mathrm{m}}=\frac{1}{2}LI^2$ 表示一个自感为 L 的回路,当它通有恒定电流 I 时,激发的磁场所具有的能量.

$W_{\mathrm{m}}=\frac{1}{2}\frac{B^2}{\mu}V$ 表示体积为 V 的均匀磁场空间中所具有的磁场能量,这里的体

积 V 可以是整个 B 不为零的磁场空间，也可以是磁场中的某个局部空间. 同时，我们还可以由此式导出磁能密度 $w_m=\frac{W_m}{V}=\frac{1}{2}\frac{B^2}{\mu}$，并可推广应用于非均匀磁场空间中的磁能计算，即知道了磁感应强度 B 的空间分布就可以求出任意空间中的磁场能量 $W_m=\int_V\frac{1}{2}\frac{B^2}{\mu}\mathrm{d}V$.

在由恒定电流激发的恒定磁场情况下，电流与磁场不可分割，磁能的上述两种表达式是等效的，但 $W_m=\frac{1}{2}\frac{B^2}{\mu}V$ 式比 $W_m=\frac{1}{2}LI^2$ 更清楚直观地反映了磁场能量是存储在 B 不为零的磁场空间中的事实，尤其是在非恒定情况下，磁场可以脱离电流而由变化的电场激发，此时磁场能量与磁感应强度 B 的密切相关的表达式就更能反映磁场能量是分布在磁场空间这一客观事实.

§9-6　位移电流　电磁场理论

9-6-1　什么叫做位移电流？什么叫做全电流？位移电流和传导电流有什么不同？位移电流和位移电流密度的表式是怎样得到的？

答：麦克斯韦总结了从库仑到安培和法拉第等人的电磁理论成就，并在此基础上指出，“不但变化的磁场可以激发电场，而且变化的电场也可以激发磁场”，麦克斯韦把电场的变化率看作是一种电流，称为是位移电流. 位移电流的大小等于电位移通量对时间的变化率，即 $I_d=\frac{\mathrm{d}\Psi}{\mathrm{d}t}$. 位移电流的这个表式可以从电容器的充放电时，两极板上的电荷量 q 和电荷面密度 σ 都随时间而变化与其间的电位移 $\boldsymbol{D}$ 和通过整个截面的电位移通量 $\Psi=SD$ 随时间而变化的关系而推得. 设平行板电容器极板的面积为 S，极板上的电荷面密度为 σ. 在充电或放电过程中的任一瞬间，导线中的电流应等于极板上电荷量的变化率，即

$$I=S\frac{\mathrm{d}\sigma}{\mathrm{d}t}$$

同时，两极板间的电场 $\boldsymbol{E}$（或 $\boldsymbol{D}$）也随时间发生变化. 设极板上该时刻的电荷面密度为 σ，则 $D=\sigma$，代入上式得

$$I=S\frac{\mathrm{d}\sigma}{\mathrm{d}t}=S\frac{\mathrm{d}D}{\mathrm{d}t}=\frac{\mathrm{d}\Psi}{\mathrm{d}t}=I_d$$

这个式子还说明导线中的传导电流 I 就等于电容器两极板之间的位移电流 I_d. 位移电流存在于面积为 S 的两电容器极板之间，因此相应地有位移电流密度

$$j_d=\frac{1}{S}\frac{d\Psi}{dt}=\frac{dD}{dt}$$

位移电流与电荷的定向运动所引起的传导电流不同，这里并没有电荷的宏观运动，也没有传导电流的热损耗，它之所以称为电流，是因为在激发磁场方面与通常的传导电流是等效的，而在其他方面存在根本的区别.由于在激发磁场方面的等效性，可以把传导电流 I 和位移电流 I_d 之和 $I_t=I+I_d$ 叫做全电流.这样，安培环路定理就扩展为全电流的表示，

$$\oint \boldsymbol{H}\cdot d\boldsymbol{l}=\sum(I+I_d)$$

在电容器充放电时，导线中的传导电流和电容器内的位移电流保证了全电流的连续性.

9-6-2　电容器极板间的位移电流与连接极板的导线中的电流大小相等，然而在极板间的磁场越靠近轴线中心越弱，而传导电流的磁场越靠近导线越强，为什么？

答：当我们说“传导电流的磁场越靠近导线越强”，这往往是指载流导线之外的空间越靠近导线磁场越强，如果在载流导线之内情况就不一样了.例如无限长载流导线内外的磁场分布曲线（图 9-13）表明，载流导线内的磁场越靠近中心越弱，在导线边缘有最大值，而在导线外磁场才随距离而衰减.

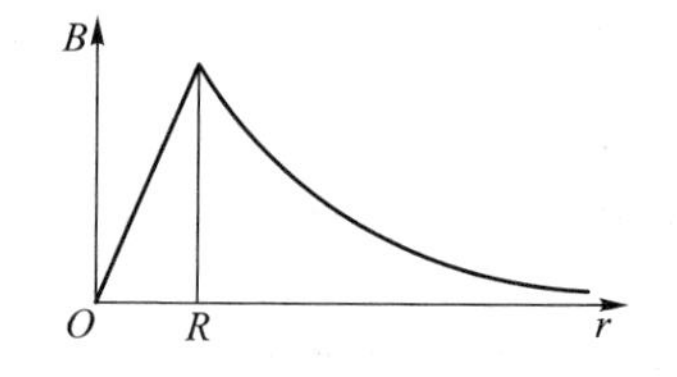

图 9-13　导线内外电流磁场的分布

当我们计算电容器极板间的位移电流激发的磁场时，例如主教材例题 9-12 所得到的结果，在圆形电容器内，磁场的分布就如同图 9-13 中 O—R 区间一样，这是因为忽略了边缘效应，电场只在两极板 OR 的空间中，或者说位移电流只在 O—R 的空间中，而且位移电流与导线中的传导电流大小相等，所以所计算的 O—R 处的磁场就如同计算载流导线内的磁场分布一样，越靠近中心越弱.这个图像就好像圆形电容器是一很粗的“位移电流导线”，在该“导线内”越靠近中心轴磁场越弱.

事实上，空间任一处的磁场是所有传导电流和位移电流共同激发的，在空间激发磁场的规律都是一样的，例如在载流导线外和电容器极板外由全电流所激发的磁场都是随距离而衰减.

9-6-3　静电场中的高斯定理 $\varepsilon_0\oint_S \boldsymbol{E}\cdot d\boldsymbol{S}=\sum q=\int_V \rho dV$ 和使用于真空中电

磁场时的高斯定理$\oint_S \varepsilon_0 \boldsymbol{E} \cdot \mathrm{d}\boldsymbol{S}=\sum q=\int_V \rho \mathrm{d}V$在形式上是相同的，但理解上述两式时有何区别？

答：其区别在于对两式中的电场$\boldsymbol{E}$是不同的.静电场的高斯定理中的$\boldsymbol{E}$仅为自由电荷激发的电场，是保守力场；而后者在真空电磁场的高斯定理中的$\boldsymbol{E}$不仅包括了自由电荷激发的电场，还包括了变化磁场激发的电场，但因变化磁场激发的电场不是保守力场，而是涡旋场，它的电场线是闭合的，所以对封闭曲面的电通量无贡献.这就是说，如果在空间既有自由电荷激发的电场$\boldsymbol{E}_{保}$，又有变化磁场激发的电场$\boldsymbol{E}_{涡}$，那么总电场$\boldsymbol{E}=\boldsymbol{E}_{保}+\boldsymbol{E}_{涡}$，在真空通过封闭曲面的通量分别是

$$\oint_S \varepsilon_0 \boldsymbol{E}_{保} \cdot \mathrm{d}\boldsymbol{S}=\sum q=\int_V \rho \mathrm{d}V$$

$$\oint_S \varepsilon_0 \boldsymbol{E}_{涡} \cdot \mathrm{d}\boldsymbol{S}=0$$

$$\begin{aligned}\oint_S \varepsilon_0 \boldsymbol{E} \cdot \mathrm{d}\boldsymbol{S} &= \oint_S \varepsilon_0(\boldsymbol{E}_{保}+\boldsymbol{E}_{涡}) \cdot \mathrm{d}\boldsymbol{S} \\ &= \oint_S \varepsilon_0 \boldsymbol{E}_{保} \cdot \mathrm{d}\boldsymbol{S}+\oint_S \varepsilon_0 \boldsymbol{E}_{涡} \cdot \mathrm{d}\boldsymbol{S} \\ &= \sum q=\int_V \rho \mathrm{d}V\end{aligned}$$

由此可见，真空中电磁场的高斯定理中更具一般性.

9-6-4 对于真空中恒定电流的磁场，$\oint_S \boldsymbol{B} \cdot \mathrm{d}\boldsymbol{S}=0$，对于一般的电磁场又碰到$\oint_S \boldsymbol{B} \cdot \mathrm{d}\boldsymbol{S}=0$这个式子，在这两种情况下，对$\boldsymbol{B}$矢量的理解上有哪些区别？

答：真空中恒定电流磁场的高斯定理$\oint_S \boldsymbol{B} \cdot \mathrm{d}\boldsymbol{S}=0$中的磁感应强度$\boldsymbol{B}$是由传导电流激发的；而一般电磁场的$\oint_S \boldsymbol{B} \cdot \mathrm{d}\boldsymbol{S}=0$中的磁感应强度$\boldsymbol{B}$可以是由传导电流和变化电场激发的，更具一般性.但因不论何种方式所激发的磁场都是涡旋场，磁感应线都是闭合线，通过任何封闭曲面的磁通量总是等于零，所以任何磁场的高斯定理看上去都有相同的形式.

第十章　机械振动和电磁振荡

§10-1　谐振动

10-1-1　判断一个物体是否作简谐振动有哪些方法？

试说明下列运动是不是简谐振动：

（1）小球在地面上作完全弹性的上下跳动.

（2）小球在半径很大的光滑凹球面底部作小幅度的摆动.

（3）曲柄连杆机构使活塞作往复运动.

（4）小磁针在地磁的南北方向附近摆动.

答：物体运动时，如果离开平衡位置的位移（或角位移）按余弦函数（或正弦函数）的规律随时间变化，这种运动称为简谐振动.

判断一个物体是否作简谐振动，可以从其定义或运动学特征、动力学特征以及能量特征来分析.例如：

（a）物体运动的加速度与其位移大小成正比而方向相反，即 $a=-\omega^2x$.

（b）物体受到的力（或力矩）的大小与其位移（角位移）的大小成正比而方向相反，即 $F=-kx$（或 $M=-C\theta$）.

（c）位移 x（或其他物理量）满足微分方程$\frac{d^2x}{dt^2}+\omega^2x=0$.

（d）运动过程中，物体的动能和势能都随时间 t 作周期性变化，但其总能量却是常量，即机械能守恒.

根据以上分析，可以知道：

（1）小球在上下跳动的过程中，所受的力是重力，它是一恒力，不满足线性回复力的条件，所以小球的运动不是简谐振动.

（2）小球在半径光滑凹球面底部作小幅度摆动时，所受的力近似地指向平衡位置，而且它的大小和位移成正比，类似于单摆的小幅度摆动，所以小球的运动是简谐振动.

（3）曲柄连杆机构使滑块的运动如图 10-1 所示.取坐标轴如图所示.如果滑块在离原点最远处作为计时开始，则滑块的运动学方程为

$$x=AC+CB=R\cos\theta+l\cos\varphi$$

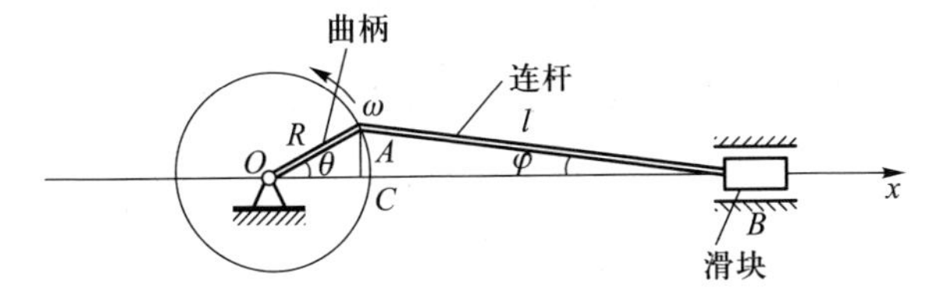

图 10-1

根据正弦定理有$\frac{R}{\sin\varphi}=\frac{l}{\sin\theta}$,于是

$$\cos\varphi=\sqrt{1-\sin^2\varphi}=\sqrt{1-\frac{R^2}{l^2}\sin^2\theta}$$

取 $\theta=\omega t$,代入得

$$x=R\cos\ \omega t+l\left(1-\frac{R^2}{l^2}\sin^2\omega t\right)^{1/2}$$

在一般情况下,$l\gg R$,利用近似公式,则有

$$\begin{aligned}x&=R\cos\ \omega t+l\left(1-\frac{1}{2}\frac{R^2}{l^2}\sin^2\omega t+\cdots\right)\\&=R\cos\ \omega t+l\left[1-\frac{1}{2}\frac{R^2}{l^2}\frac{(1-\cos\ 2\omega t)}{2}\right]\\&=\left(1-\frac{1}{4}\frac{R^2}{l^2}\right)l+R\cos\ \omega t+\frac{1}{4}\frac{R^2}{l}\cos\ 2\omega t\end{aligned}$$

由此可知,滑块以 ω 和 2ω 的两个简谐振动合成作水平往复运动,运动范围 $x_{\min}=l-R$,$x_{\max}=l+R$.滑块的运动虽是周期性运动,但不是简谐振动.

(4) 小磁针在地磁场的作用下,受到回复力矩,其方向与运动方向相反,在小幅度摆动时,其力矩的大小与角位移成正比,所以小磁针的摆动是简谐振动.

10-1-2 简谐振动的速度和加速度在什么情况下是同号的? 在什么情况下是异号的? 加速度为正值时,振动质点的速率是否一定在增加? 反之,加速度为负值时,速率是否一定在减小?

答:设物体作简谐振动的运动学方程为

$$x=A\cos\ (\omega t+\phi_0)$$

则其速度和加速度的表达式为

$$v=-A\omega\sin(\omega t+\phi_0)=v_{\mathrm{m}}\cos\left(\omega t+\phi_0+\frac{\pi}{2}\right)$$

$$a=-A\omega^2\cos(\omega t+\phi_0)=a_m\cos(\omega t+\phi_0\pm\pi)$$

即物体运动速度的相位比位移相位超前$\frac{\pi}{2}$,加速度的相位比位移相位超前(或落后)π,加速度的相位比速度的相位超前$\frac{\pi}{2}$.它们的关系可用旋转矢量法直观地看出.

如图 10-2(a)所示,当振幅矢量在Ⅰ和Ⅲ象限时,速度和加速度是同号的.即振动物体沿位移正方向向平衡位置运动时,速度和加速度都是负值;沿位移负方向向平衡位置运动时,速度和加速度都是正值.

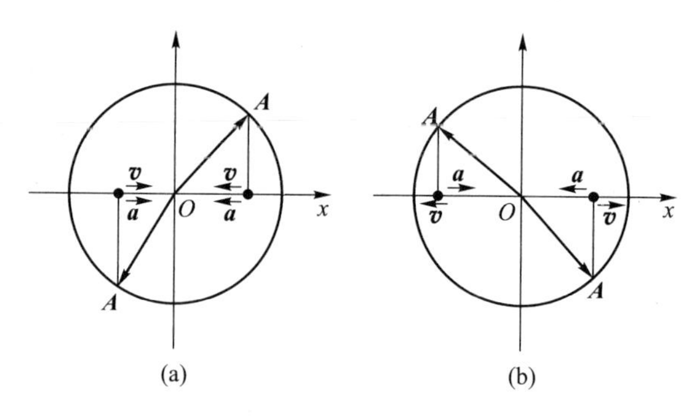

图 10-2

当振幅矢量在Ⅱ和Ⅳ象限时,如图 10-2(b)所示,速度和加速度是异号的.即振动物体由平衡位置向位移负方向运动时,速度为负值,而加速度为正值;由平衡位置向位移正方向运动时,速度为正值,而加速度为负值.

加速度为正值时,对应的振幅矢量在Ⅱ和Ⅲ象限,振幅矢量在第二象限时,振动物体由平衡位置向位移负方向运动,此时速率在减小,由最大值降为零.振幅矢量在第三象限时,振动物体沿位移的正方向向平衡位置运动,此时速率在增大,由零增为最大值.

反之,加速度为负值时,速率可以增大(第一象限)也可以减小(第四象限).

10-1-3 分析下列表述是否正确,为什么?

(1) 若物体受到一个总是指向平衡位置的合力,则物体必然作振动,但不一定是简谐振动.

(2) 简谐振动过程是能量守恒的过程,因此,凡是能量守恒的过程就是简谐振动.

答:(1) 正确.当物体受到的合力总是指向平衡位置时物体就可以在平衡位

置附近作往复运动.只有当该合力的大小总是与位移的大小成正比时,物体才能作简谐振动.

(2) 不正确.物体作无阻尼自由振动时,振动能量总是守恒的.就机械振动来说,“无阻尼”表示不计外部的阻力(如空气阻力等)和内部的耗散力(如内部的摩擦),“自由”表示振动过程除受到回复力外,没有外界驱动力做功.于是只有内部的保守力在起作用,因而机械能守恒.这个结论不仅对简谐振动的情况(如弹簧振子)是正确的,对于非简谐振动的情况,如单摆的大幅度摆动也是对的.所以,即使振动系统的机械能守恒,物体的运动也不一定是简谐振动.

更进一步,振动系统在周期性外力持续作用下的受迫振动(参看教材§ 10-3),驱动力对系统做正功,向系统输入能量,同时阻尼力做负功消耗能量.如果在一个周期内,输入的能量恰好等于消耗的能量,则系统的机械能的平均值是一恒量,系统将作等幅振动,其表达式与简谐振动相同,但其实质已有所不同.

10-1-4 在单摆实验中,如把摆球从平衡位置拉开,使悬线与竖直方向成一小角 θ,然后放手任其摆动.若以放手之时为计时起点,试问此 θ 角是否就是振动的初相位?摆球绕悬点转动的角速度是否就是振动的角频率?

答:当单摆在平衡位置附近作小角度摆动时,它是简谐振动,常用离平衡位置的角位移 θ 来表示其运动学方程,即

$$\theta=\theta_0\cos(\omega t+\phi_0)$$

式中 θ_0 为角位移的最大值的绝对值,即振幅.ϕ_0 为振动的初相位,由初始条件决定.ω 为单摆的固有角频率,由 $\omega=\sqrt{\dfrac{g}{l}}$ 决定.

本题中,θ 角为 $t=0$ 时摆球离平衡位置由静止释放的角度,这就是振动的角振幅,不是振动的初相位.在 $t=0$ 时,摆球处于最大位移处且角速度为零,所以初相位 $\phi_0=0$.摆球绕悬点转动的角速度应为$\dfrac{\mathrm{d}\theta}{\mathrm{d}t}$,与振动的角频率 ω 完全是两回事.

10-1-5 周期为 T、最大摆角为 θ_0 的单摆在 $t=0$ 时分别处于如图10-3所示的状态.若以向右方向为正,写出它们的振动表达式.

答:利用旋转矢量图,很容易得到各种情况下的振动初相位,也可根据初始条件利用解析法得到,参看图 10-4.

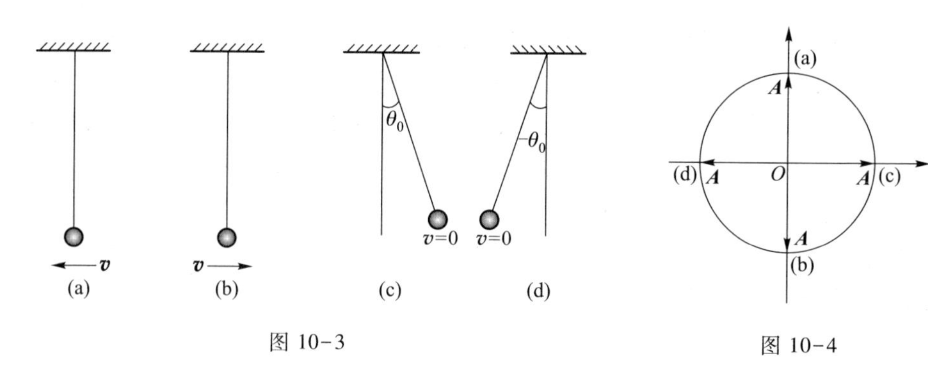

图 10-3

图 10-4

（a）$\phi_0=\dfrac{\pi}{2}$，振动表达式为

$$\theta=\theta_0\cos\left(\frac{2\pi}{T}t+\frac{\pi}{2}\right)$$

（b）$\phi_0=\dfrac{3\pi}{2}$或$-\dfrac{\pi}{2}$，振动表达式为

$$\theta=\theta_0\cos\left(\frac{2\pi}{T}t-\frac{\pi}{2}\right)$$

（c）$\phi_0=0$，振动表达式为

$$\theta=\theta_0\cos\frac{2\pi}{T}t$$

（d）$\phi_0=\pm\pi$，振动表达式为

$$\theta=\theta_0\cos\left(\frac{2\pi}{T}t\pm\pi\right)$$

10-1-6 有两个摆长不同的单摆作简谐振动，设 $l_A=2l_B$. 把这两单摆向右拉开一个相同的小角度 θ，然后释放任其自由摆动.（1）这两单摆在刚释放时相位是否相同？（2）当单摆 B 到达平衡位置并向左运动时，单摆 A 大致在什么位置和向什么方向运动？A 比 B 的相位超前还是落后？超前或落后多少？（3）自释放后，A、B 经过多长时间后以相反的相位相遇？A、B 经过多长时间后以同相位相遇？

答：单摆作简谐振动时，其周期公式为 $T=2\pi\sqrt{\dfrac{l}{g}}$，因 $l_A=2l_B$，所以 $T_A=\sqrt{2}T_B$，$\omega_A=\dfrac{1}{\sqrt{2}}\omega_B$.

（1）由于两单摆的初始状态相同，所以它们的振动初相位相同. 如以单摆向右方向的角位移为正,并以释放开始之时为计时起点,那么初相位 $\phi_0=0$.

(2) 当单摆 B 从起始位置向左运动到平衡位置时,经历了 $t=\frac{T_B}{4}=\frac{\sqrt{2}}{8}T_A$,相位改变了 $\omega_B t=\frac{\pi}{2}$,单摆 A 相应地相位改变了 $\omega_A t=\frac{1}{\sqrt{2}}\omega_B t=\frac{1}{\sqrt{2}}\ \frac{\pi}{2}<\frac{\pi}{2}$,即单摆 A 的相位落后于单摆 B.因此,当单摆 B 由右侧向左运动到平衡位置时,单摆 A 要过些时间才能到达平衡位置.

(3) 设单摆 B 与单摆 A 以相反的相位相遇所需的时间为 t_1,则它们之间的相位差为 π,则

$$\omega_B t_1-\omega_A t_1=\pi$$

代入 ω_A 和 ω_B 可得

$$t_1=\frac{\sqrt{2}+1}{2}T_A=(\sqrt{2}+1)\pi\sqrt{\frac{l_A}{g}}$$

设单摆 B 与单摆 A 以同相位相遇所需的时间为 t_2,则

$$\omega_B t_2-\omega_A t_2=2\pi$$

即

$$t_2=(\sqrt{2}+1)T_A=2(\sqrt{2}+1)\pi\sqrt{\frac{l_A}{g}}$$

10-1-7 物体作简谐振动的 $x-t$ 图如图 10-5 所示.分别写出这些简谐振动的表达式.

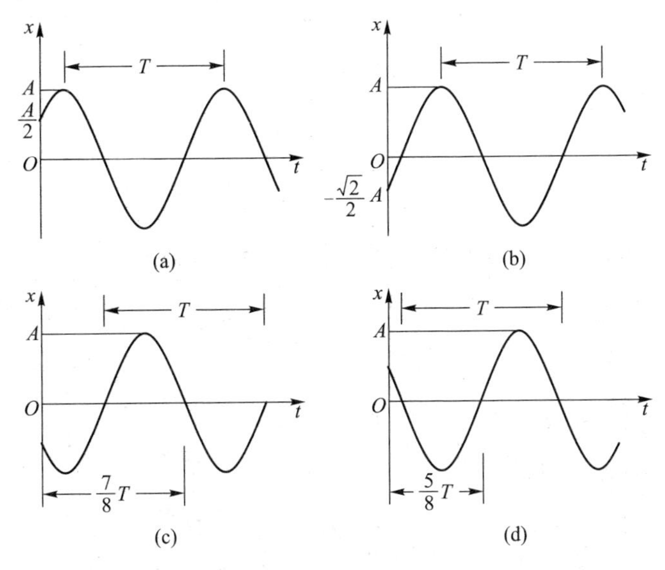

图 10-5

答:由图(a)可知,当 $t=0$ 时,$x_0=+\frac{A}{2}$,随着时间增大,x 增大,故 $v_0>0$,即振动物体向 Ox 轴正方向运动.从旋转矢量图(图 10-6)可得初相位 $\phi_0=-\frac{\pi}{3}$,所以振动表达式为

$$x=A\cos\left(\frac{2\pi}{T}t-\frac{\pi}{3}\right)$$

由图(b)可知,当 $t=0$ 时,$x_0=-\frac{\sqrt{2}}{2}A$,随着时间增大,x 增大,故 $v_0>0$.从旋转矢量图可得初相位 $\phi_0=\frac{5}{4}\pi$,所以表达式为

$$x=A\cos\left(\frac{2\pi}{T}t+\frac{5}{4}\pi\right)$$

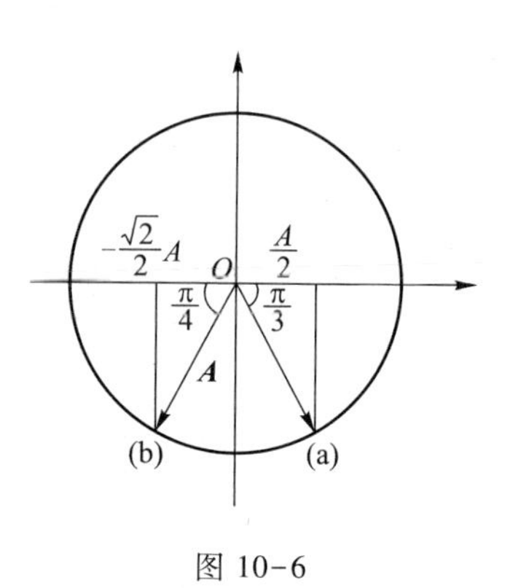

图 10-6

由图(c)可知,当 $t=\frac{7}{8}T$ 时,$x=0,v<0$,故 $t=\frac{7}{8}T$时的相位为 $\phi=\frac{\pi}{2}$.由于 $\phi=\omega t+\phi_0$,故

$$\phi=\frac{2\pi}{T}\ \frac{7}{8}T+\phi_0=\frac{\pi}{2}$$

所以振动的初相位

$$\phi_0=-\frac{5}{4}\pi$$

振动表达式为

$$x=A\cos\left(\frac{2\pi}{T}t\ -\frac{5}{4}\pi\right)$$

由图(d)可知,当 $t=\frac{5}{8}T$ 时,$x=0,v>0$,故 $t=\frac{5}{8}T$ 时的相位 $\phi=-\frac{\pi}{2}$,故

$$\phi=\frac{2\pi}{T}\ \frac{5}{8}T+\phi_0=-\frac{\pi}{2}$$

$$\phi_0=-\frac{7\pi}{4}$$

振动表达式为

$$x=A\cos\left(\frac{2\pi}{T}t-\frac{7\pi}{4}\right)$$

10-1-8 对于频率不同的两个简谐振动,初相位相等,能否说这两个简谐振动是同相的? 如图 10-7 中各图内的两条曲线表示两个简谐振动,试说明其频率、振幅、初相位三个量中哪个相等,哪个不相等.

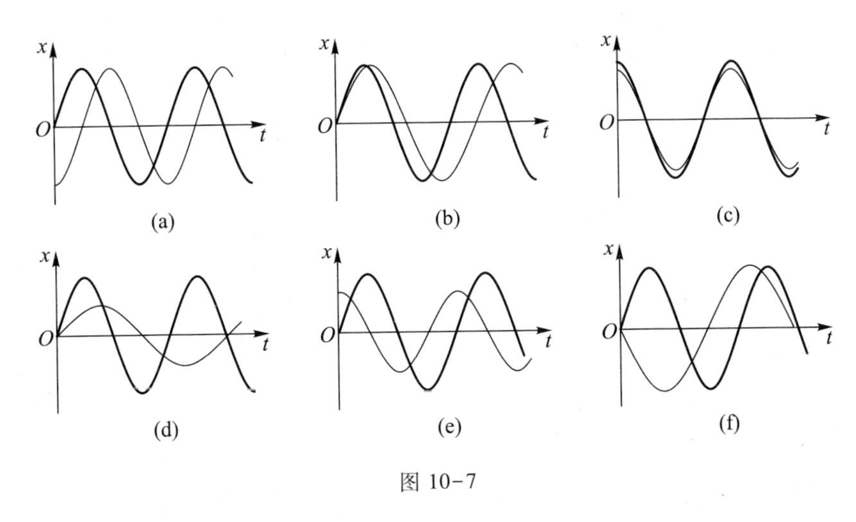

图 10-7

答:两个不同频率的简谐振动,它们的初相位相同,仅反映它们的初始状态相同,即它们在振动起始时刻处于同一位置且以同一方向运动,但它们的初速度不同.振动系统在任一时刻的相位由 $\phi=\omega t+\phi_0$ 决定,由于振动频率不同,所以随着时间的增大,它们之间存在着相位差 $\Delta\phi=\phi_2-\phi_1=(\omega_2 t+\phi_0)-(\omega_1 t+\phi_0)=(\omega_2-\omega_1)t$.两个简谐运动不再是同相的.

图(a),频率相同,振幅相同,初相位不同.

图(b),频率不同,振幅相同,初相位相同.

图(c),频率相同,振幅不同,初相位相同.

图(d),频率不同,振幅不同,初相位相同.

图(e),频率相同,振幅不同,初相位不同.

图(f),频率不同,振幅相同,初相位不同.

10-1-9 一劲度系数为 k 的弹簧和一质量为 m 的物体组成一振动系统,若弹簧本身的质量不计,弹簧的自然长度为 l_0,物体与平面以及斜面间的摩擦不计.在如图 10-8 所示的三种情况中,振动周期是否相同.

答:对于图(a)的情况,主教材已作分析,其振动角频率 $\omega=\sqrt{\dfrac{k}{m}}$,由系统的本身性质决定.

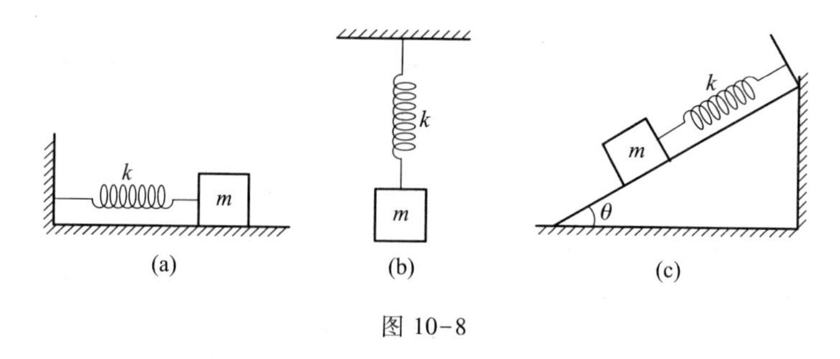

图 10-8

对于图(c)的情况，物体受到重力 **G** 和弹簧的拉力 **F** 以及斜面的正压力，如图 10-9 所示. 当物体在斜面上平衡时，弹簧的伸长量为 b，则

$$mg\sin\theta - kb = 0 \qquad (1)$$

取坐标轴 Ox 沿斜面且向下为正，原点取在平衡位置处，在任一时刻 t，物体距平衡位置的位移为 x 时，其运动方程为

$$mg\sin\theta - k(x+b) = m\frac{\mathrm{d}^2x}{\mathrm{d}t^2} \qquad (2)$$

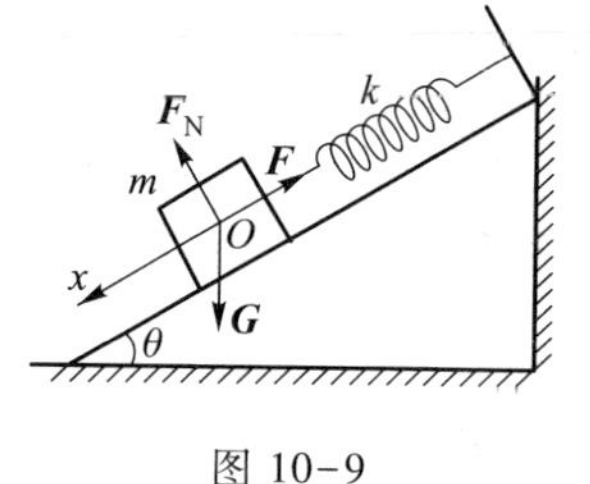

图 10-9

将式(1)代入式(2)得

$$\frac{\mathrm{d}^2x}{\mathrm{d}t^2} = -\frac{k}{m}x = -\omega^2 x$$

式中 $\omega = \sqrt{\frac{k}{m}}$. 由此可知，斜面上的弹簧振子具有与平面上弹簧振子(情况 a)相同的周期. 同样可以证明，情况(b)也具有相同的周期.

由此可知：振动系统的周期由系统本身的性质决定，与如何振动方式无关.

10-1-10 两个劲度系数均为 k 的相同弹簧，按图 10-10 所示的不同方式连接一质量为 m 的物体，组成一振动系统. 试分析物体受到沿弹簧长度方向的初始扰动后是否作简谐振动. 如是简谐振动，比较它们的周期.

答：判断一个系统是否作简谐振动，可以从动力学角度来分析，即分析系统所受的合力是否与位移(从平衡位置算起)成正比，且与位移方向相反. 在图示的各情况中，物体所受的合力都是符合上述条件的，所以它们都是作简谐振动.

(1) 在图(a)的情况中，设两弹簧的劲度系数分别为 k_1 和 k_2. 取平衡位置为坐标原点，建立水平方向的 Ox 轴. 当物体由原点向右移动 x 时，弹簧 1 伸长了 x_1，弹簧 2 伸长了 x_2，则有

$$x = x_1 + x_2$$

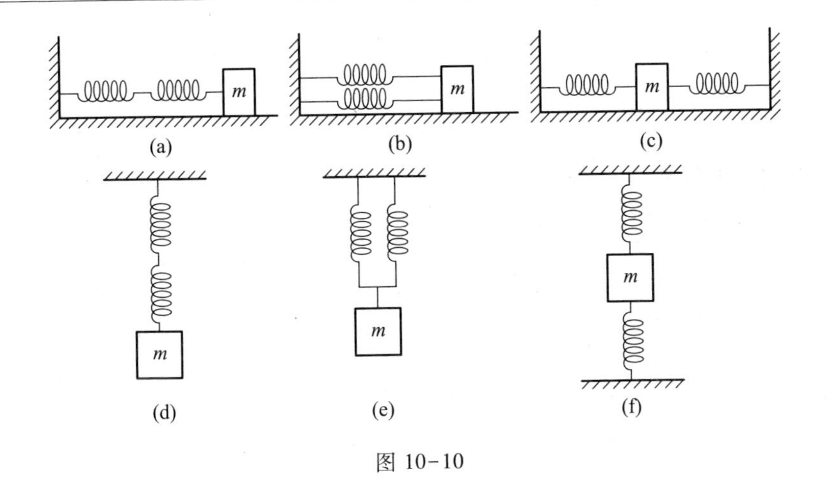

图 10-10

物体所受的力为

$$F=-k_1x_1=-k_2x_2=-k'x=-k'(x_1+x_2)$$

式中 k'是两个弹簧串联后的劲度系数,由上式可得

$$x_1=-\frac{F}{k_1},\ x_2=-\frac{F}{k_2}$$

于是,物体所受的力可写成

$$F=-k'(x_1+x_2)=k'\left(\frac{F}{k_1}+\frac{F}{k_2}\right)$$

由上式可得

$$\frac{1}{k'}=\frac{1}{k_1}+\frac{1}{k_2}$$

所以

$$k'=\frac{k_1k_2}{k_1+k_2}$$

系统的振动周期为

$$T=2\pi\sqrt{\frac{m}{k'}}=2\pi\sqrt{\frac{m(k_1+k_2)}{k_1k_2}}$$

当 $k_1=k_2=k$ 时

$$T=2\pi\sqrt{\frac{2m}{k}}$$

(2) 在图(b)的情况中,物体所受的力为

$$F=F_1+F_2=-k_1x+(-k_2x)=-k'x$$

由上式可得

$$k'=k_1+k_2$$

当 $k_1=k_2=k$ 时

$$k'=2k$$

系统的振动周期为

$$T=2\pi\sqrt{\frac{m}{k'}}=2\pi\sqrt{\frac{m}{2k}}$$

（3）在图(c)的情况中，物体所受的力为

$$F=F_1+F_2=-k_1x+(-k_2x)=-k'x$$

由上式可得

$$k'=k_1+k_2$$

当 $k_1=k_2=k$ 时

$$k'=2k$$

系统的振动周期

$$T=2\pi\sqrt{\frac{m}{k'}}=2\pi\sqrt{\frac{m}{2k}}$$

（4）在图(d)的情况中，当物体处于平衡状态时，物体所受的力为

$$F=-k_1b_1+(-k_2b_2)=mg$$

b_1 和 b_2 为弹簧的伸长量.以平衡位置为坐标原点，坐标轴 Ox 向下为正.当物体的位移为 x 时，物体所受的力为

$$F'=mg-k_1(b_1+x_1)-k_2(b_2+x_2)$$

以上式代入得

$$F'=-k_1x_1-k_2x_2=-k'x$$

而

$$k_1x_1=k_2x_2$$

这个结果与情况(a)相同，所以系统的振动周期为

$$T=2\pi\sqrt{\frac{2m}{k}}$$

（5）如图(e)的情况，物体所受的力为

$$F=F_1+F_2=-k_1x-k_2x=-k'x$$

$k'=k_1+k_2=2k$，所以系统的振动周期为

$$T=2\pi\sqrt{\frac{m}{2k}}$$

（6）如图(f)的情况，物体所受的力为

$$F=-k_1x-k_2x=-k'x$$

$k'=k_1+k_2=2k$，所以系统的振动周期为

$$T=2\pi\sqrt{\frac{m}{2k}}$$

10-1-11 三个完全相同的单摆,在下列各种情况,它们的周期是否相同?如不相同,哪个大,哪个小?

(1) 第一个在教室里,第二个在匀速前进的火车上,第三个在匀加速水平前进的火车上.

(2) 第一个在匀速上升的升降机中,第二个在匀加速上升的升降机中,第三个在匀减速上升的升降机中.

(3) 第一个在地球上,第二个在绕地球的同步卫星上,第三个在月球上.

答:单摆的振动周期公式为 $T=2\pi\sqrt{\frac{l}{g}}$,在长度一定的条件下,周期决定于重力加速度 g.

(1) 在教室里和在匀速前进的火车上,它们的重力加速度相同,所以单摆的振动周期相同.但在匀加速水平前进的火车上,以火车为参考系,摆球除受重力、绳子的拉力外,还受到水平方向的惯性力.当单摆作微小摆动时,其回复力近似地为重力和惯性力的合力,即 $F=-ma'=-m\sqrt{a_0^2+g^2}$,式中 a_0 为火车的加速度.所以,单摆的周期 $T'=2\pi\sqrt{\frac{l}{a'}}=2\pi\sqrt{\frac{l}{\sqrt{a^2+g^2}}}<T$,变小.

(2) 单摆在匀速上升的升降机中,如同在地面上一样,其振动周期不变

当单摆在匀加速上升的升降机中,以升降机为参考系,摆球在铅直方向除受重力外,还受到向下的惯性力 ma_0,a_0 为升降机的加速度,等效的重力加速度为 $g'=g+a_0$.所以,单摆的振动周期

$$T'=2\pi\sqrt{\frac{l}{g'}}=2\pi\sqrt{\frac{l}{g+a_0}}$$

比地面上小.

当单摆在匀减速上升的升降机中,等效的重力加速度为 $g''=g-a_0$,所以,振动周期

$$T''=2\pi\sqrt{\frac{l}{g''}}=2\pi\sqrt{\frac{l}{g-a_0}}$$

比地面上大.

(3) 设同步卫星在距地球中心 r 的圆轨道上绕地球运行,其角速度 ω 与地球的自转角速度相同.物体在卫星中的重力加速度设为 $g_{星}$,根据牛顿运动定律

$$G\frac{mm_{\mathrm{E}}}{r^2}=mg_{星}$$

得

$$g_{星}=G\frac{m_{\mathrm{E}}}{r^2}$$

式中 m_{E} 为地球的质量.卫星距地心的半径可由下式计算.因

$$G\frac{mm_{\mathrm{E}}}{r^2}=m\frac{v^2}{r}=m\omega^2 r$$

$$r^3=G\frac{m_{\mathrm{E}}}{\omega^2}$$

而 $\omega=\frac{2\pi}{86\ 400}\mathrm{rad/s}$,所以 $r\approx4.2\times10^4$ km.由此得

$$g_{星}\approx0.023g$$

所以,单摆在同步卫星上的周期 $T_{星}\approx6.6T_{地}$.

在月球上,物体的重力加速度为

$$g_{月}=G\frac{m_{月}}{r_{月}^2}$$

代入数据 $m_{月}\approx0.012\ m_{地}$,$r_{月}\approx0.273r_{地}$,所以

$$g_{月}\approx0.16\ g$$

单摆在月球上的周期 $T_{月}\approx2.5T_{地}$.

综上所述: $$T_{星}>T_{月}>T_{地}$$

10-1-12 在上题中,如把单摆改为悬挂着的弹簧振子,其结果又如何?

答:弹簧振子的振动周期 $T=2\pi\sqrt{\frac{m}{k}}$,与参考系的运动无关,所以,弹簧振子在三种不同情况下的周期都相同,但其平衡位置各不相同.

10-1-13 在电梯中并排悬挂一弹簧振子和一单摆,在它们的振动过程中,电梯突然从静止开始自由下落.试分别讨论两个振动系统的运动情况.

答:电梯自由下落时,其加速度为 $\boldsymbol{g}$,方向向下,它是非惯性系.在电梯参照系中,单摆的摆球受到重力 $\boldsymbol{G}=m\boldsymbol{g}$,摆线的拉力 $\boldsymbol{F}$,以及惯性力 $\boldsymbol{F}_{惯}=-m\boldsymbol{g}$(图 10-11).因惯性力和重力恰好抵消,故摆球受到的合力为 $\boldsymbol{F}$.如果单摆未摆到最高点时,相对于电梯必有速度 $\boldsymbol{v}$,而 $\boldsymbol{F}$ 为

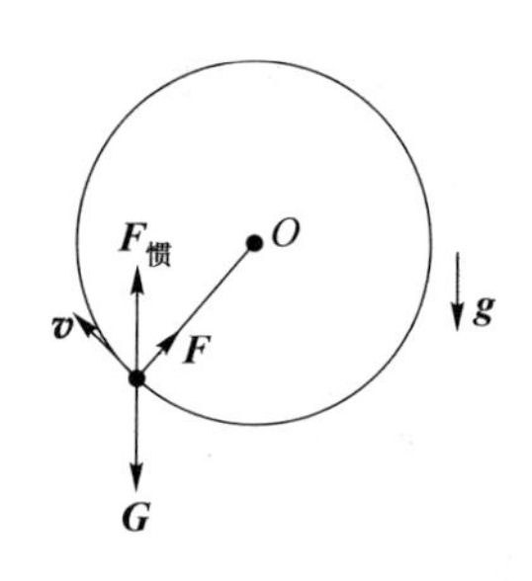

图 10-11

向心力，故摆球以速率 $\boldsymbol{v}$ 作匀速圆周运动.

对于弹簧振子，惯性力和重力抵消后，仅受弹簧拉力的作用，所以弹簧振子仍作简谐振动.

§ 10-2 阻尼振动

10-2-1 阻尼的存在对简谐振动有哪些影响？试以小阻尼情况讨论之.

答：振动系统有阻尼存在时，它的运动不是周期振动，更不是简谐振动.由于它的运动具有某种重复性，所以把连续两次达到正向极大值的时间间隔 T 称为阻尼振动的“周期”，

$$T=\frac{2\pi}{\omega'}=\frac{2\pi}{\sqrt{\omega^2-\delta^2}}>T_0$$

式中 T_0 为振动系统的固有周期.可见由于阻尼的作用，周期变长了.当阻尼系数 $\delta\to0$ 时，$T\to T_0$.

阻尼振动的振幅随着时间 t 衰减，衰减的快慢与阻尼系数 δ 有关，其振幅为

$$A(t)=A_0\mathrm{e}^{-\delta t}$$

相继两次振动的振幅的比值为

$$\frac{A_0\mathrm{e}^{-\delta(t+T)}}{A_0\mathrm{e}^{-\delta t}}=\mathrm{e}^{-\delta T}$$

可见，δ 越大，振幅衰减得越快.

由于振幅随时间的变化，所以能量也随时间变化，其变化关系为

$$E(t)=E_0\mathrm{e}^{-2\delta t}$$

式中 E_0 为初始能量.

10-2-2 两个机械振动系统作阻尼振动，问下列哪种情况下位移振幅衰减较快？(1) 物体质量 m 不变，而阻尼系数 δ 增大；(2) 阻尼系数 δ 相同，而质量 m 增大.

答：由上题讨论已知，振幅衰减的关系式为

$$A(t)=A_0\mathrm{e}^{-\delta t}$$

与振动物体的质量无关.(1) 物体质量 m 不变，而阻尼系数 δ 增大时，位移振幅衰减得快；(2) 阻尼系数 δ 相同，而质量增大，位移振幅衰减情况不变.

§ 10-3 受迫振动 共振

10-3-1 弹簧振子的无阻尼自由振动是简谐振动，同一弹簧振子在简谐驱动力持续作用下的稳态受迫振动也是简谐振动，这两种简谐振动有什么不同？

答:无阻尼自由振动和稳态受迫振动的运动表达式都是 $x=A\cos(\omega t+\varphi_0)$,虽然这两种振动的都是简谐振动,但它们却有很多本质上的不同.

(1) 频率　无阻尼自由振动的频率(固有频率)取决于振动系统本身的性质,而稳态受迫振动的频率等于驱动力的频率,而与振动系统本身的性质无关.

(2) 振幅　无阻尼自由振动的振幅决定于振动系统的初始条件,即 $t=0$ 时的初始位移 x_0 和初始速度 v_0 或初始能量 E_0,其值为

$$A=\sqrt{x_0^2+\frac{v^2}{\omega_0^2}}\quad 或\quad A=\sqrt{\frac{2E_0}{k}}$$

稳态受迫振动的振幅由系统参量(k,m)、阻尼系数 δ,驱动力的有关因素(F_0,ω_d)共同决定,与初始条件无关,即

$$A=\frac{F_0/m}{\sqrt{(\omega_0^2-\omega_d^2)+4\delta^2\omega_d^2}}$$

(3) 初相　无阻尼自由振动的初相决定于初始条件,

$$\varphi_0=\arctan\left(-\frac{v_0}{\omega_0 x_0}\right)$$

稳态受迫振动的初相由系统的参量(m,k)、阻尼系数(δ)和驱动力的频率(ω_d)共同决定,与初始条件无关

$$\phi_0=\arctan\left(-\frac{2\delta\omega_d}{\omega_0^2-\omega_d^2}\right)$$

(4) 受力特点　无阻尼自由振动系统仅受线性回复力 $F=-kx$ 的作用,而稳态阻尼振动系统除受线性回复力外,还受到阻尼力$-\gamma\frac{dx}{dt}$以及驱动力 $F_0\cos\omega_d t$,因而它们的振动方程也不同.

(5) 能量　无阻尼自由振动过程中,系统的机械能守恒,其大小等于初始时刻向系统输入的能量.稳态受迫振动过程中,驱动力做功向系统输入能量,阻尼力做负功消耗系统的能量.系统的机械能随时间作周期性变化,在一个周期内驱动力做功输入的能量恰好补偿阻尼力做功消耗的能量,故一个周期内机械能的平均值是常量,因而系统维持等幅振动.

*10-3-2　有人说:“稳态受迫振动 $x=A\cos(\omega_d t+\phi)$ 中 ϕ 就是振动的初相位.因为相位为$(\omega_d t+\phi)$,$t=0$ 时的相位即为起始时刻的相位,也就是初相位.”这

种说法对吗？

答：稳态受迫振动表达式 $x=A\cos(\omega_d t+\phi)$ 中的 ϕ 实际上是位移 x 和驱动力间的相位差.这可用振幅矢量图很容易看出.因受迫振动的运动方程为

$$\frac{d^2x}{dt^2}+2\delta\frac{dx}{dt}+\omega_0^2x=\frac{F}{m}\cos\omega_d t$$

设方程的解为

$$x=A\cos(\omega_d t-\phi)$$

则
$$\frac{dx}{dt}=-A\omega_d\sin(\omega_d t-\phi)=A\omega_d\cos\left(\omega_d t-\phi+\frac{\pi}{2}\right)$$

$$\frac{d^2x}{dt^2}=-A\omega_d^2\cos(\omega_d t-\phi)=A\omega_d^2\cos(\omega_d t-\phi+\pi)$$

这样方程中的各项都用振幅矢量表示(因为它们都是简谐振动量)，注意各量的相位关系，可得如图10-12所示的矢量图.由图可以看出，ϕ 为位移与驱动力间的夹角.

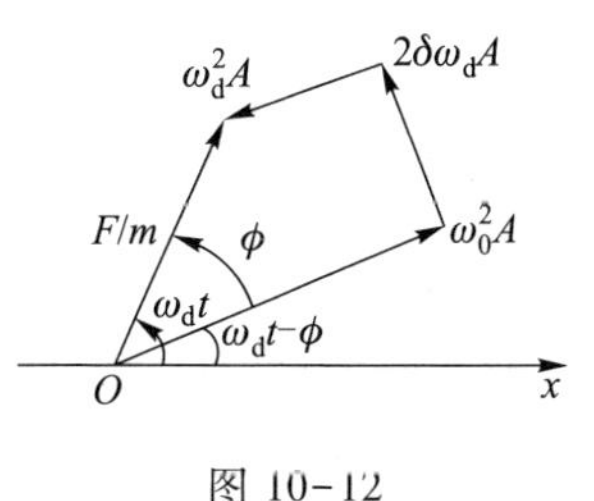

图 10-12

10-3-3 *产生共振的条件是什么？在共振时，物体作什么性质的运动？*

答：共振是受迫振动系统在特定条件下发生的现象.有位移共振和速度共振之分.

位移共振时，驱动力频率必须满足下面的关系

$$\omega_d=\sqrt{\omega_0^2-2\delta^2}$$

速度共振时，其驱动力频率必须满足

$$\omega_d=\omega_0$$

物体在共振时，其运动为稳态受迫振动.

§ 10-4 电磁振荡

10-4-1 *试根据力电类比的关系写出由电阻 R、电容 C 和电感 L 组成的电磁阻尼振荡的微分方程及准周期性振荡的频率.*

答：由力电类比各物理量的关系，$x\to q, m\to L, k\to\frac{1}{C}, \gamma\to R$，及力学中阻尼振动的微分方程及准周期性振动的频率

$$m\frac{d^2x}{dt^2}+\gamma\frac{dx}{dt}+kx=0$$

$$\omega' = \sqrt{\frac{k}{m} - \frac{\gamma^2}{4m^2}}$$

可写出对应的电磁阻尼振荡的微分方程及准周期性振荡的频率是

$$L\frac{\mathrm{d}^2 q}{\mathrm{d}t^2} + R\frac{\mathrm{d}q}{\mathrm{d}t} + \frac{q}{C} = 0$$

$$\omega_e' = \sqrt{\frac{1}{LC} - \frac{R^2}{4L^2}}$$

§10-5 一维谐振动的合成

10-5-1 什么是拍的现象？产生的条件是什么？如果两振动的振幅不等，即 $A_1 \neq A_2$，是否也有拍现象？

答：频率相近的两个同方向的简谐振动合成后，合振动为振幅随时间作缓慢的周期性的变化的简谐振动，这一现象称为拍.合振幅变化的频率称为拍频，等于两简谐振动频率之差 $\nu_{拍} = |\nu_2 - \nu_1|$.

产生拍的条件是两简谐振动的频率都较大，而两者相差却很小.

当两振幅不等时，也有拍现象，此时合振幅仍有时大时小的变化，但不会达到零.

*10-5-2 试分析手风琴、弦乐器、钢琴等乐器中利用拍的现象及其作用.

答：中型以上的键盘式手风琴的右手琴键，每一个键有两排中音簧，这两排中音簧的频率大概相差 6~8 Hz，其作用是产生拍频.人的耳朵对于以 6~8 Hz 的频率作颤音时，听起来比较舒服.因此，手风琴能产生较好的颤音效果.

弦乐器调弦时，一根空弦与另一根弦的某一个把位应该发同一音时，就要听听它们之间有没有拍频，如果没有，就调准了.

钢琴调律时，由于平均律与小整数倍频之间的微小差别，可以根据两个五度或四度或甚至三度音之间的拍频多少来确定是否调准了.

*§10-6 二维谐振动的合成

*10-6-1 两个相互垂直的同频率简谐振动合成的运动是否还是简谐振动？

答：一般情况都不是.只有当振动的相位差满足 $\phi_{20} - \phi_{10} = 0$ 或 π 时，其合运动才是简谐振动. 除此以外，其合运动是不同形状的椭圆运动或圆运动$\left(\text{相位差为}\pm\dfrac{\pi}{2}\text{且振幅相等时}\right)$.

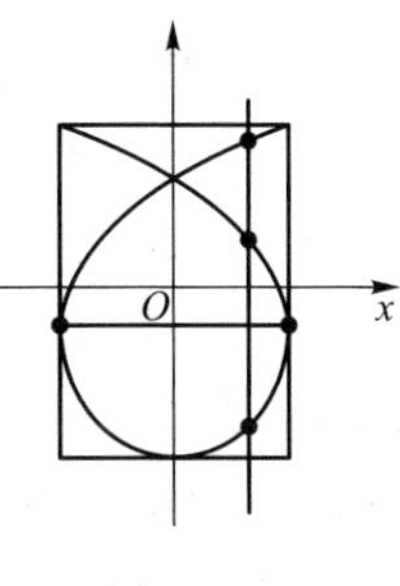

图 10-13

10-6-2　如何从李萨如图形来确定两简谐振动的频率比.

答：在李萨如图形的矩形框中，分别平行于 x 轴与 y 轴作一直线，使该直线与李萨如曲线有最多的交点，如 x 方向的交点为 n_x，y 方向的交点为 n_y，则 $\dfrac{n_x}{n_y}=\dfrac{\nu_x}{\nu_y}$. 如图 10-13 所示的李萨如图，$n_x=2$，$n_y=3$，则 $\nu_x:\nu_y=2:3$.

*§ 10-7　振动的分解　频谱

10-7-1　图 10-14 分别是音叉、长笛和单簧管发出同一音调的波形以及相应的声谱，试分析它们的异同，并说明为什么几种不同乐器演奏同一曲调时，我们仍能分辨不同的乐器声？

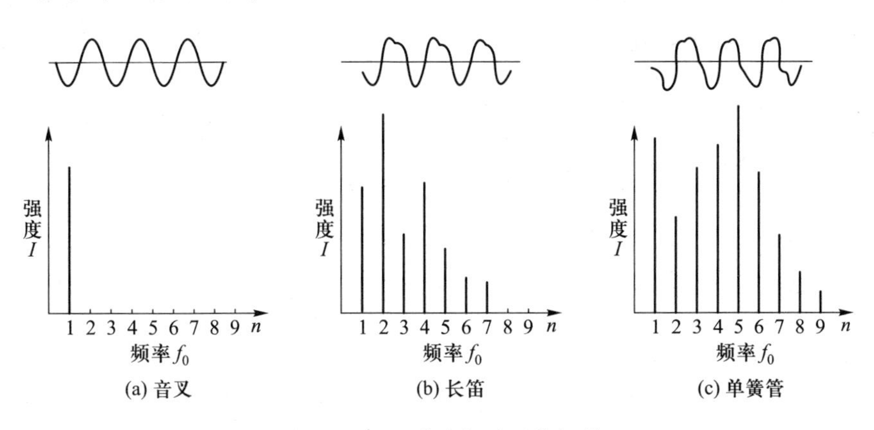

图 10-14　三种声振动及其频谱

答：首先，从振动图可以看到它们都是周期性的振动，但音叉产生的是比较“纯”的正弦振动，可以看作是标准的简谐振动（即它产生的简谐波应是无头无尾的波列），所以它在谱图上有单一的频率 f_0，而长笛和单簧管的振动波形较为复杂，它们的声谱表明，虽然基频同为 f_0，但各自有丰富的谐频 $2f_0$、$3f_0$，…反过来说，由于长笛和单簧管不同谐频的强度不同，它们合成的波形就不同，又由于人类的耳朵听觉极为灵敏，可以区分不同谐频及其强度，这样就不难区分不同乐器发出同一音调的不同音质.

*§ 10-8 非线性振动与混沌

10-8-1 混沌理论中的“蝴蝶效应”是什么意思?目前“蝴蝶效应”已经广泛引伸到社会生活各方面,例如一则西方寓言说:丢失一个钉子,坏了一只蹄铁;坏了一只蹄铁,折了一匹战马;折了一匹战马,伤了一位骑士;伤了一位骑士,输了一场战斗;输了一场战斗,亡了一个帝国.这就是军事和政治领域中的所谓“蝴蝶效应”.在这则寓言中,如何体现了“蝴蝶效应”?你是否读到过“蝴蝶效应”的新闻报道,你能理解它的含义吗?

答:所谓蝴蝶效应是指,小小的偏差因非线性的混沌现象而导致不可预测的巨大落差.在上述寓言中,马蹄丢失一个钉子竟导致了一个帝国的灭亡,这充分表达了初始的微小失误对最终结果的巨大影响.这正是“蝴蝶效应”所述的初始条件的微小偏差,一次又一次地被无限放大的实质思想.

2011 年希腊发生经济危机,一篇媒体文章标题是“希腊经济危机的蝴蝶效应会波及中国吗?”,文章说,事实上中国与希腊的经济贸易并不多,但因希腊与欧洲各国的关系紧密,有可能拖垮欧洲各国的经济发展,从而影响中国对欧洲的贸易出口,产生“蝴蝶效应”.

第十一章　机械波和电磁波

§11-1　机械波的产生和传播

11-1-1　设某一时刻的横波波形曲线如图 11-1 所示，水平箭头表示该波的传播方向，试分别用矢号表明图中 A、B、C、D、E、F、G、H、I 等质元在该时刻的运动方向，并画出经过 $T/4$ 后的波形曲线.

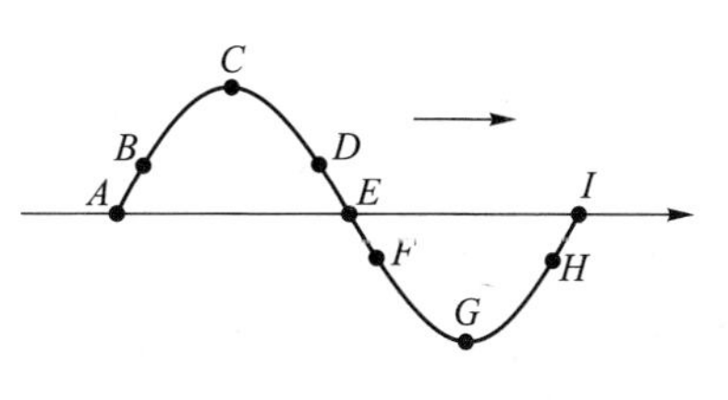

图 11-1

答：波形曲线表示某一时刻波线上所有质元振动偏离平衡位置的位移分布情况. 如果将波形曲线沿波的传播方向平移，就是稍后一时刻波线上各质元偏离平衡位置的位移分布情况. 由此可以确定各质元的运动方向. 如图11-2(a)所示，图中实线表示 t 时刻的波形曲线，虚线表示 $t+\Delta t$ 时刻的波形曲线. 由某个质元在两曲线上的位置，即可确定 t 时刻各质元的运动方向. 图中用小箭头分别画出了各质元的运动方向.

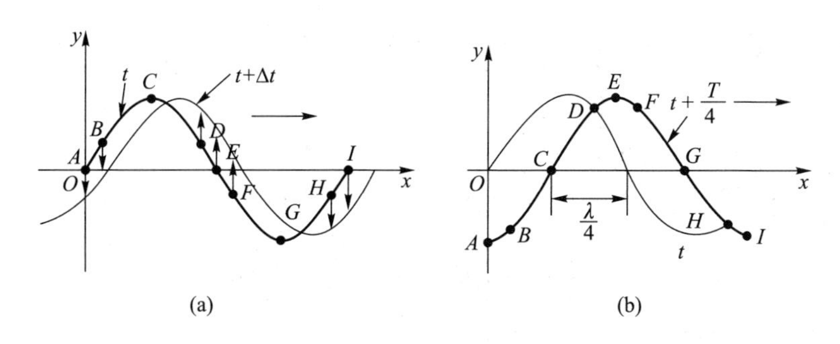

图 11-2

因为在一个周期内波将传播一个波长的距离，所以将 t 时刻的波形曲线沿传播方向向前平移 $\lambda/4$ 的距离，就可得 $t+T/4$ 时刻的波形曲线. 如图11-2(b)所示，虚线表示 t 时刻的波形曲线，实线表示 $t+T/4$ 时刻的波形曲线.

11-1-2　试判断下列几种关于波长的说法是否正确：

(1) 在波的传播方向上相邻两个位移相同点的距离.

(2) 在波的传播方向上相邻两个运动速度相同点的距离.

(3) 在波的传播方向上相邻两个振动相位相同点的距离.

答:(1) 不正确.如图 11-3 中对应的 A 点和 E 点,位移为零.B 点和 D 点,它们的位移相同,但运动方向不同,它们的振动状态并不完全相同,所以在波线上相邻两个位移相同质元之间的距离并不代表一个波长.

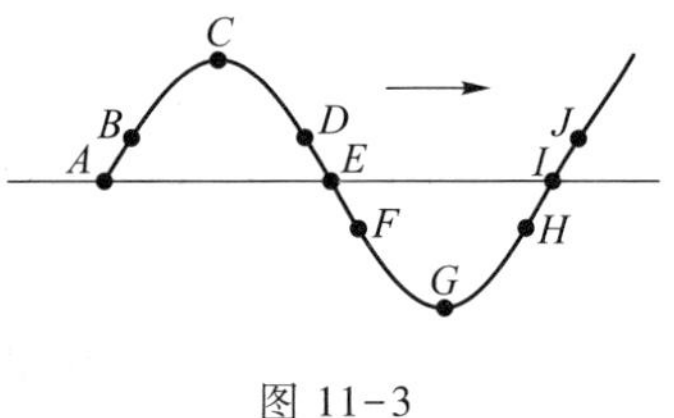

图 11-3

(2) 不正确.如图中 C 点和 G 点速度均为零.B 点和 H 点运动速度大小相同,方向也相同,但它们相应的位移并不相同,B 点为正值,H 点为负值,所以波线上相邻的两个运动速度相同质元间的距离不是一个波长.

(3) 正确.相位相同表示不仅位移相同,而且速度也相同,即振动状态完全相同.这样,波线上相邻两个相位相同两点间距离才是一个波长.如图中 A 和 I 两点的距离、B 和 J 两点间的距离……都表示一个波长.

11-1-3 根据波长、频率、波速的关系式 $u=\lambda\nu$,有人认为频率高的波传播速度大,你认为对否?

答:这是不正确的.机械波在弹性介质中的传播速度决定于介质的性质(介质的密度和形变模量),与频率无关,所以认为频率高的波传播速度大是错误的.至于 $u=\lambda\nu$ 描述的是在一定的传播介质中波速、波长与频率的数量关系,一旦确定了传播介质,那么 $\lambda=\dfrac{u}{\nu}$,波长随频率的增高而缩短.

介质中电磁波的传播速度决定于介质的电容率 ε 和磁导率 μ,也与频率无关.

这里特别要指出,对于有色散的介质,波的传播速度(相速度)与波长(频率)有关,例如深水波的波长依赖于波长 $u=\sqrt{\dfrac{g\lambda}{2\pi}}$,亦即依赖于频率.电磁波(含光波)在介质中传播也普遍存在.

11-1-4 当波从一种介质透入另一介质时,波长、频率、波速、振幅各量中,哪些量会改变?哪些量不会改变?

答:波的频率决定于波源的振动频率,与波的传播介质无关.所以,当波从一种介质透入另一介质时,波的频率不变,而波速与介质有关,因而波在不同介质中传播速度不同.由 $u=\lambda\nu$ 可知,波在不同介质中传播时,波长是不同的.

当波从一种介质透射到另一介质时,在它们的界面,有波的反射,即有部分能量反射.频率一定时,波的能量正比于振幅的平方,所以透射波的振幅小于入射波的振幅.

11-1-5　波的传播是否介质质元"随波逐流"?"长江后浪推前浪"这句话从物理上说,是否有根据?

答:波在介质中传播时,介质中各质元仅在它的平衡位置附近作振动,并不沿波的传播方向迁移.例如投石于一潭死水,漂浮在水面上的树叶只在原处摇曳,并不随波向外漂流.树叶的运动反映了载波的介质——水并没有向外流动.所以"波"和"流"实质上是有重大区别的.

"长江后浪推前浪"这句话从物理上说,是有一定的物理意义.因为波动的传播过程是"上游"的质元依次带动"下游"质元振动的过程,同时也有能量传播,因而用这句话来描述波动颇为形象.但实质上不具备波的主要特征,就是没有相位传播的意思存在,所以用这句话来描述波动是不确切的.

§ 11-2　平面简谐波的波函数

11-2-1　为什么说 $y=A\cos\left[\omega\left(t-\dfrac{x}{u}\right)+\phi_0\right]$ 是平面简谐波的表达式?波动表达式 $y=A\cos\left[\omega\left(t-\dfrac{x}{u}\right)+\phi_0\right]$ 中,$\dfrac{x}{u}$ 表示什么?ϕ_0 表示什么?如果把上式改写成 $y=A\cos\left(\omega t-\dfrac{\omega x}{u}+\phi_0\right)$,则 $\dfrac{\omega x}{u}$ 表示什么?式中 $x=0$ 的点是否一定是波源?$t=0$ 表示什么时刻?

答:(1) 在 $y=A\cos\left[\omega\left(t-\dfrac{x}{u}\right)+\phi_0\right]$ 式中,余弦函数既是时间 t 的函数,又是空间 x 的函数,它表示不仅有时间上的周期性,还有空间上的周期性.所以它表示的是简谐波的函数.

式中 A 是常量,就是说,在波线上距波源不同地点垂直于波线相同面积的波面,波的能量是相同的.这波面必是平面.

所以表达式表示的是平面简谐波.

(2) 式中 $\dfrac{x}{u}$ 表示波从坐标原点处传播到距原点 x 处所需的时间.

ϕ_0 表示在计算起始时质点在坐标原点处振动的初相位.

$\frac{\omega x}{u}$表示距坐标原点 x 处的质点与原点处质点振动的相位差.前面的"-"号表示 x 处的质点振动相位落后于原点处振动的相位.而 $\omega\left(t-\frac{x}{u}\right)$ 表示在 x 处的质点在时刻 t 的相位.

式中 $x=0$ 的点不一定是波源.$t=0$ 表示开始计时时刻.这两个量在波的传播中可任意选择.

11-2-2 利用 ω、ν、T、λ、u、k 间的关系,变换波的各种表达式:

$$y=A\cos 2\pi\left(\frac{t}{T}-\frac{x}{\lambda}\right)$$

$$y=A\cos\ (\omega t-kx)$$

$$y=A\cos k(x-ut)$$

答:平面简谐波的表达式为

$$y=A\cos \omega\left(t-\frac{x}{u}\right)$$

利用关系式

$$\omega=2\pi\nu=\frac{2\pi}{T},\quad u=\lambda\nu$$

上式可改写为

$$y=A\cos 2\pi\left(\frac{t}{T}-\frac{x}{\lambda}\right)$$

因为 $k=\frac{2\pi}{\lambda}$,所以平面简谐波的表达式也可改写为

$$y=A\cos\left(\omega t-2\pi\frac{x}{\lambda}\right)=A\cos\ (\omega t-kx)$$

由于

$$\cos\ (-\theta)=\cos\ \theta,\quad \frac{\omega}{k}=\frac{\lambda}{T}=u$$

所以平面简谐波的表达式可写成

$$y=A\cos k(x-ut)$$

11-2-3 若一平面简谐波在均匀介质中以速度 u 传播,已知 a 点的振动表达式为 $y=A\cos\left(\omega t+\frac{\pi}{2}\right)$,试分别写出在图 11-4 所示的坐标系中的波动表达式以及 b 点的振动表达式.

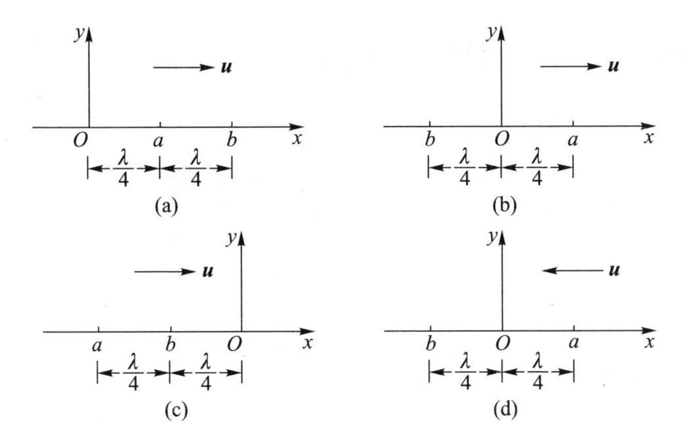

图 11-4

答:已知波线上某点的振动表达式以及波的传播速度,求波动表达式,只要根据该点与原点间的相位差写出原点的振动表达式,然后写出任一点的振动表达式即为波动表达式.

(1) 在图(a)中,O 点的振动比 a 点的振动相位超前 $\omega \frac{\lambda}{4}/u=\frac{\pi}{2}$,所以 O 点的振动表达式为

$$y_O(t)=A\cos\left[\left(\omega t+\frac{\pi}{2}\right)+\frac{\pi}{2}\right]=A\cos(\omega t+\pi)$$

所以,波动表达式为

$$y(x,t)=A\cos\left[\omega\left(t-\frac{x}{u}\right)+\pi\right]$$

b 点的振动表达式$\left(以\ x=\frac{\lambda}{2}代入\right)$为

$$y_b(t)=A\cos\left[\omega\left(t-\frac{\lambda/2}{u}\right)+\pi\right]=A\cos\omega t$$

(2) 在图(b)中,波动表达式与图(a)的情况相同

$$y(x,t)=A\cos\left[\omega\left(t-\frac{x}{u}\right)+\pi\right]$$

b 点的振动表达式$\left(以\ x=-\frac{\lambda}{4}代入\right)$为

$$y_b(t)=A\cos\left[\omega\left(t+\frac{\lambda}{4u}\right)+\pi\right]$$

$$=A\cos\left[\omega t+\frac{3}{2}\pi\right]$$

(3) 在图(c)中,O 点的振动比 a 点振动相位落后 $\omega\dfrac{\lambda}{2}/u=\pi$,所以 O 点振动表达式为

$$y_O(t)=A\cos\left(\omega t+\frac{\pi}{2}-\pi\right)=A\cos\left(\omega t-\frac{\pi}{2}\right)$$

波动表达式为

$$y(x,t)=A\cos\left[\omega\left(t-\frac{x}{u}\right)-\frac{\pi}{2}\right]$$

b 点的振动表达式$\left(以\ x=-\dfrac{\lambda}{4}代入\right)$为

$$y_b(t)=A\cos\left[\omega\left(t+\frac{\lambda/4}{u}\right)-\frac{\pi}{2}\right]=A\cos\ \omega t$$

(4) 在图(d)中,波沿着 Ox 轴的负方向传播,O 点的振动相位比 a 点落后 $\omega\dfrac{\lambda}{4}/u=\dfrac{\pi}{2}$,所以 O 点的振动表达式为

$$y_O(t)=A\cos\left(\omega t+\frac{\pi}{2}-\frac{\pi}{2}\right)=A\cos\ \omega t$$

波动表达式为

$$y(x,t)=A\cos\ \omega\left(t+\frac{x}{u}\right)$$

b 点的振动表达式$\left(以\ x=-\dfrac{\lambda}{4}代入\right)$为

$$y_b(t)=A\cos\ \omega\left(t-\frac{\lambda}{4u}\right)=A\cos\left(\omega t-\frac{\pi}{2}\right)$$

注意:b 点的振动表达式也可以从 a 点的振动表达式直接写出,只要知道 b 点的振动和 a 点的振动相位差.如图(a)的情况,b 点的振动相位比 a 点的落后 $\omega\dfrac{\lambda}{4}/u=\dfrac{\pi}{2}$,所以 b 点的振动表达式为

$$y_b(t)=A\cos\left[\left(\omega t+\frac{\pi}{2}\right)-\frac{\pi}{2}\right]=A\cos\ \omega t$$

§11-3 平面波的波动方程

11-3-1 有一根长绳从天花板上悬挂下来,从绳子下端发送横波传上去.为什么波沿绳上传时,其波速会发生变化?波速是增加还是减少?

答:绳索从天花板上悬挂下来,由于绳索的重量,各部分的张力 F 是不同的,

显然,绳索的上部分比下部分有更大的张力,那么根据横波在绳索中的传播速度公式 $u=\sqrt{\dfrac{F}{\rho_l}}$,张力 F 愈大,波速也愈大,所以向上传播的横波速度是增加的.

§11-4 波的能量 波的强度

11-4-1 (1) 在波的传播过程中,每个质元的能量随时间而变,这是否违反能量守恒定律?

(2) 在波的传播过程中,动能密度与势能密度相等的结论,对非简谐波是否成立? 为什么?

答:(1) 在简谐波的传播过程中,介质的每个质元的动能和势能都随时间作同相位的周期性变化,这说明每个质元的机械能并不守恒.但是介质中任一质元都在不断地从前一质元接收能量,又向后一质元传递能量,不断地进行能量交换.所以,波的传播过程就是能量的传播过程,所以并不违反机械能守恒定律.

(2) 对于简谐波,动能体密度正比于速度的平方$\left(\dfrac{\partial y}{\partial t}\right)^2$,势能体密度正比于相对形变量的平方$\left(\dfrac{\partial y}{\partial x}\right)^2$.非简谐波可以看成是由多个频率不同、振幅不同的简谐波叠加之和,它们的$\left(\dfrac{\partial y}{\partial t}\right)^2$和$\left(\dfrac{\partial y}{\partial x}\right)^2$都可能是非线性的,所以,对非简谐波,介质的动能体密度和势能体密度不再相等.

*§11-5 声波 超声波 次声波

11-5-1 (1) 两简谐声波,一在水中,一在空气中,其强度相等,两者声压振幅之比为多少?

(2) 若声压振幅相等,其强度之比为多少?

答:简谐声波的强度可表示为

$$I=\frac{1}{2}\rho uA^2\omega^2=\frac{1}{2}\frac{p_{\mathrm{m}}^2}{\rho u}$$

其中 $p_{\mathrm{m}}=\rho uA\omega$ 为声压振幅.比值为

$$\frac{I_{空气}}{I_{水}}=\frac{(p_{\mathrm{m}空气})^2(\rho u)_{水}}{(p_{\mathrm{m}水})^2(\rho u)_{空气}}$$

式中

$$\frac{(\rho u)_{水}}{(\rho u)_{空气}}=\frac{1\times10^3\times1\ 430}{1.293\times331}=3.34\times10^3$$

（1）两简谐声波强度相等时，声压振幅之比为

$$\frac{p_{m空气}}{p_{m水}}=\sqrt{\frac{(\rho u)_{空气}}{(\rho u)_{水}}}=1.73\times10^{-2}\ll1$$

（2）两简谐声波声压振幅相等时，其强度之比为

$$\frac{I_{空气}}{I_{水}}=\frac{(\rho u)_{水}}{(\rho u)_{空气}}=3.34\times10^{3}\gg1$$

11-5-2 两简谐声波的声强级差 1 dB，问：

（1）它们的强度之比如何？

（2）声压幅之比如何？

答：（1）简谐声波的声强级为

$$L_{I}=10\lg\frac{I}{I_0}$$

由
$$\Delta L_{I}=10\left(\lg\frac{I}{I_0}-\lg\frac{I'}{I_0}\right)=1$$

可得
$$\frac{I}{I'}=10^{0.1}\approx1.26$$

（2）设两简谐声波在同种介质中传播.声强可表示为

$$I=\frac{1}{2}\frac{p_m^2}{\rho u}$$

由
$$\Delta L_{I}=10\left(\lg\frac{I}{I_0}-\lg\frac{I'}{I_0}\right)=20\lg\frac{p_m}{p'_m}=1$$

可得
$$\frac{p_m}{p'_m}=10^{0.05}\approx1.12$$

§ 11-6 电磁波

11-6-1 电磁波是怎样形成的？它有哪些基本特性？

答：电磁波是由电场振荡源将变化的电场激发起磁场，而变化的磁场又会激发起电场，二者如此交合在一起，而在空间形成的电场波和磁场波，即电磁波.

电磁波是横波，即电场强度与磁感应强度都垂直于波的传播方向，三者相互垂直.电场与磁场在各自的平面内振动，具有偏振性.电场和磁场同步增加，同步减少，即二者同相位变化，它们的量值有一定的比例 $\sqrt{\varepsilon_0}E=\frac{B}{\sqrt{\mu_0}}$，电场强度与

磁感应强度的比值正是电磁波在真空中的传播速度 $c=\dfrac{E}{B}=\dfrac{1}{\sqrt{\varepsilon_0\mu_0}}=3\times10^8\ \mathrm{m/s}$，与光在真空中的速度完全一致，证明了光就是一种电磁波.

11-6-2 在电磁波谱上，波长分别为 10^3 km，1 km，1 m，1 cm，1 mm，1 μm 的波是什么类型的电磁波？它们各有什么特点？

答：波长在 1 km 以上的电磁波称为长波，它的绕射能力特别强，可以翻山越岭，长距离传播.一般的无线电波包括微波波长在 1 mm~1 m 范围，它是实际应用中极为重要的一个波段，从无线电通信到家用微波炉的电磁波都在这个波段内.红外波波长在 0.3 mm~700 nm 范围，即我们常说的红外线.我们的眼睛看不见它，但它照在我们皮肤上会有热的感觉.有些动物（如蛇）即使在黑暗中也能“看到”红外线.今天许多遥控装置都在使用低功率的红外线，如家里的电视机，DVD 播放器等的遥控器，还有防火报警器等.

§11-7 惠更斯原理 波的衍射 反射和折射

11-7-1 调频广播的频率比调幅广播的频率高很多，为什么在小山丘后面或者建筑物后面更容易接收到调幅广播的信号？

答：波长愈长绕射能力愈强，调幅广播的频率较低，波长更长，所以更容易绕过小山丘或者建筑物；调频广播的频率比较高，波长短，很容易被小山丘或者建筑物阻挡，所以在小山丘后面或者建筑物后面不容易接收到调频广播的信号.

§11-8 波的叠加原理 波的干涉 驻波

11-8-1 有两列简谐波在同一直线上，向相同方向传播，它们的波速为 u_1 和 u_2，频率为 ν_1 和 ν_2，振幅为 A_1 和 A_2，在原点 $x=0$ 处的振动初相位为 ϕ_{01} 和 ϕ_{02}，写出下列几种情况下合成波的表达式，并说明它们的特点.

（1）$A_1\neq A_2$，其他各量相同；

（2）$\nu_1\neq\nu_2$，其他各量相同；

（3）$\phi_{01}\neq\phi_{02}$，其他各量相同；

（4）$u_1=-u_2$，其他各量相同.

答：设两列简谐波向 Ox 轴正向传播，其波动表达式分别为

$$y_1=A_1\cos\left[2\pi\nu_1\left(t-\frac{x}{u_1}\right)+\phi_{01}\right]$$

$$y_2=A_2\cos\left[2\pi\nu_2\left(t-\frac{x}{u_2}\right)+\phi_{02}\right]$$

（1）如 $A_1\neq A_2$，其他各量相同，则两列波为振动方向相同，频率相同，任一时刻的相位也相同，所以合成波的表达式为

$$y=y_1+y_2=(A_1+A_2)\cos\left[2\pi\nu\left(t-\frac{x}{u}\right)+\phi_0\right]$$

合成波仍是简谐波，其频率、波速和初相都与原简谐波相同，但振幅为两波振幅之和.

（2）如 $\nu_1\neq\nu_2$，其他各量相同，则合成波为两列振动方向相同、振幅相同、初相相同，但频率不同的两列波的合成，其表达式为

$$y=y_1+y_2=A\cos\left[2\pi\nu_1\left(t-\frac{x}{u}\right)+\phi_0\right]+A\cos\left[2\pi\nu_2\left(t-\frac{x}{u}\right)+\phi_0\right]$$

利用三角关系式 $\cos A+\cos B=2\cos\frac{A+B}{2}\cos\frac{A-B}{2}$ 得

$$y=2A\cos\left(2\pi\frac{\nu_2-\nu_1}{2}t\right)\cos\left[2\pi\frac{\nu_1+\nu_2}{2}\left(t-\frac{x}{u}\right)+\phi_0\right]$$

即合成波为振幅按 $2A\cos\left(2\pi\frac{\nu_2-\nu_1}{2}t\right)$ 变化的简谐波，而简谐波的频率为 $\frac{\nu_1+\nu_2}{2}$.

（3）如 $\phi_{01}\neq\phi_{02}$ 则合成波的表达式为

$$\begin{aligned}y&=y_1+y_2=A\cos\left[2\pi\nu\left(t-\frac{x}{u}\right)+\phi_{01}\right]+A\cos\left[2\pi\nu\left(t-\frac{x}{u}\right)+\phi_{02}\right]\\&=A'\cos\left[2\pi\nu\left(t-\frac{x}{u}\right)+\phi_0'\right]\end{aligned}$$

其中

$$A'=2A\cos\frac{\phi_{02}-\phi_{01}}{2}$$

$$\phi_0'=\arctan\frac{\sin\left(\phi_{01}-\frac{2\pi\nu x}{u}\right)+\sin\left(\phi_{02}-\frac{2\pi\nu x}{u}\right)}{\cos\left(\phi_{01}-\frac{2\pi\nu x}{u}\right)+\cos\left(\phi_{02}-\frac{2\pi\nu x}{u}\right)}$$

当 $\phi_{02}-\phi_{01}=\pm2k\pi,k=0,1,2,\cdots$ 时，这两列简谐波合成后，仍为简谐波，频率为 ν，振幅为 $2A$.

当 $\phi_{02}-\phi_{01}=\pm(2k+1)\pi,k=0,1,2,\cdots$ 时，这两列简谐波合成后所有质点都静止不动.

（4）如 $u_1=-u_2$，其他各量相同，则其合成波的表达式为

$$y=y_1+y_2=A\cos\left[2\pi\nu\left(t-\frac{x}{u}\right)+\phi_0\right]+A\cos\left[2\pi\nu\left(t+\frac{x}{u}\right)+\phi_0\right]$$

$$=2A\cos\left(\frac{2\pi\nu x}{u}\right)\cos(2\pi\nu t+\phi_0)$$

合成波为驻波.

11-8-2　两列简谐波叠加时,讨论下列各种情况:

(1) 若两波的振动方向相同,初相位也相同,但频率不同,能不能发生干涉?

(2) 若两波的频率相同,初相位也相同,但振动方向不同,能不能发生干涉?

(3) 若两波的频率相同,振动方向也相同,但相位差不能保持恒定,能不能发生干涉?

(4) 若两波的频率相同、振动方向相同、初相位也相同,但振幅不同,能不能发生干涉?

答:两列简谐波叠加后形成干涉现象,两列波必须满足条件:(a) 频率相同;(b) 振动方向相同;(c) 相位差恒定.

(1) 若两列波的振动方向相同,初相位也相同,但频率不同,两列波叠加后在空间不能形成稳定的加强和减弱的强度分布.所以不能出现干涉现象.

(2) 若两列波的频率相同,初相位也相同,但振动方向不同.如果两列波的振动方向垂直,则不能产生干涉现象.如果两列波的振动方向有一定的夹角,则可将其中一列波的振动按另一列波的振动方向分解为平行和垂直的两个分量,则两个平行的振动叠加后可以产生波的干涉现象,但其加强程度下降.

(3) 若两列波的频率相同、振动方向也相同,但相位差不能保持恒定.两列波叠加后不能保持稳定的加强和减弱强度分布,所以不能产生干涉现象.

(4) 若两列波的频率相同,振动方向相同,初相位也相同,但振幅不同.两列波叠加后可以产生干涉现象,但合振动在减弱时不为零.对于光的干涉来说,即是明暗不分明.

由上讨论可知,相干的三个条件是缺一不可的,而振幅相同则是补充条件.另外,波的叠加是普遍现象,而干涉却是有条件的,干涉是一种特殊的叠加现象.

11-8-3　(1) 为什么有人认为驻波不是波?

(2) 驻波中,两波节间各个质点均作同相位的简谐振动,那么,每个振动质点的能量是否保持不变?

答:(1) 驻波是两列沿相反方向的相干波叠加而成的现象.驻波与行波的主要区别在于:(a) 驻波波线上的各质元都以同一频率作简谐振动,但是不同质元

的振幅随其位置 x 作周期性变化，有些质元振幅最大，有些质元始终静止不动.（b）驻波在相邻两波节之间，各质元的振动相位相同；在波节两边，振动反相位，没有像行波那样相位的逐点不同和逐点的传播；（c）在驻波中，当波节处势能最大时，波腹处的动能为零.当波节处势能为零时，波腹处的动能为最大.反之，当波腹处的动能为零时，波节处的势能为最大；当波腹处的动能为最大时，波节处的势能为零.这就是说，在驻波中不断进行着动能和势能之间的相互转化，以及在波腹和波节之间的转移，然而在驻波中却没有能量的定向传递.

总之，驻波既没有振动状态的传播，也没有能量的传播，即驻而不行，所以有人认为驻波不是波，而是质点的一种集体振动状态.

但是，驻波的表达式满足波动微分方程的解.我们知道，凡是满足波动微分方程的解都可以肯定是某种波动过程，而且驻波也满足叠加原理，两个满足一定条件的驻波还能叠加成行波.从这一角度出发，说明驻波可以算是波.

（2）驻波中，两波节间各个质元以不同的恒定振幅作同相位的简谐振动，所以各质元都具有不同的动能，但是在波节处的质元，动能始终为零，而势能随运动不断变化.例如，当波节两侧质元分别达正、负最大值时，波节处有最大的相对形变，势能达最大值.当波节两侧质元以相反方向通过平衡位置时，波节处相对形变为零，势能为零.所以，两波节间各质元的振动能量是在变化的.

11-8-4 一平面简谐波向右传播，在波密介质面上发生完全反射，在某一时刻入射波的波形如图 11-5(a) 所示.试画出同一时刻反射波的波形曲线，再画出经 $T/4$ 时间后的入射波和反射波的波形曲线（T 为波的周期）.

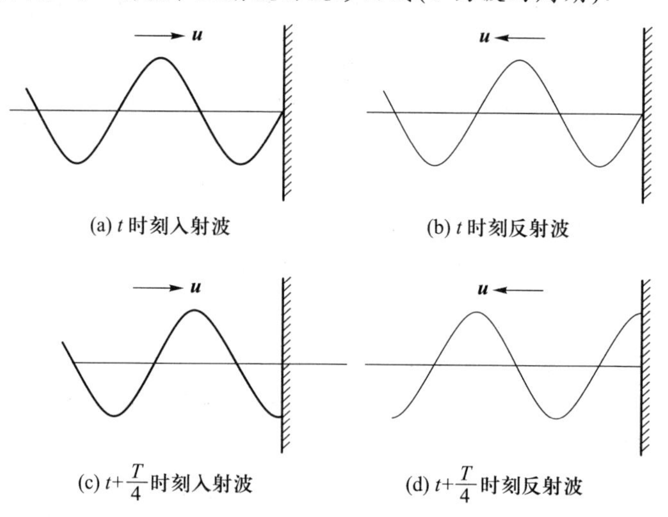

(a) t 时刻入射波　(b) t 时刻反射波

(c) $t+\frac{T}{4}$ 时刻入射波　(d) $t+\frac{T}{4}$ 时刻反射波

图 11-5

答：平面简谐波由波疏介质传向波密介质时，假设波在介质交界面上反射时，没有透射波，则入射波在反射时没有能量损失，因此反射波的振幅与入射波的振幅相同.由于波由波疏介质向波密介质反射，所以入射波和反射波形成的驻波时，在反射处必是一个波节，即在反射处反射波相位和入射波的相位相差 π. t 时刻和经$\frac{T}{4}$时间后的入射波和反射波的波形曲线如图 11-5(b)(c)(d)所示.

§ 11-9　多普勒效应　冲击波

11-9-1　一位物理学家驾车，快速闯红灯，被交警拦下，物理学家辩称："我开过来时看到是绿灯，停下来才发现是红灯，这全是多普勒效应惹的祸！"你觉得该物理学家讲得有理吗？

答：按电磁波(光是一种电磁波)的多普勒效应公式(11-48)，可以解出汽车的速度 v 与红光频率 ν_r(波长 λ_r)及绿光频率 ν_g(波长 λ_g)的关系是

$$v = c\frac{1-(\nu_r/\nu_g)^2}{1+(\nu_r/\nu_g)^2} = c\frac{1-(\lambda_g/\lambda_r)^2}{1+(\lambda_g/\lambda_r)^2}$$

已知光速 $c=3\times10^8$ m/s；红光波长在 625～700 nm，现取 $\lambda_r=630$ nm；绿光波长在 520～560 nm，现取 $\lambda_g=540$ nm，代入上式可得汽车的速度 $v=4.6\times10^7$ m/s(相当于一千多万千米每小时！)，这就是说除非汽车以接近光速的速度行驶，才能看到多普勒效应的颜色变化.不要说汽车的速度不可能，就是乘坐宇宙飞船也远远看不到多普勒效应的颜色变化.这位物理学家对交警的话只是为自己开脱错误的戏言.

11-9-2　一架以恒定超声速飞翔的飞机从冷空气层飞向较温暖的空气层，其马赫数会不会发生变化？为什么？

答：此时马赫数将发生变化，因为声速与空气的温度有关.由式(11-6) $u=\sqrt{\frac{\gamma RT}{M}}$知，温度愈高，声速愈大，所以马赫数 $\frac{v_s}{u}$ 将减小.

第十二章　光　　学

*§ 12-1　几何光学简介

12-1-1　试举例说明在日常生活中所观察到的全反射现象.

答:如图 12-1 所示的全反射棱镜,入射角(45°)大于玻璃到空气的临界角(约 42°),产生全反射,可以改变光线的方向,用于潜望镜、望远镜等.又如经琢磨的钻石,光彩耀目,这是因为它的折射率很大,临界角很小,进入钻石的光大部分在内部全反射,最后从顶部射出.

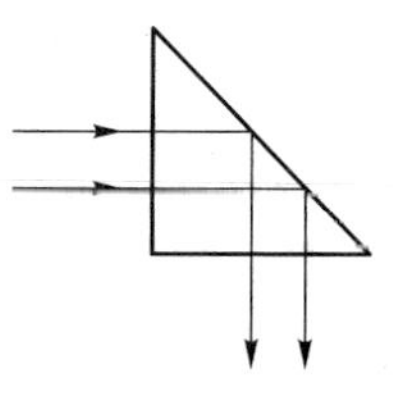

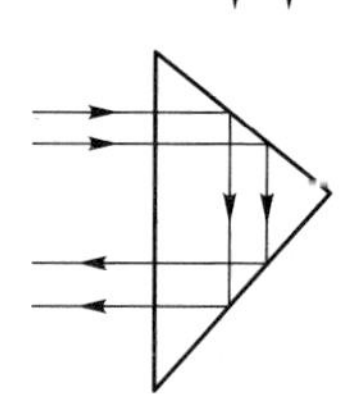

图 12-1

12-1-2　汽车的后视镜的结构如何?所成的像有何特点?

答:汽车的后视镜是一凸面镜,物体在凸面镜前任何位置,所成的像总是缩小正立的虚像,这样便于驾驶员观察车后的情况.

12-1-3　试在表中填写球面反射镜成像的特征.对于凸面镜,作类似的分析.

答:

凹　面　镜

物体	像			
位置	类型(实、虚)	位置	方位(倒立、正立)	放大、缩小
$\infty>p>2f$	实像	$2f>p'>f$	倒立	缩小
$p=2f$	实像	$p'=2f$	倒立	同样大小
$f<p<2f$	实像	$\infty>p>2f$	倒立	放大
$p=f$	不成像	$p'=\infty$		
$0<p<f$	虚像	$0>p'>-\infty$	正立	放大

凸 面 镜

物体	像			
位置	类型(虚、实)	位置	方位(正立、倒立)	放大、缩小
$\infty>p>0$ (任何位置)	虚像	$f>p'>0$	正立	缩小

12-1-4 试列表分析薄透镜(凸透镜和凹透镜)成像的特征.

答:

凸 透 镜

物体	像			
位 置	类型(虚、实)	位置	方位(正立、倒立)	放大、缩小
$\infty>p>2f$	实像	$2f>p'>f$	倒立	缩小
$p=2f$	实像	$p'=2f$	倒立	缩小
$f>p>2f$	实像	$\infty>p>2f$	倒立	放大
$p=f$	不成像	$p'=\infty$		
$0<p<f$	虚像	像与物同侧 $p'>p$	正立	放大
$-\infty<p<0$(虚物)	实像	$f>p'>0$	正立	缩小

凹 透 镜

物体	像			
位置	类型(虚、实)	位置	方位(正立、倒立)	放大、缩小
任何位置	虚像	$p'<f$	正立	缩小

§12-2 相干光

12-2-1 为什么两个独立的同频率的普通光源发出的光波叠加时不能得到干涉图样?

答:两列光波叠加后产生干涉现象必须满足下列条件:(1) 频率相同;(2) 振动方向相同;(3) 相位差恒定.

普通光源的发光是光源中原子或分子吸收外界能量后向外辐射电磁波,每个原子发射的是频率一定、振动方向一定的有限长波列,一个原子或分子先后两次发射的波列,在相位上以及在振动方向上都没有什么联系,两次发光之间的时间间隔也是随机的.另外,不同分子或原子所发射的波列在相位上以及在振动方向上更没有什么联系.因此两个独立的普通光源甚至同一光源上的两个不同部分,它们发出的光波一般不能产生干涉现象.

12-2-2 获得相干光的方法有哪些?根据何在?

答:获得相干光的方法的基本原理是把由光源上同一点发出的光利用衍射、反射或折射等方法使它"一分为二",就是把每个原子发出的每一光波列分成两个频率相同、振动方向相同、相位差相同或恒定的波列.

获得相干光的方法一般分为分波阵面法和分振幅法两种,分波阵面法就是在光源发出的某一波阵面上,取出两部分面元作为相干光源.分振幅法就是光投射到两种介质面上时,经反射而折射分成两束成为相干光源.

12-2-3 什么是相干长度?它的物理意义是什么?它和谱线宽度有何关系?

答:在杨氏双缝干涉实验中,设想一有限长的波列被双缝分为两个波列,它们经过不同的路径 r_1 和 r_2 后又在场点 P 重新相遇.干涉的必要条件是,这两个波列到场点 P 的光程差 δ 应小于波列长度 L_0.否则,这两个波列就根本不能相遇,也就无从谈起发生干涉了.通常把波列的长度称为相干长度.

相干长度与谱线宽度 $\Delta\lambda$ 的关系为

$$L_0=\frac{\lambda^2}{\Delta\lambda}$$

因此,光源的单色性越好,光源的谱线宽度 $\Delta\lambda$ 越小,波列长度 L_0 就越长,即相干长度越长.

§12-3 双缝干涉

12-3-1 试讨论两个相干点光源 S_1 和 S_2 在如下的观察屏上产生的干涉条纹:

(1) 屏的位置垂直于 S_1 和 S_2 的连线.

(2) 屏的位置垂直于 S_1 和 S_2 连线的中垂线.

答:两个相干点光源,如它们的初相相同,在空间各点处光程差 $\delta=r_2-r_1$ 为常数的轨迹,是以点光源 S_1 和 S_2 的连线为轴线,以 S_1 和 S_2 为焦点的一组双叶旋转双曲面.如图 12-2 所示.

(1) 如观察屏的位置垂直于 S_1 和 S_2 的连线,则干涉条纹为圆条纹.

(2) 如观察屏的位置垂直于 S_1 和 S_2 的连线的中垂线,则干涉条纹为双曲线.在杨氏双缝干涉实验中,由 $d\ll D$,$x\ll D$,干涉条纹可近似地看成是一组平行的直线条纹.

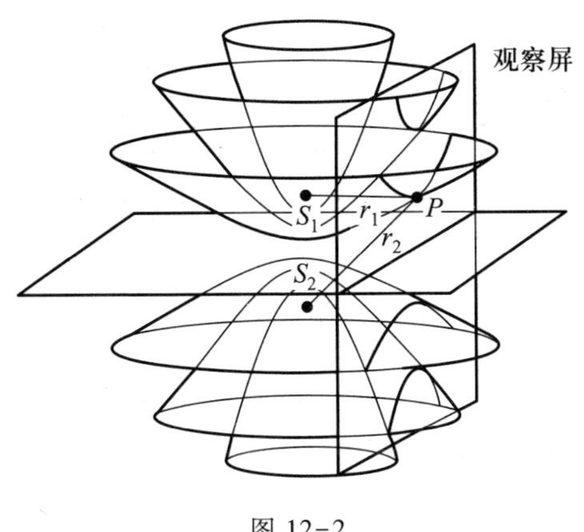

图 12-2

12-3-2 在杨氏双缝实验装置中，试描述在下列情况下干涉条纹如何变化：

(1) 当两缝的间距增大时；

(2) 当双缝的宽度增大时；

(3) 当线光源 S 平行于双缝移动时；

(4) 当线光源 S 向双缝屏移近时；

(5) 当线光源 S 逐渐增宽时.

答：在杨氏双缝干涉实验中，各级明条纹所在位置的坐标是

$$x=\pm k\frac{D}{d}\lambda,\quad k=0,1,2,\cdots$$

相邻明纹（或相邻暗纹）的间距是

$$\Delta x=\frac{D}{d}\lambda$$

(1) 当两缝的间距 d 增大时，屏上的干涉条纹的间距将变小，所以，条纹向中间（坐标原点处）密集.

(2) 当双缝的宽度增大时，光场内光能将增大，干涉条纹的亮度增加.但由于光通过单缝所形成的衍射中央明区的范围变小，因而在该范围内的干涉条纹数减少.

(3) 当线光源 S 平行于双缝移动时，由于光通过双缝时已有光程差，干涉条纹将发生移动，中央明条纹不再在双缝 S_1 和 S_2 的中垂线上.光源向下（或向上）移动时，干涉条纹将向反方向平移，参看图 12-3.

(4) 当线光源 S 向双缝屏移近时，对屏上的干涉条纹的位置和间距并无影响.但明条纹的光强因通过 S_1 和 S_2 的光强变化而发生相应的变化.

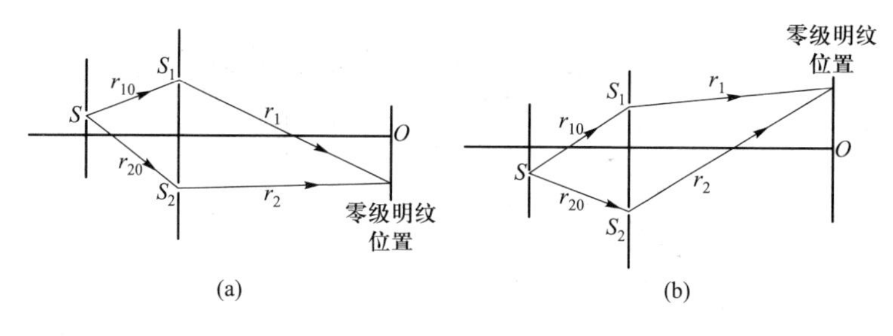

图 12-3

（5）当线光源 S 变宽时，我们可以把具有一定宽度的面光源 S 看成是由无数个互不相干的线光源组成的，每个线光源各自在屏幕上形成自己的干涉条纹（图 12-4）.由于各线光源的位置不同，它们在屏幕上的各套干涉条纹将会错开.我们所观测到的干涉条纹，就是由所有各套干涉条纹的光强非相干叠加而成的.光源的宽度越大，各套条纹之间错开也越大，即每级条纹所占的范围越大，总的干涉条纹越模糊.当两边缘线光源的干涉条纹错开一级时，整个屏上将是均匀的光强分布，再也看不到干涉条纹了.

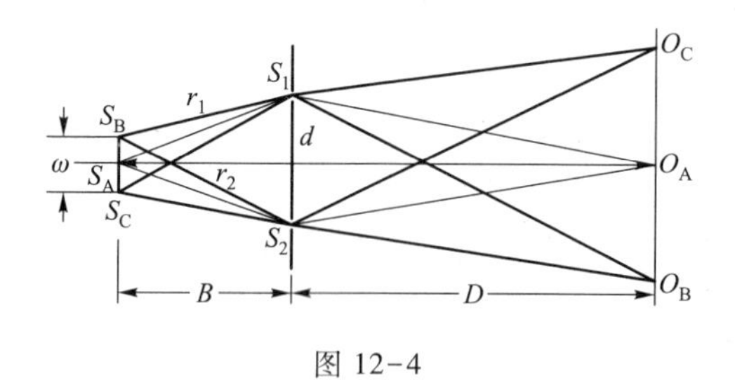

图 12-4

要想看到干涉条纹，必须考虑光源的宽度.理论上给出光源的极限宽度为

$$w_0 = \frac{B}{d}\lambda$$

式中 B 为双缝离光源的距离，d 为双缝的间距.这就是说，若光源的宽度 $w \geqslant w_0$，就观察不到干涉条纹了.

为观察到较清晰的干涉条纹，实验上通常取 $w \leqslant \frac{w_0}{4}$.

所以逐渐加宽线光源 S 的后果是使条纹逐渐模糊直至消失.

12-3-3 在杨氏双缝实验中，如有一条狭缝稍稍加宽一些，屏幕上的干涉条纹有什么变化？如把其中一条狭缝遮住，将发生什么现象？

答：如果把双缝中的一条狭缝加宽些，则通过两缝的光强是不同的.在屏上叠加时所产生的干涉现象,因两光振动的振幅不同,干涉相消处(暗条纹)的光强不等于零,所以干涉条纹的可见度下降.

若把其中一条狭缝遮住,则成为单缝衍射装置,屏上将出现单缝衍射的光强分布,即中央明纹特别亮且较宽,两侧为强度比中央明纹显著减弱且逐步减弱的明条纹.

12-3-4　劳埃德镜实验得到的干涉图样与杨氏双缝干涉图样有何不同之处?

答:劳埃德镜实验的干涉条纹与杨氏双缝干涉条纹同为等间距的平行直条纹.所不同的是杨氏双缝实验在等光程处的干涉条纹为明条纹;而劳埃德镜的干涉条纹在等光程处为暗条纹.这是由于杨氏双缝干涉装置是通过光的衍射得到相干光;而劳埃德镜中是利用光的反射来实现的,当光从空气掠入射到玻璃表面时,表面上的反射光波的相位突变了 π,所以在等光程处为暗纹.

§ 12-4　光程与光程差

12-4-1　为什么要引入光程的概念?光程差与相位差有怎样的关系?

答:光在不同介质中传播时,其频率是不变的,但其波长在不同介质中是不同的.为了比较光在不同介质中所通过的路程的长短,因而引入光程的概念,把光在不同介质中经过的几何路程折算到真空中的路程.光在介质中的光程 l 等于它的几何路程 x 与所在介质折射率 n 的乘积,即

$$l=nx$$

相位差 $\Delta\phi$ 与光程差的关系为

$$\Delta\phi=\frac{2\pi\delta}{\lambda}$$

λ 为光在真空中的波长.

12-4-2　若将杨氏双缝实验装置由空气移入水中,在屏上的干涉图样有何变化?

答:若将杨氏双缝实验放在水中,从双缝到达屏上任一点两光束的光程差应为

$$\delta=nr_2-nr_1\approx nd\sin\theta\approx n\frac{xd}{D}$$

所以明纹离屏幕对称中心 O 点的位置坐标为

$$x=\pm k\frac{D\lambda}{nd}$$

两相邻明纹间的距离

$$\Delta x=\frac{D}{nd}\lambda$$

因为 $n_{水}>n_{空气}$,所以在水中时屏上的干涉条纹间距变小,且向 O 点密集.

12-4-3 在双缝干涉实验中,如果在上方的缝后贴一片薄的云母片,干涉条纹的间距有无变化?中央条纹的位置有何变化?

答:当光波路径上加入其他介质时,相干光之间的光程差将发生变化,影响干涉条纹的分布,但条纹的间距保持不变.当上方的缝后贴上云母薄片后,光从 S_1 到 P 点的光程变为 $(n-1)t+r_1$,比在空气中的光程大,所以中央明纹将移向 O 点的上方,参看图 12-5.

12-4-4 为什么说使用透镜不会引起附加光程差?

答:因为透镜成像有这样的特点:从物点到它的像点,光线沿各条路径传播的光程是相等的.所以透镜可以改变光线的传播方向,但不附加光程差.请参看教材中图 12-41 和图 12-42 的说明.

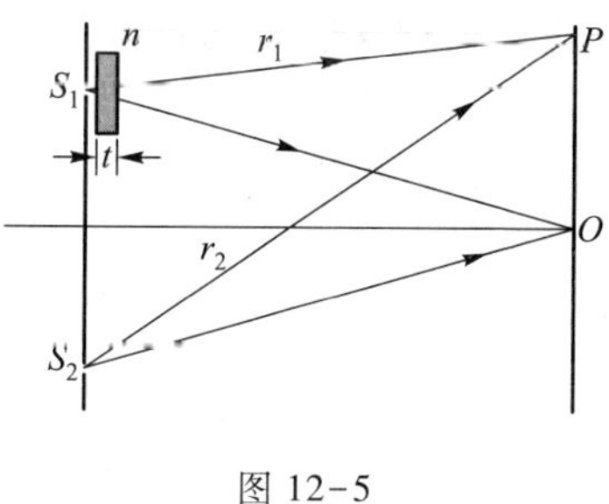

图 12-5

§12-5 薄膜干涉

12-5-1 为什么刚吹起的肥皂泡(很小时)看不到有什么彩色?当肥皂泡吹大到一定程度时,会看到有彩色,而且这些彩色随着肥皂泡的增大而改变.试解释此现象,当肥皂泡大到将要破裂时,将呈现什么颜色?为什么?

答:吹起的肥皂泡作为空气中的薄膜,当它的厚度 e 使在其上下表面反射光的光程差满足一定条件时,就形成干涉图样.在日光照射下,对一定厚度的薄膜,并非所有波长的可见光都能被加强.因此,从吹起的肥皂泡表面见到的是被反射的不同波长的可见光成分的非相干叠加所形成的彩色.这种彩色随着膜厚的变化(肥皂泡被吹大)、观察角度(膜法线与反射光线夹角)的变化而改变.至于从刚吹起的肥皂泡表面看不到这种现象,那是由于膜的厚度太大,超过了日光的相干长度.

当肥皂泡大到将要破裂时,膜的厚度趋于零,对于白光中所有波长的光来说,光程差均为$\frac{\lambda}{2}$,都满足干涉相消条件.因此从反射方向看,什么颜色都不呈现,只能是黑色的.

12-5-2　为什么窗玻璃在日光照射下我们观察不到干涉条纹?

答:因窗玻璃太厚,日光在它上下表面反射或透射光的光程差远大于日光的相干长度,所以观察不到干涉现象.白光的相干长度只有 2~3 μm,所以在白光中要观察膜的干涉条纹,膜必须极薄.

12-5-3　在劈尖干涉实验装置中,如果把上面的一块玻璃向上平移,干涉条纹将怎样变化?如果向右平移,干涉条纹又怎样变化?如果将它绕接触线转动,使劈尖角增大,干涉条纹又将怎样变化?

答:空气劈尖干涉实验中,相邻两明纹的间距为

$$\Delta l=\frac{\lambda}{2\theta}$$

式中 θ 为劈尖角.

(1) 若把劈尖的上面玻璃向上平移时,由于劈尖角 θ 不变,所以干涉条纹的间距不变,即条纹的疏密程度不变.但各级条纹对应的薄膜厚度已发生了变化,例如,第 k 级条纹对应的薄膜厚度 d_k 已向左平移(图 12-6),因而所有的干涉条纹保持间距不变地向劈尖楔角方向平移,原棱边处暗条纹则相继呈现明暗变化.

(2) 若保持劈尖角不变而把上面的玻璃向右平移,由于劈尖角不变,所以干涉条纹的间距不变,但所有条纹对应的薄膜厚度已向右移动(图 12-7),所以,所有条纹都保持间距不变地向右平移,在棱边处仍为暗条纹.

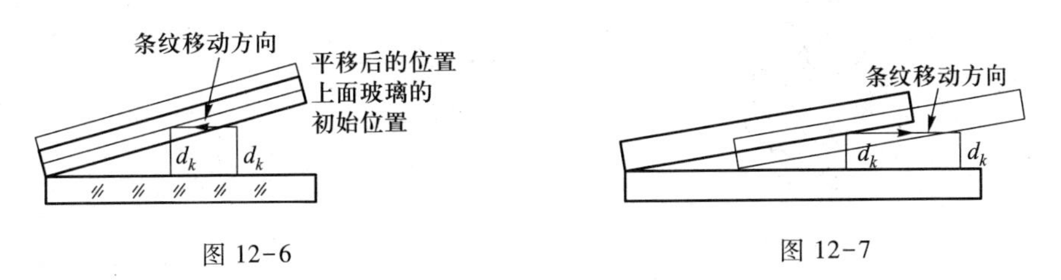

图 12-6　　图 12-7

(3) 若把劈尖角增大,则条纹的间距减小.同时各级条纹对应的薄膜厚度已增大,向劈尖角方向移动(图 12-8).所以把劈尖角增大时,所有条纹向棱边密集,棱边处仍为暗条纹.

12-5-4　在牛顿环实验装置中,如果平玻璃由冕牌玻璃($n_1=1.50$)和火石玻璃($n_2=1.75$)组成.透镜用冕牌玻璃制成,而透镜与平玻璃间充满二硫化碳($n_3=1.62$),如图 12-9 所示.试说明在单色光垂直照射下反射光的干涉图样是怎样的,并大致将其画出来.

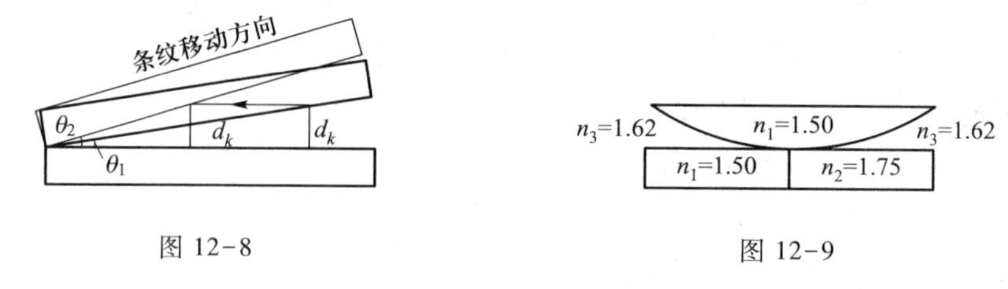

图 12-8　　图 12-9

答:在图 12-9 所示牛顿环实验装置的右侧,二硫化碳薄膜所处的界面环境是 $n_1<n_3<n_2$,即相干的两束光都是由光疏介质向光密介质界面反射,两反射光之间无附加的相位差,所以中心处为亮斑.左侧的二硫化碳薄膜所处的界面环境是 $n_1<n_3$,$n_3>n_1$,即相干的两束光其中一束由光疏向光密介质界面反射,另一束由光密向光疏介质界面反射,两反射光之间有附加的相位差,所以中心处为暗斑.

这样,干涉图样的特点除了明暗交替、内疏外密、同心圆分布外,左右两侧是互补分布,即中心接触斑点右明左暗,由此外推,每一同心圆环状条纹都由明暗各半的半圆环构成,如图 12-10 所示.

12-5-5 在加工透镜时,经常利用牛顿环快速检测其表面曲率是否合格.将标准件(玻璃验规)G 覆盖在待测工件 L 之上,如图 12-11 所示.如果光圈(牛顿环的俗称)太多,工件不合格,需要进一步研磨,究竟磨边缘还是磨中央,有经验的工人师傅只要将验规轻轻下压,观察光圈的变化,试问他是怎样判断的.

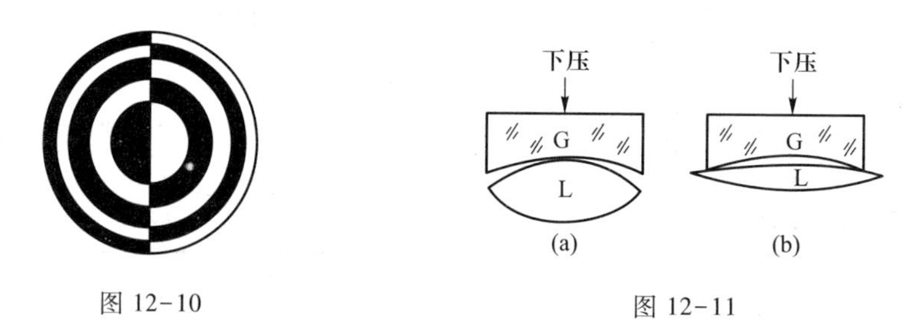

图 12-10　　图 12-11

答:将标准件 G 覆盖在待测件 L 上时,两者间形成空气膜,因而出现牛顿环.若标准件与待测件完全密合,则不出现牛顿环,即待测件完全达到标准值要求.如果待测件曲率半径小于或大于标准件,则出现牛顿环.圆环条纹越多,说明误差越大;若条纹不圆,则说明被测件的曲率半径不均匀.如果用手均匀轻压验规,牛顿环各处空气隙的厚度必然减小,相应的光程差也减小,条纹将发生移动.若条纹向边缘扩展(图 12-12(a)),说明零级条纹在中心,可知被测件的曲率半径小于标准值,这时需要磨中央;若条纹向中心收缩(图 12-12(b)),说明零级条纹在边缘,可知被测件的曲率半径大于标准值,这时需要磨边缘.

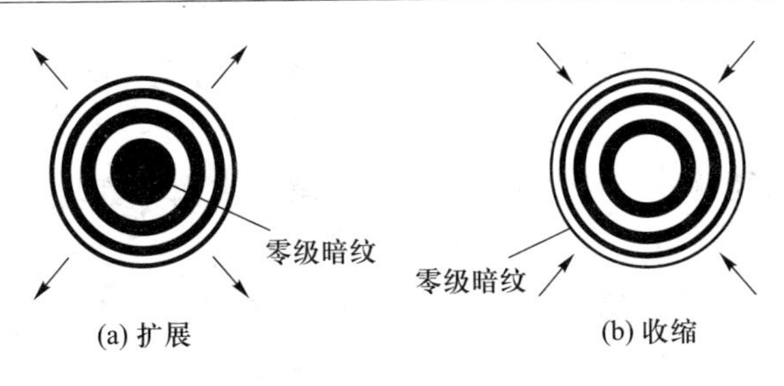

(a) 扩展　　(b) 收缩

图 12-12

12-5-6　隐形飞机所以很难被敌方雷达发现，可能是由于飞机表面涂敷了一层电介质（如塑料或橡胶）使入射的雷达波反射极微．试说明这层电介质是怎样减弱反射波的．

答：这层电介质可能是消反射膜，就是使电磁波在这透明薄膜上下表面反射而产生干涉相消．

*§ 12-6　迈克耳孙干涉仪

12-6-1　牛顿环和迈克耳孙干涉仪实验中的圆条纹均是从中心向外由疏到密的明暗相间的同心圆，试说明这两种干涉条纹不同之处，若增加空气薄膜的厚度，这两种条纹将如何变化？为什么？

答：在牛顿环和迈克耳孙干涉仪实验中都可观察到呈现明暗交替、内疏外密、同心圆分布等特点的干涉条纹．但它们分属不同的干涉类型，不同之处在于：牛顿环为等厚干涉，实验装置中使用单色平行光垂直入射，观察反射光或透射光；干涉条纹的级次为内低外高；增加空气薄膜的厚度时，所有的干涉条纹均向内收缩．而呈同心圆分布的迈克耳孙干涉条纹为等倾干涉，实验装置中使用单色面光源，观察反射光；干涉条纹的级次为内高外低；增加空气薄膜的厚度时，所有的干涉条纹均向外扩展．

12-6-2　用迈克耳孙干涉仪观测等厚条纹时，若使其中一平面镜 M_2 固定，而另一平面镜 M_1 绕垂直于纸面的轴线转到 M_1' 的位置，如图 12-13 所示，问在转动过程中将看到什么现象？如果将平面镜 M_1 换成半径为 R 的球面镜（凸面镜或凹面镜），球心恰在光线 I 上，球面镜的像的顶点与 M_2 接触，此时将观察到什么现象？

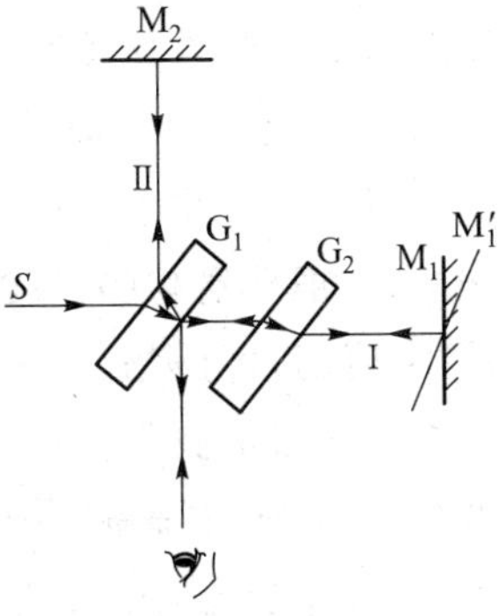

图 12-13

答：在迈克耳孙干涉仪中，观察到等厚干涉条纹(直线条纹),说明 M_1 和 M_2 两平面镜不严格垂直,M_1 相对于 G_1 的像与 M_2 不严格平行,形成劈尖干涉.

当 M_2 固定,M_1 转到 M'_1 的过程中,空气劈的夹角不断增大,所以干涉条纹将变密.

如将 M_1 换成凸球面镜,此时 M_1 相对 G_1 的像 M' 与 M_2 组成类似牛顿环的干涉装置,如图 12-14 所示,可以观察到明暗相间的同心圆干涉图样,且随着圆环半径的增加条纹变密.如将 M_1 换成凹球面镜,此时 M_1 相对 G_1 的像 M' 与 M_2 形成如图 12-15 的结构,仍可观察到等厚干涉条纹,条纹也是明暗相间的同心圆,也是随着半径的增加条纹变密,但级次呈内高外低分布.

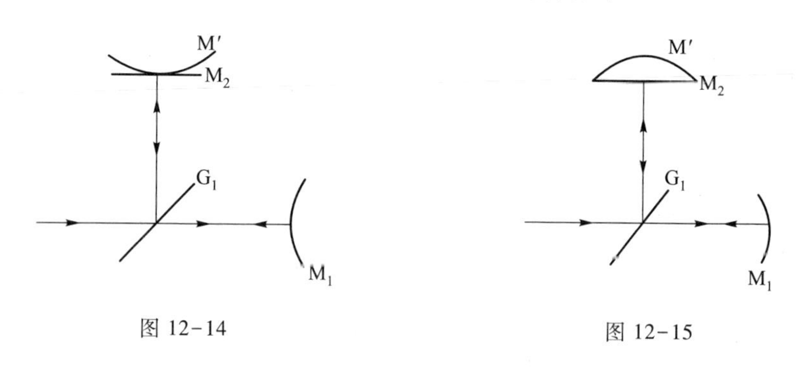

图 12-14　　图 12-15

§12-7 光的衍射现象 惠更斯-菲涅耳原理

12-7-1 (1) 为什么无线电波能绕过建筑物,而光波却不能?(2) 为什么隔着山可以听到中波段的电台广播,而电视广播却很容易被高大建筑物挡住?

答:波在传播过程中受到障碍物(称为衍射物)的限制而偏离直线传播方向进入几何影区的现象,称为衍射.衍射现象是一切波动的普遍特征.若衍射物的线度与入射波长可比拟时,衍射现象才明显.

(1) 无线电波的波长分布在 $10^{-4}\sim10^{4}$ m 范围内,可见光波长的数量级为 10^{-7} m.可见建筑物的尺度在无线电波长的范围内,因而衍射现象显著.光波的波长极短,一般建筑物的尺度远远大于光波的波长,因而衍射现象极不明显,也即光波不能绕过障碍物.

(2) 无线电波中,按波长可分为长波(波长大于 10^{3} m)、中波($10^{2}\sim10^{3}$ m)、短波($1\sim10^{2}$ m)和微波($10^{-4}\sim1$ m)四个波段.电视节目和微波通信处在厘米波段.隔着山可以听到中波段的电台广播,是因为山的大小与中波波长可比拟,而高大建筑物的尺度远大于厘米数量级,电视节目和微波通信对它的衍射不明显,即电视广播被高大建筑物挡住.

12-7-2　在观察夫琅禾费衍射的装置中,透镜的作用是什么?

答:夫琅禾费衍射是衍射屏与光源和接收屏的距离都是无限远的衍射,也就是照射到衍射屏上的入射光和离开衍射屏的衍射光都是平行光的衍射.在观察夫琅禾费衍射的装置中,使用凸透镜使入射光为平行光,衍射屏后的透镜是把平行的衍射光会聚于焦平面处的观察屏上,显示出一系列平行衍射光相干叠加的图样.

12-7-3　一人持一狭缝屏紧贴眼睛,通过狭缝注视遥远处的一平行于狭缝的线状白光光源,这人看到的衍射图样是菲涅耳衍射还是夫琅禾费衍射?

答:遥远处的光源、狭缝屏和紧贴的眼睛构成了衍射装置.遥远处光源入射丁狭缝屏的光可视为平行光.根据人眼的简化模型,晶状体是透镜,而视网膜则是透镜的焦平面.经瞳孔衍射的光波,其平行分量经晶状体后会聚于视网膜成衍射像.所以,这人看到的衍射图样是夫琅禾费衍射.

§ 12-8　单缝的夫琅禾费衍射

12-8-1　在图 12-16 所示的单缝夫琅禾费衍射实验中,试讨论下列情况衍射图样的变化:

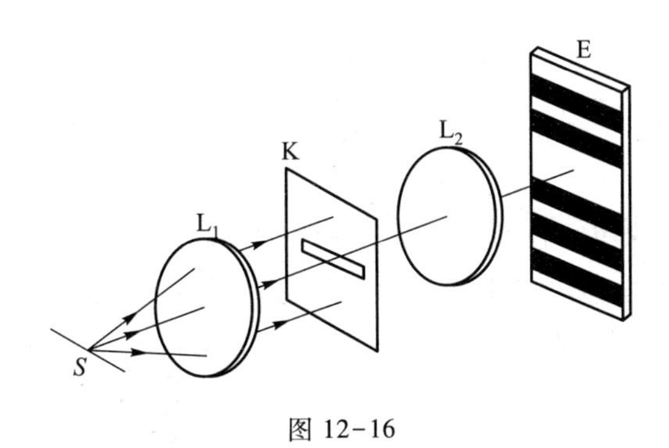

图 12-16

(1) 狭缝变窄;

(2) 入射光的波长增大;

(3) 单缝垂直于透镜光轴上下平移;

(4) 线光源 S 垂直于透镜光轴上下平移;

(5) 单缝沿透镜光轴向观察屏平移.

答:单缝夫琅禾费衍射图样的特点是:中央明条纹最宽,其宽度是其他明条纹的两倍;中央明条纹最亮,集中了入射光能的绝大部分,两侧其他明条纹的间隔近似相等而光强衰减迅速;中央明条纹范围:$-\lambda<a\sin\theta<\lambda$;屏上中央明条纹宽度正比于波长而反比于单缝宽度,即 $\Delta x=2\dfrac{f}{a}\lambda$.

由以上分析可知:

(1) 狭缝 a 变窄而入射光波长不变时,中央明条纹的宽度将变宽.

(2) 入射光的波长增大而 a 不变时,中央明条纹的宽度将变宽.

(3) 单缝垂直于透镜光轴上下平移而其他不变时,根据透镜成像规律可知,单缝夫琅禾费衍射图样的位置、光强分布不变.

(4) 置于透镜 L_1 物方焦平面上的单色线光源 S 垂直透射光轴上下平移而其他不变时,经透镜 L_1 后成为斜入射于单狭缝的单色平行光.光源移动引起单缝波阵面在缝端的两边缘光线存在光程差,这将使单缝夫琅禾费衍射图样的位置发生相应平移而光强分布不变.光源向下移动时,衍射图样整体向上移动(图 12-17),光源向上移动时,衍射图样将向下移动.

(5) 单缝沿透镜光轴向观察屏方向平移而其他不变时,夫琅禾费衍射的条件没有改变,因此单缝夫琅禾费衍射图样的位置、光强分布都不变.

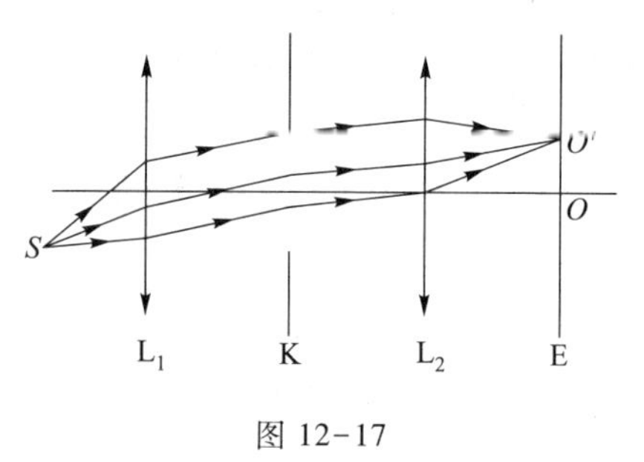

图 12-17

12-8-2　单缝衍射暗条纹条件恰好是双缝干涉明条纹的条件,两者是否矛盾?怎样说明?

答:单缝衍射的明暗条件与双缝干涉的明暗条件从形式上看来恰好相反,但由于公式的导出和物理含义都不相同,因此并不矛盾.双缝干涉是按几何光学规律传播两束光在空间场点的相干叠加,即不考虑光通过每个缝的衍射现象.其明暗条件是用两束光的光程差来表示的:

暗纹:$d\sin\theta=\pm(2k+1)\dfrac{\lambda}{2},\quad k=0,1,2,\cdots$

明纹:$d\sin\theta=\pm k\lambda,\quad k=0,1,2,\cdots$

单缝衍射是光通过单缝的波阵面上各点发射子波在空间场点的相干叠加,其叠加时仍遵从干涉条纹的明暗条件.由于子波数极多,为了便于计算,想象在衍射角 θ 时将单缝处的波阵面分成若干个半波带,使相邻两带上的对应点发出

的子波到达场点 P 的光程差为$\frac{\lambda}{2}$,满足两光束干涉的暗纹条件,因而相邻两波带上各点发射的子波在场点合成时相互抵消.如果单缝处的波阵面被分成偶数个半波带时,则形成暗条纹,如果单缝处的波阵面被分成奇数个半波带时,则形成明条纹.其明暗条纹的条件则由某衍射角时单缝边缘两光线的最大光程差决定:

明纹:奇数个半波带 $a\sin\theta=\pm(2k+1)\frac{\lambda}{2}$, $k=1,2,3,\cdots$

暗纹:偶数个半波带 $a\sin\theta=\pm k\lambda$, $k=1,2,3,\cdots$

12-8-3 在单缝衍射中,为什么衍射角越大的那些明条纹的光强越小?

答:根据半波带法,把单缝处的波阵面分成若干个半波带,当一对对相邻的半波带发出的光分别在场点 P 相互抵消后,还剩下一个半波发出的光在 P 点形成明条纹,衍射角越大时,单缝边缘两光线的光程差越大,则分成的半波带数越多.半波带的面积越小,明纹光线越小.

§12-9 圆孔的夫琅禾费衍射 光学仪器的分辨本领

12-9-1 什么是瑞利判据?

答:瑞利判据是光学仪器最小分辨角的衡量标准.它规定:当一个艾里斑的中心刚好落在另一个艾里斑的边缘(即一级暗环)时,就认为这两个艾里斑刚好能够被分辨,也就是产生艾里斑的两物点(点光源)恰为这光学仪器所分辨.根据瑞利判据,两个物点恰能被光学仪器分辨的最小分辨角为

$$\theta_R=1.22\frac{\lambda}{d}$$

式中,d 为光学仪器的孔径.

12-9-2 如何提高望远镜和显微镜的分辨率?

答:对于望远镜来说,满足瑞利判据时,两个艾里斑中心的角距离 θ_R 等于艾里斑的半角宽度 θ_1,即

$$\theta_R=\theta_1=1.22\frac{\lambda}{d}$$

这就是望远镜的最小分辨角公式.为了减小望远镜的最小分辨角,提高望远镜的分辨本领(分辨率),必须加大其物镜的直径.由于大直径透镜制造困难,所以常采用反射式物镜.

显微镜用来观察放在物镜焦点附近(靠外)的物体,它的分辨本领是以刚好可分辨的两物点间的最小距离 Δy 来衡量的.按照瑞利判据,显微镜的最小分辨距离为

$$\Delta y_{\min}=\frac{0.61\lambda}{n\sin\theta}$$

式中 n 是被观察物所在介质的折射率,θ 是显微镜物镜半径对物点的张角.提高显微镜的分辨本领,可以增大数值孔径 $n\sin\theta$,数值孔径越大,则 $\Delta y_{\min}$越小,显微镜的分辨本领越高.例如,油浸物镜可分辨的最小物距为半个波长.另外,所用的光的波长 λ 越短,$\Delta y_{\min}$ 越小,显微镜的分辨本领越高.因此,利用波长只有 10^{-3} nm的电子束,可制成最小分辨距离 $\Delta y_{\min}$达到 10^{-1} nm 的电子显微镜,它的放大率可达几万倍至几百万倍,而光学显微镜的放大率最高也只有 1 000 倍左右.

§12-10　光栅衍射

12-10-1　如何理解光栅的衍射条纹是单缝衍射和多缝干涉的总效应?

答:当光波入射到光栅上时,光栅上每条狭缝都将在观测屏上产生单缝衍射图样,由于每个狭缝相同,衍射角对应的光程相同.所以衍射图样相同,所有狭缝的衍射图样完全重叠,其光强为它们的非相干叠加.同时通过光栅每个狭缝的衍射光又要发生相干叠加,形成光栅衍射条纹,所以,光栅衍射条纹是单缝衍射和多缝干涉的综合效果.

12-10-2　光栅衍射图样的强度分布具有哪些特征?这些特征分别与哪些参量有关?

答:光栅衍射光谱是在黑暗背景上出现明而细的条纹,其强度分布如图 12-18 所示,主要特征为:

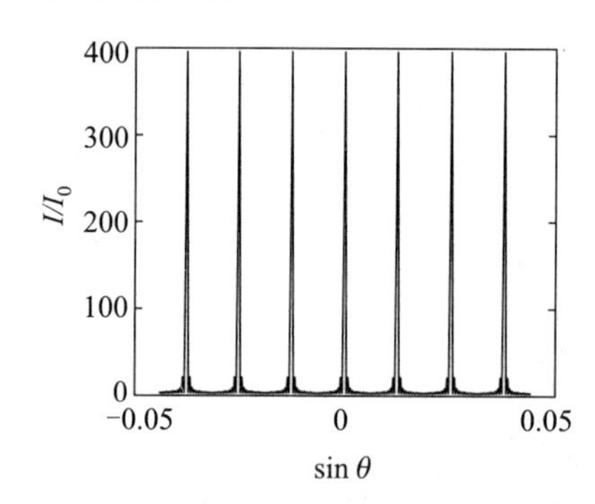

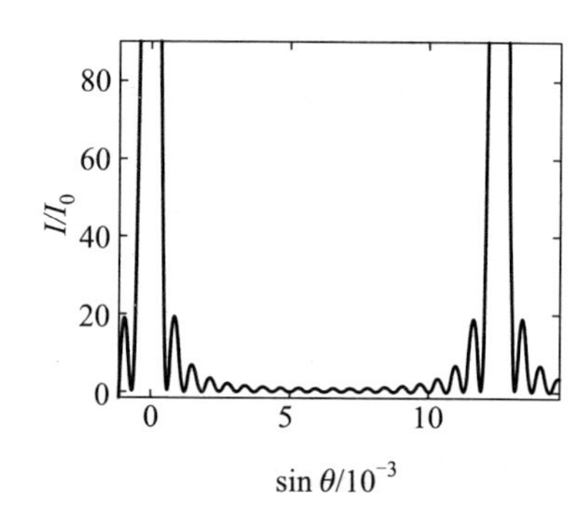

图 12-18

(1) 光栅衍射图样中出现一系列强度最大的主极大，由光栅常量 $(a+b)$ 以及衍射角 θ 决定，其关系为 $(a+b)\sin\theta=\pm k\lambda, k=0,1,2,\cdots$ 主极大的位置与缝数 N 无关，但它们的宽度随 N 的增大而减小，其强度正比于 N^2.

(2) 光栅缝间干涉形成的主极大强度受到单缝衍射光强分布的调制，使得各级主极大的光强大小不同，透光缝宽度 a 越小，单缝衍射图样的中央明纹范围越大，包络越平坦，调制作用越小，主极大强度的变化也越小.

(3) 设光栅有 N 个缝，则相邻两主极大之间存在 $N-1$ 个极小，$N-2$ 个次极大(图 12-18)，次极大的强度远小于主极大的强度，因而相邻两主极大之间几乎成为暗区.缝数越多，暗区越宽.

(4) 光栅衍射存在谱线缺级现象，就是缝间干涉加强的主极大恰与单缝衍射的极小条件重合，此主极大就消失.谱线缺级的条件 $\dfrac{a+b}{a}=$ 整数.

(5) 用复色光源照明时，衍射图样中有几套不同颜色的亮线.如果用白光作光源，则光栅光谱中除零级主极大仍为白色亮线外，其他各级主极大都排列成连续的光谱带.

12-10-3 如果光栅中透光狭缝的宽度与不透光部分的宽度相等，将出现怎样的衍射图样？

答：因为 $a=b$，$\dfrac{a+b}{a}=2$.所以在光栅衍射图样中存在谱级缺级，所有偶数级次的主极大均不会出现.

12-10-4 光栅衍射光谱和棱镜光谱有何不同？

答：光栅和棱镜在光谱仪中都是分光元件.

(1) 光栅光谱是光栅衍射形成的.有一系列的级次，每一级次对应有正负两组光谱.当级次一定，波长 λ 越小，衍射角 θ 就越小，所以紫光的衍射角比红光的衍射角小.零级条纹无色散，级次越高，光谱展得越开.棱镜光谱是由于不同波长的光在玻璃棱镜中传播速度不同，以致折射率不同而形成色散的.波长越大，折射率越小，偏折越小，所以在棱镜色散中红光偏向角小，紫光偏向角大，且只能得到一级光谱.

(2) 在衍射角较小时，光栅光谱谱线间距与波长差成正比，成为匀排光谱.棱镜光谱谱线间距决定于材料的折射率，不与波长成比例，不是匀排光谱.所以，光栅光谱更容易实现自动化或计算机控制.

(3) 光栅的色分辨率 $\dfrac{\lambda}{\Delta\lambda}$ 正比于狭缝数 N(被入射光实际照射的缝数)，而与光栅常量无关,分辨本领还随光谱的级数的增加而增加.棱镜的色分辨本领与棱镜底面的宽度有关,宽度越大,色分辨本领越高,与棱镜的顶角大小无关,还与棱镜材料的折射率与波长的关系$\frac{dn}{d\lambda}$(材料色散率)有关.

12-10-5 一台光栅摄谱仪备有三块光栅,它们分别为每毫米 1 200 条、600 条、90 条.

(1) 如果用此仪器测定 700~1 000 nm 波段的红外线的波长,应选用哪一块光栅? 为什么?

(2) 如果用来测定可见光波段的波长,应选用哪一块? 为什么?

答:光栅摄谱仪拍摄谱线时,通常取级次 $k=1$ 的谱线,在一级光谱内不能出现较短波长的高级次的谱线.

根据光栅方程$(a+b)\sin\theta=k\lambda$ 可知,在 $k=1$ 谱线中,可测量的最大角度为 $\theta=90^\circ$,即 $\sin\theta=1$,得可测的最长的波长 $\lambda_M=a+b$,$k=2$ 的最短波长谱线的波长为 $\lambda_m=\frac{a+b}{2}$,所以,光栅测量谱线的范围 $\lambda_m<\lambda<\lambda_M$.

对于三块光栅可测的最长波长 λ_M 和最短波长 λ_m 分别为

$$\lambda_{M_1}=a+b=\frac{1\times10^{-3}}{1\ 200}\text{ m}=833\text{ nm},\quad \lambda_{m_1}=\frac{a+b}{2}=417\text{ nm}$$

$$\lambda_{M_2}=\frac{1\times10^{-3}}{600}\text{ m}=1\ 667\text{ nm},\quad \lambda_{m_2}=833\text{ nm}$$

$$\lambda_{M_3}=\frac{1\times10^{-3}}{90}\text{ m}=1.11\times10^{4}\text{ nm},\quad \lambda_{m_3}=5.56\times10^{3}\text{ nm}$$

由上计算结果可知:

(1) 如测定 700~1 000 nm 波段的谱线,应选用每毫米 600 条的光栅.

(2) 如测定 400~760 nm 波段的谱线,应选用每毫米 1 200 条的光栅.

12-10-6 在双缝实验中,怎样区分双缝干涉和双缝衍射?

答:干涉和衍射现象的本质,都是波的相干叠加,使光场的能量重新分布,形成稳定的加强和减弱分布的图像.从这个意义看,干涉和衍射并没有本质上的区别,只是参与叠加的对象有所不同.习惯上,把有限几束相干光的叠加称为干涉,而把无穷多子波的相干叠加称为衍射.对于干涉来说,参与相干叠加的光束应是按几何光学传播的,这种相干叠加是纯干涉问题,如薄膜干涉的情形.

在双缝实验中,每一缝光束都存在衍射,两个衍射光场间存在干涉,干涉和衍射的作用是同时存在的,干涉条纹要受到衍射的调制.在讨论双缝干涉时,为了强调两个相干缝光束间的干涉,将两狭缝不考虑缝的宽度,也即假定 $a \to 0$.在这种情况下,每条缝的单缝衍射零级明纹范围都很大,在观察屏上的光强都近似为 I_0,并且均匀分布(当然,光能很小).双缝的干涉区处在两个相同的单缝零级衍射的重叠区域内,它们是相干的,在屏上各点处的相位差 $\Delta\varphi$ 取决于两缝至屏上相遇处的光程差.因此,观察屏上的光能因两个单缝零级衍射间的干涉而发生重新分布,出现干涉条纹,光强按 $I=4I_0\cos^2\dfrac{\Delta\varphi}{2}$ 规律变化.屏上各级主极大中心的光强相等,均为 $4I_0$;各级主极大中心的间隔 Δx 相等.双缝干涉光强分布的特点是等光强、等间隔,如图 12-19(a)所示.

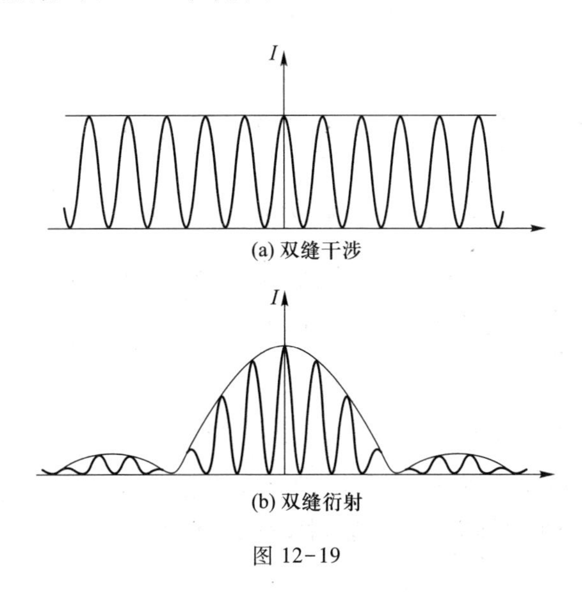

图 12-19

实际的双缝总有一定的缝宽,设两个缝的宽度 a 相同,各自单缝衍射的光强分布也相同,在满足夫琅禾费衍射条件时,屏上这两个相同的光强分布在位置上也完全重叠.但是,屏上的光强不再是中央明纹的"一统天下",在其两侧分布有其他明暗条纹,并且光强迅速衰减.这两个单缝衍射光场间干涉的结果,同样使重叠区域内的光能发生重新分布,在单缝衍射光强的各明条纹范围内出现干涉条纹.观察屏上光强分布的特点是:各级主极大中心的光强因受单缝衍射光强的调制,不再相等,其包络为单缝衍射的光强分布;各级主极大中心的间隔仍为 Δx,等间隔分布.这就是双缝衍射的光强分布,如图 12-19(b)所示.

12-10-7 图 12-20 所示为单色光通过三种不同衍射屏在屏幕上呈现的夫

琅禾费衍射强度分析曲线.试指出这些图对应的各是什么衍射屏？说明图(a)和(b)所示两衍射屏的有关参量的相对大小.

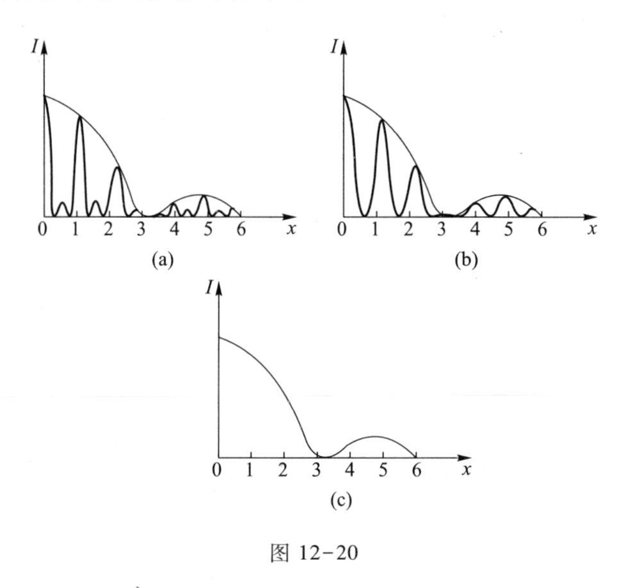

图 12-20

答:图(a)的特征有:单缝衍射光强图样的包络;相邻两主极大之间有两个极小和一个次极大;第三级及其整数倍的主极大缺级.所以,图(a)呈现的是三缝夫琅禾费衍射图样,有

$$\frac{a+b}{a}=\frac{d}{a}=3,\ b=2a$$

图(b)的特征与图(a)基本相同,但相邻两主极大之间仅有一个极小.所以,图(b)呈现的是双缝夫琅禾费衍射图样,同样有

$$\frac{a+b}{a}=\frac{d}{a}=3,\ b=2a$$

图(c)是单缝夫琅禾费衍射光强图样,缝宽为 a.

*§ 12-11　X 射线的衍射

12-11-1　利用光学光栅能否观察到 X 射线的衍射现象?

答:X 射线的波长范围为 0.006~1 nm,而一般光学光栅的光栅常量的量级为 10^3 nm 左右,即光栅常量 $d\gg\lambda$.例如,用光栅常量 $d=500$ nm 的光学光栅对 X 射线产生衍射,则相邻两主极大的角间距约为 2×10^{-6} rad,由于这个值太小,以致各主极大与零级主极大紧紧挤在一起,无法分辨.所以,不能用普通的光学光栅使 X 射线发生明显的衍射效应.晶体内部的原子间隔 $a_0\approx\lambda$,它们能使 X 射线发生明显的衍射效应,是理想的 X 射线衍射光栅.

12-11-2 布拉格公式中的 θ 是指怎样的角?为什么选择这样的角?

答:θ 角是指入射 X 射线与晶面间的夹角,称为掠射角.选取这样的角是为了实验方便,因为一般的入射角,在晶体上的法线比较难以确定.

12-11-3 布拉格公式中的 d 是否就是晶体的晶格常量?

答:d 为晶体的晶面间距,不一定是晶体的晶格常量.在晶体内可取许多不同方位的原子层组,即不同的晶面,不同方位的晶面间距是不同的.

§12-12 光的偏振状态

12-12-1 如果在微波的传播方向上放置一有 1 cm 宽狭缝的金属板,要使微波中的电场分量 $\boldsymbol{E}$ 很好地通过狭缝,狭缝应该放置在什么方向上?

答:因为电磁波是横波,电场矢量 $\boldsymbol{E}$ 和磁场矢量 $\boldsymbol{B}$ 的振动方向互相垂直,且分别与波的传播方向垂直.微波在传播过程中,空间各点的电场 $\boldsymbol{E}$ 都沿同一固定的方向振动.通常以电场 $\boldsymbol{E}$ 的方向取为它的偏振方向.当微波入射至金属栅格上时,微波的电场力驱动金属电子运动,使电流沿着金属条上下流动,并消耗一些能量,同时也产生反射波,所以在图 12-21(b)的情况下,条缝与入射微波的 $\boldsymbol{E}$ 振动方向平行时,没有平行于金属条的电场通过.而在图 12-21(c)所示的情况下,条缝与入射微波 E 的振动方向垂直,微波通过时电场力不做功,微波就能穿过金属栅格.所以,图 12-21(a)所示的微波偏振片,其偏振化方向垂直于它的条缝方向.可见,这个实验很好地验证了电磁波(包括微波、光波等)是横波,因为只有横波才具有偏振现象.

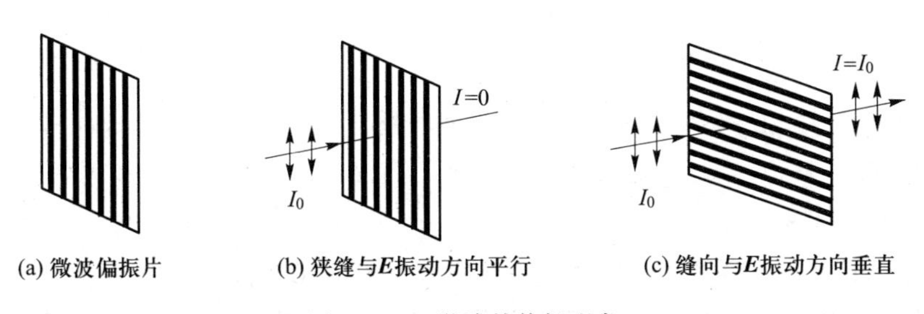

(a) 微波偏振片　(b) 狭缝与E振动方向平行　(c) 缝向与E振动方向垂直

图 12-21 微波的偏振现象

偏振光通过偏振片也是这个道理.一个偏振片中含有大量附有碘的长链分子,在它的制作过程中,将片材里的这些长链分子拉伸且沿一个方向整齐排列,就像一些平行线，它们的间距比可见光波长小，在结构上就如同上述栅格偏振器.当入射光的 $\boldsymbol{E}$ 矢量平行于分子长链方向时，电场力驱动电子做功，消耗了电场的能量，光被吸收了，不能穿过偏振片；但是，如果旋转偏振片 90°，入射光的 $\boldsymbol{E}$ 矢量垂直于偏振片分子长链方向，那么电场力不做功，偏振光便能通过偏振片.

§12-13　起偏和检偏　马吕斯定律

12-13-1　如图 12-22 所示，M 为起振偏器，N 为检偏振器.今以单色自然光垂直入射.若保持 M 不动，将 N 绕 OO' 轴转动 360°，转动过程中通过 N 的光强怎样变化？若保持 N 不动，将 M 绕 OO' 轴转动 360°，则转动过程中通过 N 的光强又怎样变化？试定性画出光强对转动角度的关系曲线.

答：自然光垂直通过 M 后成为线偏振光，光振动方向与 M 的偏振化方向一致，不考虑 M 的吸收，则线偏振光的强度为自然光光强的一半.N 绕 OO' 轴转动 360°过程中，有两次偏振化方向与 M 一致，有两次相垂直.所以，通过 N 的光强在一周期内呈两明两暗的变化.

保持 N 不动，将 M 绕 OO' 轴转动 360°时，通过 M 出射的线偏振光的偏振方向也随之转动.在 M 转动 360°的一个周期内通过 N 的光强同样可有两明两暗的变化规律.

设 $t=0$ 时，M 和 N 的偏振化方向一致，N(或 M)绕 OO' 轴转动 360°过程中保持 M(或 N)不动，通过 N 的光强变化规律如图 12-23 所示.

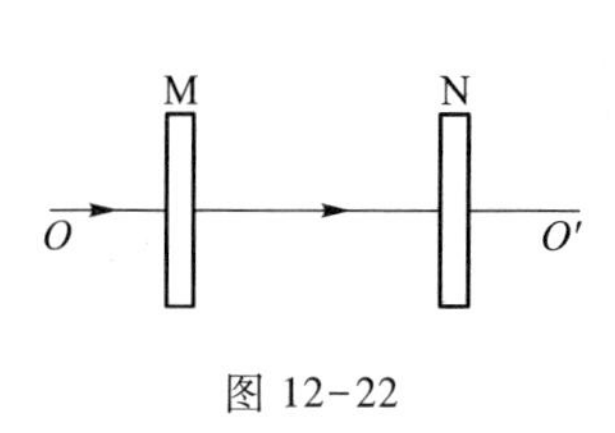

图 12-22

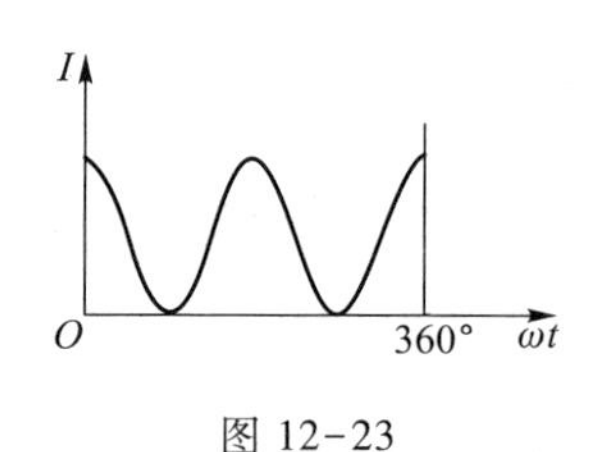

图 12-23

12-13-2　上题中，若使 M 和 N 的偏振化方向相互垂直，则通过 N 后的光强为零.若在 M 和 N 之间插入另一偏振片 C，它的方向和 M 及 N 均不相同，则通过 N 后的光强如何？

若将偏振片 C 转动一周，试定性画出光强对转动角度的关系曲线.

答：设 M 的偏振化方向在竖直方向，N 与其垂直置于水平方向，$t=0$ 时偏振片 C 的偏振化方向与 N 平行，并开始以 ω 绕 OO' 轴匀角速逆时针转动.t 时刻 C 和 N 的夹角为 ωt.

设自然光光强为 I_0，通过 M 后的光强为 I_M，则 $I_M=\frac{1}{2}I_0$.

根据马吕斯定律，通过 C 的光强为

$$I_C=I_M\cos^2\left(\frac{\pi}{2}-\omega t\right)=\frac{1}{2}I_0\sin^2\omega t$$

通过 N 的光强为

$$\begin{aligned}I_N&=I_C\cos^2\omega t=\frac{1}{2}I_0\sin^2\omega t\cos^2\omega t\\&=\frac{1}{8}I_0\sin^2 2\omega t=\frac{1}{16}I_0(1-\cos 4\omega t)\end{aligned}$$

通过 N 后，光强变化的频率为 4ω.

当 $\omega t=(2k+1)\frac{\pi}{4}, k=0,1,2,\cdots$ 时，光强最大，$I_N=\frac{1}{8}I_0$；

当 $\omega t=k\frac{\pi}{2}, k=0,1,2,\cdots$ 时，光强最小，$I_N=0$.

光强对转动角度的关系曲线，如图 12-24 所示.

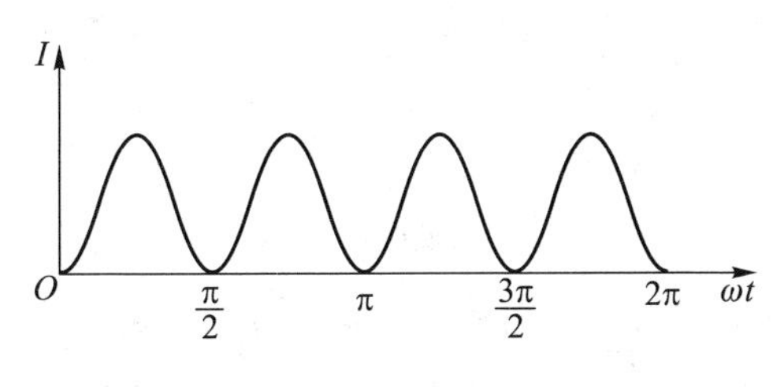

图 12-24

12-13-3　一束光可能是：(1) 自然光；(2) 线偏振光；(3) 部分偏振光，你如何用实验来确定这束光是哪一种光？

答：在入射光路中放置偏振片，以入射光线为轴旋转偏振片一周，观察出射光的变化；(1) 如果光强无变化，则为自然光；(2) 如果光强出现两明两暗，且有消光现象，相应的入射光是线偏振光；(3) 如光强出现两明两暗的变化，但最小光强不为零，则为部分偏振光.

§ 12-14　反射和折射时光的偏振

12-14-1　在图 12-25(a) 所示的各种情况中，以非偏振光或偏振光由空气入射到水面时，折射光和反射光各属于什么性质的光？在图(a)中所示的折射光线和反射光线上用点和短线把振动方向表示出来.把不存在的反射线或折射线划掉.图中 $i_0=\arctan n$,n 为水的折射率.$i\neq i_0$.

答:参看图 12-25(b).

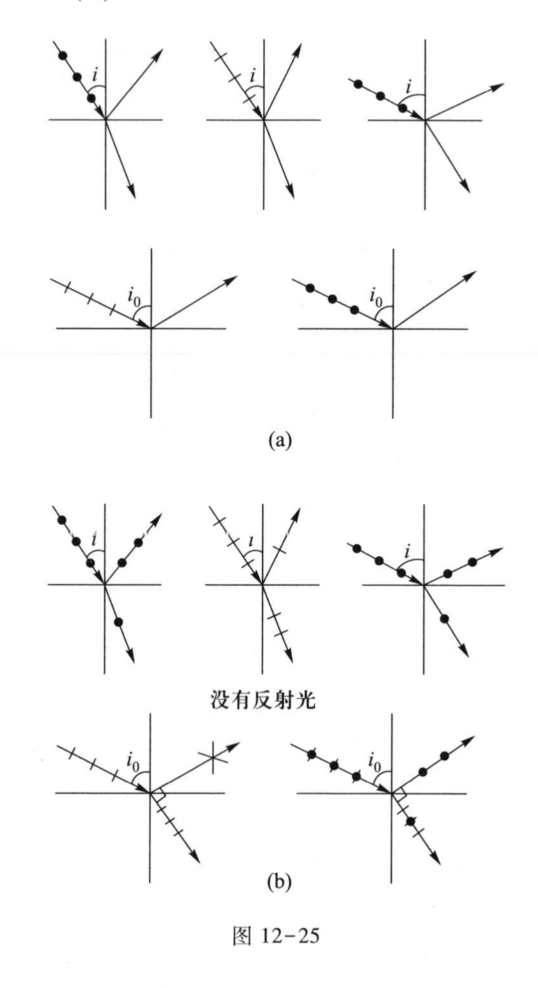

图 12-25

12-14-2 若从一池静水的表面上反射出来的太阳光是完全偏振的,那么太阳在地平线之上的仰角是多大?这种反射光的电矢量的振动方向如何?

答:设仰角是 β,则太阳光的入射角是 $\theta=\dfrac{\pi}{2}-\beta$.反射光是完全偏振的,说明 θ 是布儒斯特角.根据布儒斯特定律 $\theta=\arctan 1.33$,可得 $\theta\approx53°$,$\beta\approx37°$.

反射光的电矢量的振动方向垂直于入射面(或反射面).

12-14-3 据测金星表面反射的光是部分偏振光,这样可以推测金星表面覆有一层具有镜面特性的物质,例如水或由水滴、冰晶等组成的小云层.其根据是什么?

答:当自然光在任意两种各向同性介质的分界面上发生反射和折射时,反射光和折射光一般都是部分偏振光,其偏振度与入射角以及两种介质的折射率有关.根据金星表面反射的部分偏振光的偏振度以及水的折射率利用菲涅耳公式可以推断金星表面覆盖着一层水类的云层.[有关菲涅耳公式可参阅《普通物理学(第七版)学习指导》].

12-14-4　在拍摄玻璃橱窗的物体时,如何去掉反射光的干扰?

答:在照相机镜头前加上偏振滤光片.反射光在一般情况下是垂直入射面的振动占优的部分偏振光,如果偏振片的偏振化方向平行于入射面,则垂直入射面的光振动就不能透过偏振片,因而可去除大部分的反射光.

12-14-5　一束光入射到两种透明介质的分界面上时,发现只有透射光而无反射光,试说明这束光是怎样入射的?其偏振状态如何?

答:一束振动面平行于入射面的线偏振光,如以布儒斯特角入射时,则只有透射光而无反射光.透射光的振动方向也是平行于入射面,如图 12-26 所示.

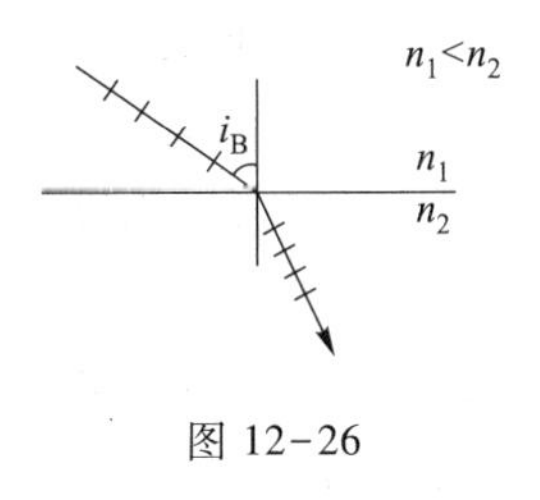

图 12-26

*§ 12-15　光的双折射

12-15-1　当单轴晶体的光轴方向与晶体表面成一定角度时,一束与光轴方向平行的光入射到该晶体表面,这束光射入晶体后,是否会发生双折射?

答:假设自然光沿光轴方向由空气入射到方解石晶体内,根据惠更斯作图法,得出 o 光和 e 光的传播情况,如图 12-27 所示.所以,按题设的条件入射,这束光到晶体内会发生双折射.

注意:光在晶体内沿光轴方向传播时才不发生双折射,而本题中的自然光只是在空气中沿光轴方向传播,但进入晶体后由于折射,折射光并不沿晶体的光轴方向传播,所以会产生双折射.

12-15-2　如图 12-28 所示,一束非偏振光通过方解石(与光轴成一定的角度)后,有几束光线射出来?如果把方解石切割成厚度相等的 A、B 两块,并平移开一点，如图(b)所示，此时通过这两块方解石有多少条光线射出来？如果把B块绕光线转过一角度，此时将有几条光线从B块射出来？为什么？

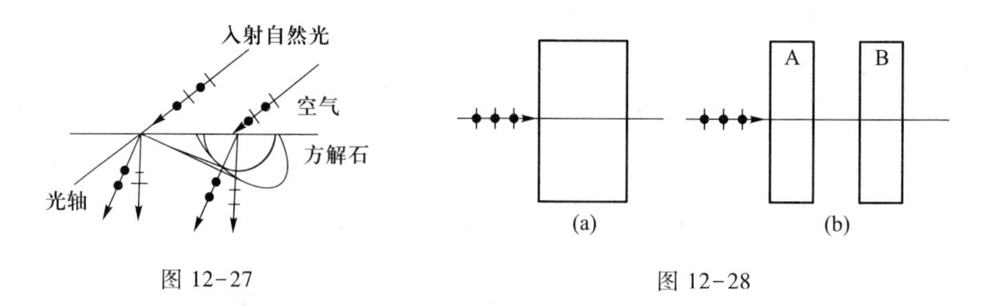

图 12-27　　图 12-28

答：当自然光既不是沿着晶体的光轴方向也不与光轴垂直方向入射时，那么在方解石内产生双折射现象，其中寻常光（o 光）的传播方向不变，非寻常光（e 光）将偏离原来的传播方向，所以通过方解石后有两束透射光.

如果把方解石沿垂直光的传播方向截成两块后平移分开，那么由于光轴方向未变且入射方向未变.在第一块方解石中的寻常光射出后，在第二块方解石中仍是寻常光，其传播方向与入射光相同.在第一块方解石中的非寻常光，在第二块方解石中仍为非寻常光，其传播方向与在第一块方解石相同.所以通过这两块方解石的透射光仍然是两束，如图 12-29 所示.

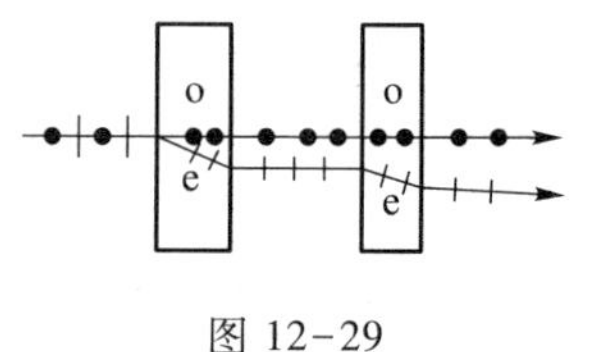

图 12-29

如将B块方解石绕光线转过一个角度，其光轴也随之转过了一个角度.由于光轴方向改变，这时从第一块方解石透射出来的两束光，在第二块方解石中又各自分成两束，从而射透光变为四束，其中两束 o 光，两束 e 光.

12-15-3　如图 12-30(a)所示，棱镜 $ABCD$ 是由两个 45°方解石棱镜所组成，棱镜 ABD 的光轴平行于 AB，棱镜 BCD 的光轴垂直于图面.当非偏振光垂直于 AB 入射时，试说明为什么 o 光和 e 光在第二个棱镜中分开成夹角 θ，并在图中画出 o 光和 e 光的波面和振动方向.

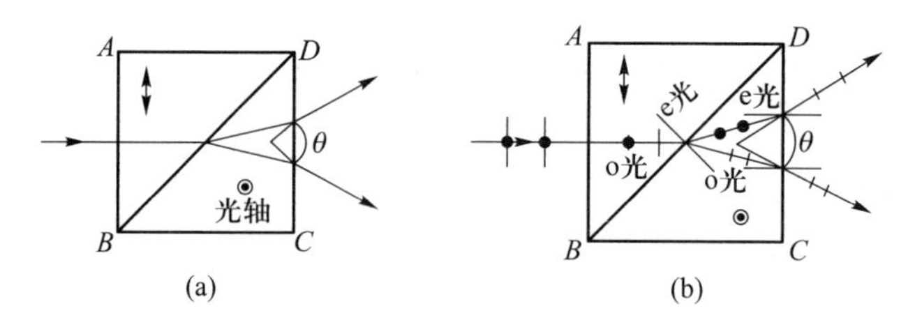

图 12-30

答:如图 12-30(b)所示,非偏振光垂直于 AB 入射到棱镜 ABD,由于棱镜的光轴平行于晶面,所以在棱镜内形成沿同一方向传播的 o 光和 e 光,但它们传播速度不同,因为方解石的 $n_o>n_e$,所以在方解石中 $v_o<v_e$.这两束光传到右侧棱镜 BCD 时,由于棱镜的光轴垂直于纸面,且对于 BD 面是斜入射的,所以进入棱镜 BCD 后,原来的 o 光变成为 e 光,速度增大,原来的 e 光变成 o 光,速度减小.因此到右边棱镜的 e 光远离法线折射,o 光靠近法线折射.当两束光从 DC 边出射时,由于 $n_o>1$,$n_e>1$,所以出射时都远离法线,形成较大的夹角 θ.

12-15-4　如图 12-31 所示,一束自然光入射到方解石晶体上,经折射后透射出晶体.对这晶体来说,试问:(1) 哪一束是 o 光? 哪一束是 e 光? 为什么? (2) a、b 两束光处于什么偏振态? 分别画出它们的光矢量振动方向.(3) 在入射光束中放一偏振片,并旋转此偏振片,出射光强有何变化?

答:(1) 根据方解石晶体对 o 光和 e 光不同的主折射率($n_o>n_e$),可确定斜入射自然光在晶体内形成的 o 光和 e 光的波面,及其传播方向,并确定 o 光和 e 光的主平面.所以,a 是 o 光,b 是 e 光.

(2) 它们都是线偏振光,a(o 光)的振动方向垂直于它的主平面(晶体内 a 的传播方向和光轴构成的平面),b(e 光)的振动方向平行于它的主平面(晶体内 b 的传播方向和光轴构成的平面).在图示情况下,晶体内两主平面不重合,如图 12-32 所示.

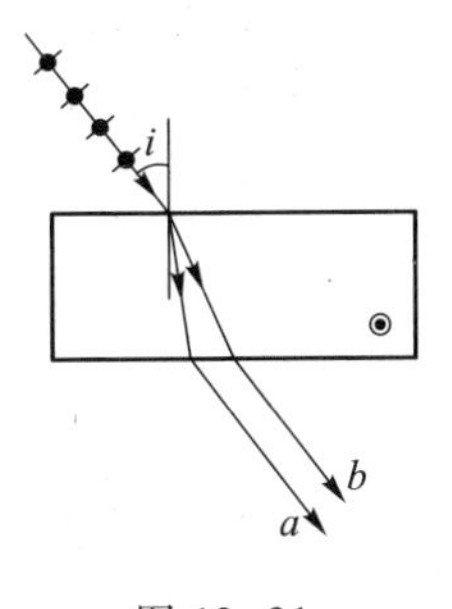

图 12-31

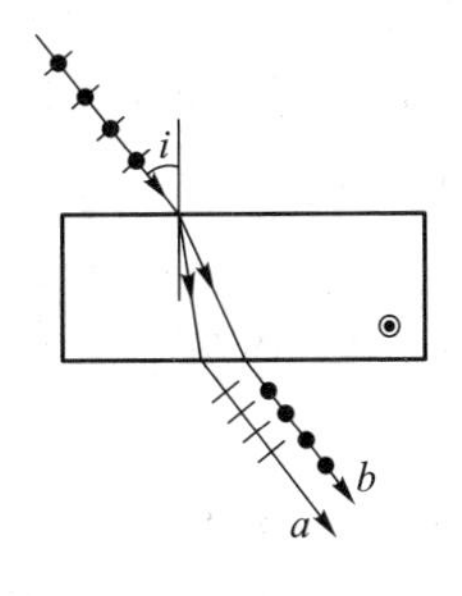

图 12-32

(3) 在入射光束中放一偏振片后,入射光成为线偏振光.当线偏振光的光矢量在入射面内时,在晶体内只激发 o 光;当线偏振光的光矢量垂直于入射面内时,在晶体内只激发 e 光;当线偏振光的光矢量取其他方向时,晶体内既有 o 光,也有 e 光;旋转偏振片时,出射光强出现上述情况的周期变化.

*§ 12-16 偏振光的干涉 人为双折射

12-16-1 试说明偏振光干涉装置中偏振片 P_1、P_2 和双折射晶片 C 各元件的作用,为什么缺少任一元件就观察不到干涉效应?

答:偏振光干涉装置中偏振片 P_1 使入射的自然光成为线偏振光.如果没有偏振片 P_1,自然光直接入射到晶片 C 上,就不可能满足有固定相位差的相干条件,也就观察不到干涉现象,这是因为自然光中的各光矢量无固定的相位关系,从而使晶体内的 o 光和 e 光在初始时刻就没有固定的相位差,即使在通过晶片后产生了一个固定的相位差$\dfrac{2\pi}{\lambda}(n_o-n_e)d$,但 o 光和 e 光总的相位差仍是不固定的.如果是线偏振光入射,使晶体内的 o 光和 e 光初相位差为零,则两光经过晶片后,就会有固定的相位差$\dfrac{2\pi}{\lambda}(n_o-n_e)d$,所以偏振光干涉装置中没有偏振片 P_1 就不能产生干涉效应.

双折射晶片 C 使入射的线偏振光分解为两束振动频率相同、振动方向相互垂直、相互间有相位差的线偏振光.由于晶片的光轴平行于入射表面,从而使 o 光和 e 光的传播方向相同,所以又是使相干光相遇的装置.

偏振片 P_2 是使从晶片出射的振动方向相互垂直的 o 光和 e 光在 P_2 的偏振化方向上的分量变成同方向的振动,从而叠加得到干涉现象.由上述分析可知,偏振光干涉同样需满足:光振动方向相同,频率相同,在叠加点有恒定的相位差的相干条件.因此,P_1、P_2 和 C 三者缺一不可.

*§ 12-17 旋光性

12-17-1 在观察旋光性的实验装置与观察人为双折射(如光弹性效应、电光效应等)实验装置中都有两个偏振片 P_1 和 P_2,它们的作用是否相同?

答:在两类实验装置中,偏振片 P_1 的作用是相同的,它们的作用都是使入射的自然光成为线偏振光,因为只有线偏振光入射到不同的物质才可能有相应的旋光性效应或者人为双折射效应,所以偏振片 P_1 在两类实验装置中都是起偏振片的作用.但是,偏振片 P_2 在两类实验装置中的作用是不同的.在观察旋光性的实验中,P_2 实际上是检偏振片的作用,检查通过旋光性物质后偏振光的偏振面转了多少角度;而在观察人为双折射的实验中,因为偏振光通过双折射物质后所产生的 o 光和 e 光是振动方向互为垂直的偏振光,它们相遇并不满足相干条件,只有经过 P_2后,o 光和 e 光在 P_2偏振化方向上的分量有相同的振动方向,满足干涉条件,所以 P_2的作用是保证 o 光和 e 光能产生干涉必不可少的器件.

*§ 12-18 现代光学简介

12-18-1 为什么就存储信息的方式而言,存储全息图比直接存储实像更好?

答:普通照相得到的是物体的二维平面像,而全息照相得到的是立体图像.尤其是,普通照片缺损一部分就破坏了图像完整性,而全息相片即使打碎了,任一小片也仍可再现完整的图像,所以以全息图的方式比普通的存储照片方式好.但观察全息图需要一定的设备,不如普通照相片那样方便.

第十三章　早期量子论和量子力学基础

§13-1　热辐射　普朗克的能量子假设

13-1-1　两个相同的物体 A 和 B,具有相同的温度,如 A 物体周围的温度低于 A,而 B 物体周围的温度高于 B.试问:A 和 B 两物体在温度相同的那一瞬间,单位时间内辐射的能量是否相等?单位时间内吸收的能量是否相等?

答:单位时间内从物体表面单位面积辐射出的各种波长的总辐射能,称为物体的辐出度 $M(T)$.辐出度只是热力学温度的函数.对于不同的物体,特别是在其表面情况(如粗糙程度等)不同时,该函数形式是不同的.若 A 和 B 两物体包括它们的表面情况完全相同,则在相同温度时的辐出度是相同的.

A 和 B 两物体在具有相同温度的那一瞬间,它们与各自的环境并不处于热平衡状态.A 物体的温度高于环境温度,其单位时间的辐射能大于吸收能;而 B 物体的温度低于环境温度,其单位时间的辐射能小于吸收能.两者的辐出度相同,所以,单位时间内 B 物体从外界吸收的能量大于 A,物体从外界吸收的能量.

13-1-2　绝对黑体和平常所说的黑色物体有何区别?绝对黑体在任何温度下,是否都是黑色的?在同温度下,绝对黑体和一般黑色物体的辐出度是否一样?

答:绝对黑体(黑体)是理想化的物理模型.绝对黑体在任何温度下,对于来自外界的任何波长的辐射能的吸收比恒等于 1,反射比恒等于零.自然界并不存在真正的黑体.实验中用不透明材料制成开有小孔的空腔作为绝对黑体的近似,小孔的行为就和黑体表面一样.平常所说的黑色物体的吸收比总是小于 1,反射比总是大于零的,如果吸收比等于 1,即没有反射,也就看不见黑色物体了.所以,黑色的物体不能等同于黑体.

绝对黑体不反射来自外界的能量,从这个意义说,它是“黑”的,犹如白天看远处建筑物开着的窗户是黑色的,因为进入窗户的光线很少能被反射出来.但这并不是说绝对黑体的颜色就是黑色的.绝对黑体的颜色由其自身在一定温度下的辐射能量按波长的分布决定.温度很低时,黑体辐射的能量很少,辐射能的峰值波长远大于可见光波长，此时呈黑色；随着绝对黑体温度的升高，辐射能逐渐增强，峰值波长向短波长方向移动，在可见光范围内，即可由暗红→红→黄→蓝→紫……变化.从冶炼炉小孔辐射出光的颜色来判断炉膛温度就是这个道理.

在同温度下，绝对黑体比一般黑色物体可吸收更多的辐射能，它的辐出度也比一般黑色物体大.

13-1-3 你能否估计人体热辐射的各种波长中，哪个波长的单色辐出度最大？

答：利用绝对黑体的辐出度按波长的分布规律进行估算.设正常人体体温为37 ℃（即310 K），根据维恩位移定律：

$$T\lambda_m = b \quad (b = 2.897\times10^{-3}\ \mathrm{m\cdot K})$$

可得

$$\lambda_m = \frac{b}{T} = 9.345\times10^{-6}\ \mathrm{m}$$

此波长处于远红外波段.

13-1-4 有两个同样的物体，一个是黑色的，一个是白色的，且温度也相同，把它们放在高温的环境中，哪一个物体温度升高较快？如果把它们放在低温环境中，哪一个物体温度降得较快？

答：根据基尔霍夫辐射定律，如果一个物体是良好的吸收体，即 $\alpha(\lambda, T)$ 较大，则它必定是一个良好的辐射体，即 $M(\lambda, T)$ 也较大.因此，黑体既是最好的吸收体，又是最好的辐射体.两物体处在高温环境中时，都处于吸收大于辐射状态.因黑色物体的吸收本领大于白色物体，因此，黑色物体温度升高较快.

当两物体处在低温环境中时，都处于辐射大于吸收状态.因黑色物体的辐射本领大于白色物体，因此，黑色物体温度降得较快.

13-1-5 若一物体的温度（热力学温度数值）增加一倍，它的总辐射能增加到多少倍？

答：根据斯特藩-玻耳兹曼定律，绝对黑体的总辐出度（单位时间、单位面积的总辐射能）为

$$M_0(T) = \sigma T^4$$

$$\frac{T_2}{T_1} = 2, \quad \frac{M_2}{M_1} = \left(\frac{T_2}{T_1}\right)^4 = 2^4 = 16$$

即绝对黑体的温度增加一倍时，它的总辐射能将增至原来的16倍.

§ 13-2 光电效应 爱因斯坦的光子理论

13-2-1 在光电效应的实验中,如果:(1) 入射光强度增加1倍;(2) 入射光频率增加1倍,按光子理论,这两种情况的结果有何不同?

答:爱因斯坦用光子概念解释光电效应时,认为一个光子的能量只能传递给金属中的单个电子,作用过程满足能量守恒定律,即 $h\nu=\frac{1}{2}mv_{m}^{2}+A$.在弱光情况(线性光学)下,该方程所成功解释的光电效应也称为外光电效应.

单色光光强可用光子数表示为 $I=Nh\nu$,N 为光子数,即单位时间内单位面积上的光子数与每个光子的能量的乘积:

(1) 如果入射光的频率不变,每个光子的能量就不变,光强 I 增加1倍.即单位时间内垂直入射于阴极K的单位面积的光子数 N 增加1倍,其结果是逸出金属的光电子数也增加1倍,即光电流增加1倍.但截止电压不变.

(2) 如果入射光强度(光子数)保持不变,入射光频率增加1倍.即与电子作用的每个光子的能量增加1倍,其结果是逸出金属的光电子数 N 不变,只是逸出金属后的光电子的最大初动能增大.

13-2-2 已知一些材料的逸出功如下:钽4.12 eV,钨4.50 eV,铝4.20 eV,钡2.50 eV,锂2.30 eV.试问:如果制造在可见光下工作的光电管,应取哪种材料?

答:可见光波长范围(按能量从低到高排列)可取为760~400 nm,对应的光子能量,由 $h\nu=h\frac{c}{\lambda}$ 可知,在1.64~3.11 eV范围内.根据爱因斯坦光电效应方程,在可见光下可发生光电效应时,光子的能量必须满足 $h\nu\geqslant A$.所以,应取的材料为钡和锂.

13-2-3 光子在哪些方面与其他粒子(譬如电子)相似?在哪些方面不同?

答:光子和其他实物粒子(譬如电子)的相似之处在于:都具有波粒二象性,即都具有一定的质量、动量和能量以及与之对应的频率和波长;在与其他物质相互作用而交换其能量和动量过程中都遵守能量守恒定律和动量守恒定律.

光子和其他实物粒子的不同之处在于:光子的静止质量为零且电中性,其他实物粒子(譬如电子)的静止质量不为零,电子带有电荷;光子和电子的自旋不同,光子的自旋量子数为1,电子的自旋量子数为1/2.分别服从不同的统计分布规律.

13-2-4 用频率为 ν_1 的单色光照射某光电管阴极时,测得饱和电流为 I_1;用频率为 ν_2 的单色光以与 ν_1 的单色光相等强度照射时,测得饱和电流为 I_2.若 $I_2>I_1$,ν_1 和 ν_2 的关系如何?

答:饱和光电流正比于入射光光强.两种单色光的光强相同,应有 $N_1h\nu_1=N_2h\nu_2$.光电效应的一个光子对应一个电子,因此饱和电流 I 与光子数 N 有关系:$\frac{I_2}{I_1}=\frac{N_2}{N_1}=\frac{\nu_1}{\nu_2}>1$,所以 $\nu_1>\nu_2$.

13-2-5 用频率为 ν_1 的单色光照射某光电管阴极时,测得光电子的最大动能为 E_{k_1};用频率为 ν_2 的单色光照射时,测得光电子的最大动能为 E_{k_2},若 $E_{k_1}>E_{k_2}$,ν_1 和 ν_2 哪一个大?

答:对同一个光电管的阴极材料,其逸出功与入射光的频率等无关,是个常量.根据爱因斯坦关系式,有 $h\nu_1-E_{k_1}=h\nu_2-E_{k_2}$,因 $E_{k_2}-E_{k_1}=h(\nu_2-\nu_1)<0$,所以 $\nu_2<\nu_1$.

§ 13-3 康普顿效应

13-3-1 用可见光能否观察到康普顿散射现象?

答:康普顿效应是 X 射线经物质散射后,散射光谱中含有波长变长的谱线.用光子理论来解释,X 射线光子的能量为 $10^4\sim10^5$ eV,散射物质中受原子核束缚较弱的电子的结合能为 $10\sim10^2$ eV,比 X 射线光子能量小很多,而且这类电子的热运动能量也只有 10^{-2} eV 数量级,因此,相对于 X 射线光子,这样的电子可以看作是静止的自由电子.但是可见光光子能量(小于 3.1 eV)远小于 X 射线光子的能量,与原子中的电子碰撞时,电子不能被认为是自由的,而是束缚在原子内,因此,此时光子与整个原子碰撞,原子质量很大,碰撞后波长的改变量比 X 射线波长改变量小得多.所以,用可见光无法观察到康普顿效应.

下面我们来比较一下不同波长的入射光的情况下,在 $\varphi=\pi$ 的散射方向上,相对康普顿波长的偏移值:

	波长/nm	波长相对偏移$\frac{\Delta\lambda}{\lambda}$
微波	3×10^{-7}	1.62×10^{-10}
钠光	589.3	8.25×10^{-6}
X 射线	0.1	4.86×10^{-2}
γ 射线	2×10^{-2}	2.43×10^{-1}

由表可以看到,若入射的是可见光,则康普顿波长的偏移相对入射光的波长而言,将是相当小的,在实验中就无法测量到散射光的波长了.

13-3-2 在康普顿效应中,什么条件下才可以把散射物质中的电子近似看成静止的自由电子?

答:当散射物质中原子最外层电子(价电子)所受的束缚能相对入射光子的能量可以忽略不计时,该电子可近似为静止的自由电子(X射线光子的能量为 $10^4 \sim 10^5$ eV,散射物质中电子束缚能为 $10 \sim 10^2$ eV).入射光子与自由电子碰撞散射的结果,对应波长变长的谱线.入射光子与原子中束缚得很紧的芯电子碰撞散射情况,对应波长不变的谱线.

§13-4 氢原子光谱 玻尔的氢原子理论

13-4-1 (1) 氢原子光谱中,同一谱系的各相邻谱线的间隔是否相等?(2) 试根据氢原子的能级公式说明当量子数 n 增大时能级的变化情况以及能级间的间距变化情况.

答:(1) 氢原子光谱的里德伯方程为 $\frac{1}{\lambda}=R\left(\frac{1}{k^2}-\frac{1}{n^2}\right)=T(k)-T(n)$,同一 k 值、不同 n 值($n>k$)给出同一谱系各谱线的波数.同一谱系 k 内相邻谱线 n' 和 n 的间隔为

$$\frac{1}{\lambda_{k,n'\to n}}=T(n)-T(n')$$
$$=R\left(\frac{1}{n^2}-\frac{1}{n'^2}\right)$$

其中 $n'-n=1$, $n>k$. 当 n 很大时,有 $\frac{1}{\lambda_{k,n'\to n}} \approx R\frac{2}{n^3}$. 例如,当 $n=30$ 时, $\frac{1}{\lambda}\approx 812.6\ \text{m}^{-1}$;$n=350$ 时,$\frac{1}{\lambda}\approx 0.5\ \text{m}^{-1}$.可见,同一谱系的各相邻谱线的间隔随 n 增大而急剧减小.

(2) 氢原子的能级公式可表示为 $E_n=-\frac{|E_1|}{n^2}$,其中 $|E_1|=\frac{me^4}{8\varepsilon_0^2h^2}$. $E_n<0$ 表明氢原子处于第 n 个束缚态.随着量子数 n 的增大,E_n 迅速增大,$n\to\infty$ 时,$E_n\to 0$.能级间隔为

$$\Delta E=E_{n'}-E_n=\left(\frac{1}{n^2}-\frac{1}{n'^2}\right)|E_1|$$

当 n 很大时，ΔE 按 $\Delta E=\frac{2}{n^3}|E_1|$ 规律随量子数 n 增大而迅速减小.例如，当 $n=30$ 时 $\Delta E\approx 1\times10^{-3}$ eV；$n=350$ 时 $\Delta E\approx 6.3\times10^{-7}$ eV. 在量子数很大的情况下，非常小的能量间隔可近似看作是连续分布的，这也是对应原理所要求的.

13-4-2　由氢原子理论可知，当氢原子处于 $n=4$ 的激发态时，可发射几种波长的光？

答：如图 13-1 所示，共发射 6 种波长的光，根据原子光谱的里德伯方程 $\frac{1}{\lambda}=R\left(\frac{1}{k^2}-\frac{1}{n^2}\right)$ 得

$n=2\rightarrow n=1$，　$\lambda=121.6$ nm

$n=3\rightarrow n=1$，　$\lambda=102.6$ nm

$n=4\rightarrow n=1$，　$\lambda=97.3$ nm

$n=3\rightarrow n=2$，　$\lambda=656.6$ nm

$n=4\rightarrow n=2$，　$\lambda=547.2$ nm

$n=4\rightarrow n=3$，　$\lambda=1876$ nm

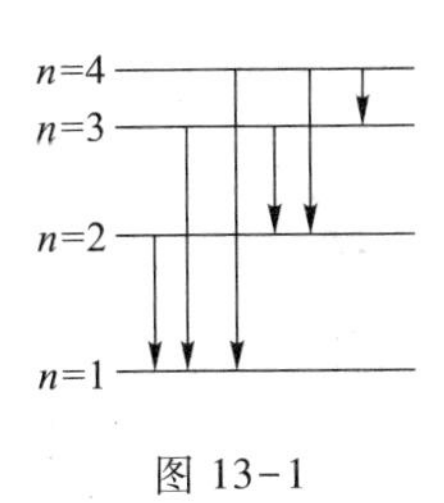

图 13-1

13-4-3　如图 13-2 所示，被激发的氢原子跃迁到低能级时，可发射波长为 λ_1、λ_2、λ_3 的辐射.问三个波长之间的关系如何？

答：根据氢原子光谱的里德伯方程

$$\frac{1}{\lambda}=R\left(\frac{1}{R^2}-\frac{1}{n^2}\right)$$

可得到 λ_1、λ_2、λ_3 三波长间的关系为 $\frac{1}{\lambda_3}-\frac{1}{\lambda_2}=\frac{1}{\lambda_1}$.

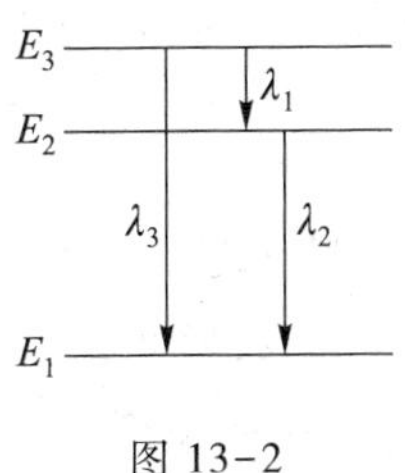

图 13-2

§ 13-5　德布罗意波　微观粒子的波粒二象性

13-5-1　在我们日常生活中，为什么观察不到粒子的波动性和电磁辐射的粒子性？

答：因为宏观粒子的质量比微观粒子的质量大得多，其德布罗意波的波长很短，它的波动性显示不出来.

电磁辐射的粒子性为光子，由于光子的静止质量为零，运动速度为光速，即使是运动质量也极小，对微波辐射来说，$\nu=10^{10}$ Hz，运动质量

$$m=\frac{h\nu}{c^2}=\frac{6.63\times10^{-34}\times10^{10}}{(3\times10^8)^2}\text{kg}$$
$$=7\times10^{-41}\ \text{kg}$$

微乎其微,所以在日常生活中无法观察到.

13-5-2 若一个电子和一个质子具有相同的动能,哪个粒子的德布罗意波长较长?

答:根据德布罗意关系

$$\lambda=\frac{h}{p}=\frac{h}{\sqrt{2mE_\text{k}}}$$

可知,如果一个电子和一个质子具有同样的动能 E_k,则质量 m 小的粒子,有较长的德布罗意波长,所以电子的德布罗意波长较长.

13-5-3 物质波的传播速度是否就是粒子的运动速度?

答:在德布罗意提出粒子的波动性后,根据波的频率、波长和传播速度(相速度)三者的关系 $u=\lambda\nu$ 应用到德布罗意波,应有

$$u=\nu\lambda=\frac{h\nu}{\frac{h}{\lambda}}=\frac{E}{p}$$

如将 $E=mc^2$,$p=mv$,(式中 v 为粒子的运动速度)代入可得

$$u=\frac{c^2}{v}$$

这个结果是令人难以接受的,因为 $u>c$,即物质波的波速超过光速,与相对论相悖的.德布罗意注意到这个问题,他认为实际自由粒子应该对应德布罗意波波包,其传播速度应由群速度来代表.应用波包群速度公式

$$u_\text{g}=\frac{\mathrm{d}\omega}{\mathrm{d}k}=\frac{\mathrm{d}(\hbar\omega)}{\mathrm{d}(\hbar k)}=\frac{\mathrm{d}E}{\mathrm{d}p}=v$$

即德布罗意波的群速度 u_g 恰好等于粒子的速度 v.

请注意:物质波波包概念是与实验违背的.正确的认识应是玻恩的解释,他认为物质波描述了粒子在各处被发现的概率,这就是说,德布罗意波是概率波,所以讨论物质波的传播速度是没有意义的.

13-5-4 如果普朗克常量 $h\to0$,对波粒二象性会有什么影响?

答:如果 $h\to0$,那么对于粒子,其德布罗意波长 $\lambda=\frac{h}{p}\to0$,不显示波动性.另一

方面，对于光子，其能量 $E=h\nu\to 0$，质量 $m=\frac{E}{c^2}\to 0$，动量 $p=\frac{h\nu}{c}\to 0$，不显示粒子性.

§ 13-6　不确定性原理

13-6-1　为什么说不确定性原理指出了经典力学的适用范围？

答：在经典力学中，一个粒子的位置和动量是可以同时确定的.而且一旦知道了某一时刻粒子的位置和动量，则任意时刻粒子的位置和动量原则上都可以精确地预言.

但在量子理论中，如电子的衍射实验表明，对一个电子来说，不能确定它是从缝中哪一点通过的，所以它的位置有一个不确定量.与此同时，由于衍射的缘故，电子的速度也是不确定的，因此动量也有一个不确定量.海森伯的不确定性原理 $\Delta x\cdot\Delta p_x\geqslant\frac{\hbar}{2}$ 表明：如果粒子的动量完全确定，它的位置就完全不确定.反之，如果粒子的位置完全确定，它的动量就完全不确定.不确定性原理反映了微观粒子的基本规律，对经典理论适用范围的限制.

13-6-2　为什么说不确定性原理与实验技术或仪器的精度无关？

答：不确定关系的存在不是测量问题，不是由于测量仪器不完善或实验技术不高明所引起的，而是原理性的问题.不确定关系是量子力学的一个基本关系，它可以从量子力学基本假设中推导出来，它的存在完全是由微观粒子的本质所决定的.

13-6-3　有人从不确定性原理得出“微观粒子的运动状态是无法确定的”的结论，你认为对吗？为什么？

答：微观粒子的本质是具有波粒二象性，它的运动状态虽然不能用经典理论来确定，但可用波函数来描述，用粒子在空间出现的概率来确定它的运动状态.

13-6-4　根据不确定性原理，一个分子即使 0 K，它能完全静止吗？

答：不能.如果一个分子完全静止，它的速度为零，动量也为零，相应地，动量的不确定量 $\Delta p=0$.既然分子静止不动，它的位置不确定量 $\Delta x=0$ 此时

$$\Delta p\Delta x=0$$

上式表明了位置和动量可同时确定，违背了不确定性原理.所以，一个分子即使

在 0 K,也不能完全静止.

§13-7 波函数及其统计诠释

13-7-1 物质波与机械波、电磁波有何异同之处?

答:物质波与机械波、电磁波一样具有干涉、衍射等波动特性,但物质波并不像机械波、电磁波那样代表某些实在的物理量的波动,而是刻画粒子在空间概率分布的概率波.

13-7-2 波函数的物理意义是什么? 它必须满足哪些条件?

答:波函数 $\psi(\boldsymbol{r})$ 是量子力学中最重要的基本概念之一,它可以完全描述一个体系的量子态.但是它本身并不存在经典物理学中与之对应的物理量,而 $|\psi(\boldsymbol{r})|^2=\psi(\boldsymbol{r})\psi^*(\boldsymbol{r})$ 表示在空间 $\boldsymbol{r}$ 点处单位体积中找到粒子的概率,这是玻恩提出的波函数的概率诠释.

根据波函数的统计诠释,波函数必须满足单值、有限和连续(包括其一阶导数连续)的条件,而且是归一化的函数.

13-7-3 物质波是什么波? 什么是概率密度? 概率密度与波函数有什么关系?

答:物质波是一种体现微观粒子运动的概率波.概率密度是在某一时刻在空间某点处单位体积内粒子出现的概率.概率密度与波函数的关系为

$$|\psi(\boldsymbol{r})|^2=\psi(\boldsymbol{r})\psi^*(\boldsymbol{r})$$

13-7-4 怎样理解微观粒子的波粒二象性?

答:微观粒子既不是经典的粒子,不具有绝对精确的轨道,也不是经典的波,不表示某种实在的物理量在空间的传播.在量子力学的概念中,微观粒子既是粒子也是波,如电子既具有一定的质量和电荷等内禀属性,又具有波的叠加性.因此,波粒二象性指的是,把微观粒子的“原子性”与波的“叠加性”统一起来,在不同的实验下,客体可以呈现出不同的性质.

§13-8 薛定谔方程

13-8-1 什么是定态薛定谔方程? 定态的意义是什么?

答:当势能 U 不显含时间而只是坐标的函数时,波函数可以写成空间坐标函数$\psi(x,y,z)$和时间函数$f(t)$的乘积$\Psi(\boldsymbol{r},t)=\psi(\boldsymbol{r})f(t)$.这样,薛定谔方程可简化为

$$-\frac{\hbar^2}{2m}\nabla^2\psi+U\psi=E\psi$$

这就是定态薛定谔方程.

粒子在空间各点出现的概率密度$|\Psi(\boldsymbol{r},t)|^2=|\psi(\boldsymbol{r})|^2$与时间无关,即概率密度在空间形成稳定分布,这样粒子的运动状态处于定态.

§ 13-9 一维定态薛定谔方程的应用

13-9-1 试总结应用薛定谔方程处理微观粒子运动状态的一般方法.

答:(1) 先根据题意写出粒子的势能函数.

(2) 根据势能函数列出不同条件下的薛定谔方程.

(3) 解薛定谔方程,写出波函数的通解$\Psi(\boldsymbol{r},t)$.

(4) 根据波函数必须满足单值、有限、连续条件和归一化条件求出积分常数.

(5) 由波函数得到概率密度,并讨论其结果.

13-9-2 量子力学给出的势阱中的粒子在各处的概率和经典结论有什么不同?关于粒子可能具有的能量二者给出的结论有何不同?

答:在经典力学中,因粒子在势阱内不受力,粒子在两阱壁间作匀速直线运动,所以粒子出现的概率处处相同.在量子力学中,粒子出现的概率是不均匀的,(参看教材图 13-30),当$n=1$时,$x=\frac{a}{2}$处粒子出现的概率最大;当$n=2$时,在$x=\frac{a}{4},\frac{3}{4}a$处概率最大……概率密度的峰值个数和量子数$n$相等.当量子数$n\to\infty$时,粒子出现的概率也是均匀的,这与经典情况一样.

在经典理论中,粒子的能量是连续的;而在量子力学中,粒子的能量是不连续的,只能取分立值,即能量是量子化的.另外,粒子的最小能量不等于零,这种最小能量称为零点能.

13-9-3 什么是隧道效应?它的大小与哪些物理量有关?经典理论能否解释这一现象?

答:微观粒子能够穿透比它的总能量还高的势垒的现象,形象地被称为隧道效应.这是量子力学中特有的现象,经典理论是无法解释的.

在隧道效应中粒子穿透势垒的概率与势垒的厚度有关，厚度越大，穿透概率越小；与粒子的能量有关，能量越大，穿透概率越大.

13-9-4 量子力学给出的一维谐振子的可能能量与普朗克当初提出的假设有何不同？什么叫零点能？经典物理的“零点能”是多少？

答：谐振子的能量量子化是普朗克首先提出的，但在普朗克那里，这种能量量子化是一个大胆的有创造性的假说.在这里，它成了量子力学理论的一个自然结论.在普朗克假设中，谐振子的最低能量为零，这符合经典概念，即认为粒子的最低能态为静止能态.但在量子力学中，最低能量为$\frac{1}{2}h\nu$，这意味着微观粒子不可能完全静止，这是波粒二象性的表现，它满足不确定关系的要求.

如果把谐振子冷到绝对零度（严格说是接近绝对零度），谐振子将处于基态，按量子力学，谐振子的能量为$\frac{1}{2}h\nu$，此为绝对零度时谐振子具有的能量，这是零点能名称的由来.

§13-10 量子力学中的氢原子问题

13-10-1 在氢原子中具有量子数 $n=1$ 的电子与量子数 $n=2$ 的电子哪个出现在 $r=5a_0$（a_0为玻尔半径）附近的概率更大？

答：在氢原子中一个具有量子数为 n 的电子，无论其量子数 l 和 m_l 为多少，出现在 $r=n^2a_0$附近的概率最大.对量子数 $n=1$ 的电子，最可能出现在 $r=a_0$处附近，而对量子数 $n=2$ 的电子在 $r=4a_0$附近的概率最大，所以量子数 $n=2$ 的电子比 $n=1$ 的电子有更大的概率出现在 $r=5a_0$附近.

§13-11 电子的自旋 原子的电子壳层结构

13-11-1 比较一下玻尔原子图像和由薛定谔方程得出的图像，有哪些相似之处？有哪些不同之处？

答：量子力学在求解氢原子波函数时，得到能量量子化和电子绕核运动角动量量子化的结论是一致的，但角动量量子化条件是不同的，玻尔理论为 $L=n\frac{h}{2\pi}$，而量子力学为 $L=\sqrt{l(l+1)}\frac{h}{2\pi}$.实验证明，量子力学的结论是正确的.这些量子化条件,在玻尔理论中是人为假设的.在量子力学中,为使薛定谔方程的解满足波函数单值、有限和连续条件,而在引入一些常量,这些常量不能取任意值,而只能取某些特定值,这就出现了一些物理量的量子化.所以,在量子力学中,量子化不是“条件”,而是微观世界普遍现象和规律.

玻尔理论认为电子具有确定的轨道,而量子力学只能得出电子在某处出现的概率.为了形象地表示电子在空间分布规律,用电子云代替轨道来形象地描述.

13-11-2 氢原子中电子所处的状态由哪些量子数决定?如何取值?

答:氢原子中电子的稳定运动状态可用三个量子数来表征:

(1) 主量子数 n:$n=1,2,3,\cdots$它大体上决定了原子中电子的能量;

(2) 角量子数 l:$l=0,1,2,3,\cdots,n-1$,它决定了原子中电子轨道的角动量,对能量也稍有影响;

(3) 磁量子数 m_l,$m_l=0,\pm1,\pm2,\cdots,\pm l$,它决定了电子轨道角动量 $\boldsymbol{L}$ 在外磁场中的取向.

对于多电子原子中电子的运动状态还要考虑自旋量子数 m_s,$m_s=\pm\dfrac{1}{2}$,它决定了电子自旋角动量 $\boldsymbol{S}$ 在外磁场中的取向.

13-11-3 如何近似地确定多电子原子的电子组态?

答:多电子原子中电子的运动状态由四个量子数 n,l,m_l和 m_s来确定.电子在原子中的分布还遵从两个原理:(1) 泡利不相容原理:在一个原子系统内,不可能有两个或两个以上的电子具有相同的状态,即不可能具有四个相同的量子数.由此可算出,原子中相同主量子数 n 的电子数最多为 $2n^2$.(2) 能量最小原理:每个电子趋向占有最低的能级.柯塞耳提出多电子按壳层分布的形象化模型,即主量子数 n 相同的电子组成一个壳层.在一个壳层中,又按角量子数 l 分为若干个支壳层.这样,在 $n=1,2,3,4,\cdots$ 的各壳层上,最多可容纳 2,8,18,32,⋯个电子,而在 $l=0,1,2,3,\cdots$各支壳层上,最多可容纳 2,6,10,14,⋯个电子.

*第十四章　激光和固体的量子理论

§14-1　激光

14-1-1　比较受激辐射和自发辐射的特点.

答:处于高能态E_2的原子,在没有外界的作用下,自发地向低能态E_1跃迁,并发射出一个光子,其能量为$h\nu=E_2-E_1$这称为自发辐射.

处于高能态的E_2的原子,在自发辐射以前,受到能量为$h\nu=E_2-E_1$的外来光子的诱发作用.跃迁到低能态E_1,同时发射一个与外来光子频率、相位、偏振态和传播方向都相同的光子,这一过程称为受激辐射.

14-1-2　实现粒子数反转要求具备什么条件?

答:粒子数反转是指处于高能态的粒子数多于处于低能态的粒子数的情况.要实现粒子数反转,首先要有能实现粒子数反转分布的物质,即激活介质,这种物质必须具有亚稳态的能级结构.其次必须从外界输入能量,使激活介质有尽可能多的原子吸收能量后跃迁到高能态,即"抽运".

14-1-3　如果在激光的工作物质中,只有基态和另一个激发态,能否实现粒子数反转?

答:如果激光工作物质只有基态和激发态两个能级E_1和E_2是不能实现粒子数反转的.因为处于激发态的原子是不稳定的.要实现粒子数反转,必须具有寿命较长的亚稳态能级E_3.激发能源把基态的原子抽运到亚稳态,使亚稳态的原子数不断增加,而基态的原子数不断减少,这样,在亚稳态能级和基态能级之间实现了粒子数反转.如果满足$(E_2-E_1)/h$的光子射入,就会产生受激辐射而实现光放大,形成激光.

14-1-4　谐振腔在激光的形成过程中起什么作用?

答:在激光工作物质产生的受激辐射光中,那些基本上沿激光工作物质轴线方向传播的光将在谐振腔的两个反射镜间来回反射不断放大,并从部分反射镜的一端输出,成为激光.而那些传播方向偏离轴线的光,将从激光管侧面射出.所以,谐振腔一方面能起到延长激光工作物质的作用,提高光能密度,同时还对输出光的传播方向起到控制作用.此外,谐振腔还能对激光输出波长进行选择.

§ 14-2 固体的能带结构

14-2-1 比较孤立原子中电子与晶体中电子的能量特征.

答:在晶体中,由于电子的共有化,使原来自由状态下的原子能级发生分裂.当 N 个相同原子组成晶体时,原来单个原子的每一个能级都分裂为 N 个能量差极小的能级,形成能带.能量越低的能级,相应的能带越窄,能量越高的能级,相应的能带越宽.

14-2-2 何谓电子共有化?

答:由于晶体中原子的周期性排列而使价电子不再为单个原子所具有的现象,称为电子共有化.

14-2-3 什么是能带、禁带、导带、价带、满带?

答:在晶体中,单个原子的能级分裂后所形成的密集的能量范围,叫做能带.

在两个相邻的能带之间,存在着一个能量间隔,不存在电子的稳定能态,这个能量间隔称为禁带.

未被电子填满的能带,称为导带.

由价电子能级分裂而形成的能带,称为价带.

如果在一个能带中各能级都被电子填满,这样的能带称为满带.

在未被激发的正常情况下没有电子填入的能带,称为空带.

14-2-4 导体、半导体和绝缘体的能带结构有何不同?

答:绝缘体的价带被电子填满,形成满带,与邻近导带(空带)之间的禁带宽度 ΔE_g 较大,达几个电子伏,在一般外电场的作用下,或者受到热激发、光激发等作用时,只会有极少量的电子从满带跃迁到导带上去,从而具有极弱的导电性.

金属导体的能带结构大致有三种形式:(1) 价带中只部分填入电子,在外电场的作用下,电子很容易在该带中从低能级跃迁到高能级,从而形成电流,这类导体具有电子导电性.(2) 有些金属的价带虽已被电子填满,但此满带与另一相邻的空带相连或部分重叠,实际上也形成一个未填满的能带,它们也都具有电子导电性.(3) 有些金属的价带本来就未被电子填满.而这个价带又与相邻的导带重叠,它们也具有电子导电性.

半导体的能带结构与绝缘体的能带结构非常相似,只是满带与它相邻的导带之间的禁带宽度ΔE_g与绝缘体比起来要小得多,为 0.1~1.5 eV,所以用不太大的能量就可以把满带中的电子激发到导带上去.在电场的作用下形成电流,这是半导体的电子导电性.当满带中的电子被激发后,在满带顶部附近留下空着的能级,在电场的作用下,原填满的价带中的电子就会跃迁到这些空能级而形成电流,这是半导体的空穴导电性.

14-2-5 为什么在外电场的作用下,绝缘体不会有电流?

答:绝缘体的满带与导带之间的禁带一般很宽,在一般温度下,由于热运动使满带中的电子激发到导带是微不足道的.因此,加外电场时,在一般电压下,价电子也不可能获得足够能量跃入导带,所以在外电场的作用下,绝缘体不会有电流.如果外电场很强,致使满带中的大量电子跃过禁带而到达导带,这时绝缘体就变成了导体,这就是绝缘体被“击穿”了.

§14-3 半导体

14-3-1 本征半导体、n 型半导体和 p 型半导体中的载流子各是什么? 它们的能带结构有何区别?

答:本征半导体是纯净的理想半导体,参与导电的载流子是电子和空穴,它们的数目相等,总电流是两种载流子产生的电流之和.

n 型半导体中导电的载流子是电子.由于在四价元素(如锗、硅等)掺入了五价元素的杂质(如磷、砷等),使每个杂质原子多出了一个价电子,这些多余价电子的能级是在禁带中靠近导带的下边缘.在常温下,处在杂质能级上的杂质原子的价电子,很容易跃迁到导带上去,提高了半导体的导电性.

p 型半导体中导电的载流子是空穴.由于在四价元素中掺入了三价元素的杂质(如硼、铝等),使每个杂质原子少了一个电子,这时杂质能级在禁带中靠近满带的上边缘.在常温下,满带中的电子很容易被激发到这些杂质能级上去,同时在满带中形成空穴.在电场的作用下,这些空穴就参与导电.

14-3-2 在半导体 Si 中分别用 Sb、As、Al、In 掺杂,各得什么类型的半导体? 如在半导体 Ge 中用 Sb、As、Al、In 分别掺杂,又得什么类型的半导体?

答:半导体 Si 和 Ge 都是四价元素,而 Al 和 In 是三价元素,Sb 和 As 是五价元素.所以,在 Si 或 Ge 中掺入 Sb 或 As,则成为 n 型半导体;掺入 Al 或 In,则成为 p 型半导体.

14-3-3 适当掺杂和加热都能使半导体的电导率增加,这两种处理本质上有无不同?

答:对于不含杂质的纯净半导体,它的导电取决于满带中电子向导带的跃迁.加热使跃迁的电子增多,这样,半导体的电导率增加.

对于杂质半导体,由于杂质的掺入,杂质的能级在禁带中,或接近导带底,或接近满带顶,使杂质原子的多余电子易向导带跃迁,或使满带中的电子易向杂质能级跃迁,形成电子导电或空穴导电.

所以掺杂和加热使半导体的电导率增加在本质上是不同的.

14-3-4 p 型半导体和 n 型半导体接触后形成 pn 结,n 型区的电子能否无阻地向 p 型区扩散?

答:不能.因为当 n 区的电子向 p 区中扩散,p 区的空穴向 n 区中扩散后,在交界处正负电荷积累,形成一电偶层,出现由 n 区指向 p 区的电场,遏止电子和空穴的继续扩散,最后达到动平衡状态.

14-3-5 怎样用能带理论解释晶体二极管的整流作用?

答:pn 结的形成使 p 区和 n 区形成一接触电势差 U_0,由于这个接触电势差,使得半导体中的电子获得一附加能量,在 n 区电势较高,电子能量较低,在 p 区电势较低,电子能量较高,结果造成 p 区能带升高,n 区能带降低[图14-1(a)],由此在 pn 结处形成势垒,阻止 n 区的电子和 p 区的空穴进一步扩散,把通过 pn 结中的势垒称为阻挡层.

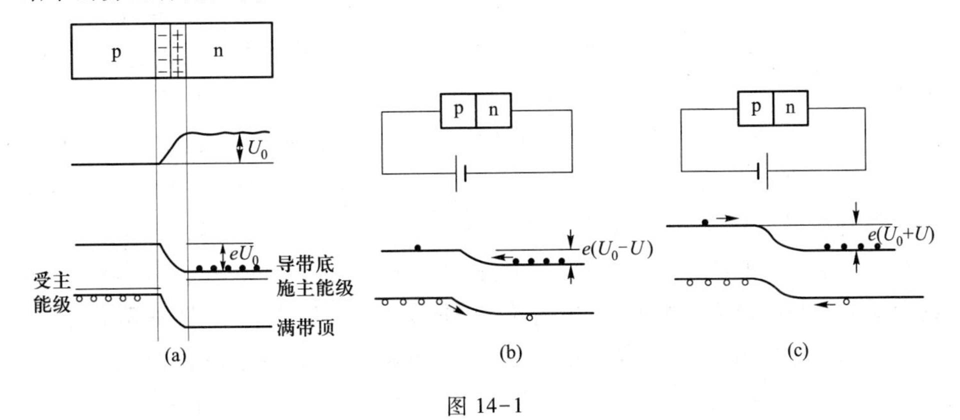

图 14-1

若在 pn 结上加上正向电压时，则由 p 区指向 n 区的外电场方向与阻挡层内部电场方向相反，结果使 pn 结中的电场减弱，电势差由 U_0 变为(U_0-U)，势垒降低[图 14-1(b)]，破坏了原来的动态平衡，使电子和空穴继续扩散，形成从 p 区到 n 区的正向电流.反之，如果在 pn 结上加上反向电压时，结果使 pn 结中的电势差由 U_0 变为(U_0+U)，势垒增高[图 14-1(c)]，使电子和空穴更难向对方扩散，反而使原来 n 区的很少空穴和 p 区的很少电子很容易通过阻挡层，形成反向电流.由于 n 区的空穴和 p 区的电子数目很少，所以反向电流很小，这就是半导体二极管整流作用的原理.

§14-4　超导体

14-4-1　*超导体有哪些主要特征?*

答: 超导体主要特性有:

(1) 零电阻　当超导体的温度 $T<T_c$(超导体的临界温度)，电阻完全消失.

(2) 临界磁场　当外磁场超过临界磁场强度 H_c 时，材料的超导态将被破坏而转入正常态.当 $T<T_c$ 同时 $H<H_c$ 的区域内.材料才具有超导电性.由于临界磁场的存在，限制了超导体中能够通过的电流的最大值，能破坏超导电性的最小电流称为临界电流.

(3) 迈斯纳效应　在使样品转变为超导态的过程中，无论先降温后加磁场，还是先加磁场后降温，超导体内部的磁感应强度总是为零.所以超导体具有完全抗磁性.

(4) 同位素效应　同位素的质量越大，转变温度越高.

14-4-2　*何谓磁通量子? 它能解释什么现象?*

答: 对于中空的金属圆柱体或中空的金属圆环，在 $T>T_c$ 时，沿轴向加外磁场，则磁力线将穿入金属以及它中间的空腔和外部.然后，冷却到 $T<T_c$ 使该中空圆柱体变成超导体.这时超导体内部没有磁感应线，$\boldsymbol{B}=0$，此即迈斯纳效应.同时，超导圆柱体内外表面薄层有表面电流.正是这表面电流产生的附加磁场与外磁场抵消，才使超导体内部的 $B=0$.保持 $T<T_c$，撤去外磁场，则超导体外部的磁场及外表面电流消失，但是空腔内的磁通量基本不变，内表面电流依旧.通常把穿过中空超导体内空腔以及超导体内表面穿透区域的总磁通量称为类磁通.理论和实验证明，类磁通是守恒的，且其值是量子化的，最小的类磁通单位称为磁通量子.磁通量子化是超导体独特的宏观量子效应.

应用磁通量子的概念.可以解释第Ⅱ类超导体的混合态(既有超导态又有正常态)的结构.

利用磁通量子化,可以制成超导量子干涉器件(SQUID),测量磁通量的灵敏度可以达到 10^{-20} Wb/Hz.已广泛应用于物理学和医学等各个领域.

14-4-3　BCS 理论是怎样解释超导现象的?

答:BCS 理论中一个基本的概念就是库珀电子对.库珀对中的两个电子的自旋相反,动量的大小相等而方向相反.当材料的温度 $T<T_c$ 时,超导体内存在大量的库珀对.在外电场的作用下,所有这些库珀对都获得相同的动量,朝同一方向运动,不会受到晶格的任何阻碍,就形成了几乎没有电阻的超导电流.而当温度 $T>T_c$ 时,热运动使库珀对分散为单个电子,于是,超导电性不复存在.

§ 14-5　团簇和纳米材料

14-5-1　什么叫"团簇"?

答:团簇是由几个到几百个原子、分子或离子所组成的相对稳定的集体.其空间尺度为 0.1~10 nm,它比无机分子大,比小块固体小,它的结构和性质既不同于单个原子分子,也不同于固体或液体,它是介于微观和宏观之间的一种形态.

14-5-2　C_{60}有怎样的结构?

答:C_{60}分子是由 12 个正五边形和 20 个正六边形组成的 32 面体,60 个碳原子分布在其顶点,原子之间由化学键相连,外形酷似足球,故称为足球烯,又称布基球或富勒体.

14-5-3　何谓纳米材料? 纳米微粒有哪些特殊的性质?

答:纳米材料是指尺度在 1~100 nm 的微粒或由这些微粒加工成块状或薄膜的固体材料.

纳米微粒的主要特性有:

(1) 表面效应　纳米微粒内包含有 10^2~10^4 个原子,其中有 50%左右为表面或界面原子,因而其表面活性很高.像金属纳米微粒在空气中会自燃,无机纳米微粒会吸附气体并与之发生反应.

(2) 小尺寸效应　当微粒的尺寸小于可见光波长时,对光的反射率将小于1%,于是材料失去原有的光泽而呈黑色,磁性微粒会失去磁性等.

（3）量子效应 当微粒的尺寸小于几个纳米时，固体的能带结构随着微粒尺寸的变小逐渐变窄，又逐渐还原成分立的能级.当材料的温度较低时，会呈现一系列与宏观物体截然不同的性质，例如原来导电的金属变成了绝缘体，比热容出现反常变化，光谱线向短波方向偏移等.

*第十五章　原子核物理和粒子物理简介

§15-1　原子核的基本性质

15-1-1　在几种元素的同位素$^{12}_{6}C$，$^{13}_{6}C$，$^{14}_{6}C$，$^{14}_{7}N$，$^{15}_{7}N$，$^{16}_{8}O$，$^{17}_{8}O$中，哪些同位素的核包含有相同的(1) 质子数;(2) 中子数;(3) 核子数？哪些同位素有相同的核外电子数？

答:(1) 含有相同质子数的同位素为$^{12}_{6}C$，$^{13}_{6}C$，$^{14}_{6}C$；$^{14}_{7}N$，$^{15}_{7}N$；$^{16}_{8}O$，$^{17}_{8}O$三组.

(2) 含有相同中子数的核素为$^{13}_{6}C$，$^{14}_{7}N$.

(3) 含有相同核子数的核素为$^{14}_{6}C$，$^{14}_{7}N$.

(4) 含有相同核外电子数的同位素为$^{12}_{6}C$，$^{13}_{6}C$，$^{14}_{6}C$；$^{14}_{7}N$，$^{15}_{7}N$；$^{16}_{8}O$，$^{17}_{8}O$三组.

15-1-2　中子的电荷数为零，却具有磁矩，你认为应该作何解释？

答:中子作为一个整体虽然不带电，但却有磁矩，这说明中子内部有结构，存在着电荷分布，由带正电的内核和带负电的外壳构成.自旋着的中子就有磁矩，而且其磁矩的方向和自旋的方向相反，故实验测得的磁矩为负值.

15-1-3　核力有哪些主要性质？

答:核力的主要性质有：

(1) 核力比电磁力强100多倍，是强相互作用力.

(2) 核力是短程力，只有当两核子相距小于2 fm时，核力是吸引力；小于1 fm时，核力是斥力.超过2 fm时，核力基本上消失了.

(3) 核力具有“饱和”的性质，一个核子只能和它紧邻的核子才有核力的作用，而不能同核内所有核子都有作用.

(4) 核力与核子的带电状况无关.质子和质子、质子和中子、中子和中子之间，核力的大小和特性大致相同.

15-1-4 说明核磁共振的基本原理.

答:核磁共振(NMR)就是在磁矩不为零的原子核恒定磁场中,受到射频场(3 kHz~3 000 GHz)的激励,发生磁能级间共振跃迁的现象.

核磁矩在磁场中的取向是量子化的,自旋量子数为 I 的核由于取向不同,其能量有 $(2I+1)$ 个数值,当电磁波的频率为 ν,且 $h\nu$ 的值恰等于两相邻能级间的能量 $\Delta E=\frac{\mu B_0}{I}$ 时,式中 μ 为核磁矩,B_0 为外磁场强度,就产生能级间的共振跃迁,表现出对该高频电磁场能量的强烈吸收,即出现核磁共振现象.这个频率就是共振频率.

§15-2 原子核的结合能 裂变和聚变

15-2-1 为何重核裂变和轻核聚变会释放能量?假设使中等质量的核分别发生裂变和聚变,是否会释放能量?为什么?

答:重核和轻核的比结合能都小于中等质量核的比结合能.所以,在使一个重原子核分裂成两个中等原子核的过程中将释放巨大的能量,同样,在使两个轻原子核聚合成为一个稍重原子核的过程中,也将释放巨大的能量.

中等质量的原子核进行裂变和聚变都不能释放能量.

§15-3 原子核的放射性衰变

15-3-1 γ 衰变与 α 衰变及 β 衰变有何不同?

答:无论是 α 衰变还是 β 衰变,核子的电荷数 Z 都会发生变化,因此从一种元素变成了另一种元素;而在 γ 衰变中,衰变元素本身不发生变化,衰变前后同为一种元素,只是元素本身从一激发态变为较低的激发态(或基态).

§15-4 粒子物理简介

15-4-1 四类相互作用中哪一种将影响下面每一个粒子:(1) 中子;(2) π介子;(3) 中微子;(4) 电子.

答:(1) 所有粒子都参与引力作用.

(2) $\pi^{\pm}$ 介子、电子参与电磁相互作用.

(3) 中子和 π 介子参与强相互作用.电子、中微子不参与强相互作用.

(4) 以上四种粒子都参与弱相互作用.

15-4-2 (1) 是否有质量为零的荷电粒子? (2) 是否有质量不为零的无电荷粒子? (3) 不参与强相互作用的最重粒子是什么粒子? (4) 参与强相互作用的最轻粒子是什么粒子?

答:(1) 质量为零的荷电粒子不存在.

(2) 质量不为零的无电荷粒子是光子.

(3) 不参与强相互作用的最重粒子是 τ 子.

(4) 参与强相互作用的最轻粒子是 π 介子.

§ 15-5 宇宙学简介

15-5-1 试根据哈勃定律式(15-18)估算一下宇宙年龄(取哈勃常量 $H_0 = 7.1\times10^4\ \mathrm{m\cdot s^{-1}\cdot Mpc^{-1}}$).

答:根据哈勃定律,距离我们 d 的星系以速度 $v=H_0d$ 离去,那么星系远离距离 d 所需要的时间是

$$t=\frac{d}{v}=\frac{d}{H_0d}=\frac{1}{H_0}=\frac{1}{7.1\times10^4\ \mathrm{m\cdot s^{-1}\cdot Mpc^{-1}}}=1.4\times10^{10}\ \mathrm{a}$$

即宇宙年龄大约在 140 亿年,或者说大约在 140 亿年前发生了一次大爆炸.由于哈勃常量在不同时期有不同值,是一个比较难测量的数值,所以这个宇宙年龄也仅仅是个估算值.

拓展思考题

一、有没有加加速度？

在运动学中，用速度描写物体运动的快慢和方向，用加速度描写速度变化的快慢和方向变化.在一般情况下，物体的加速度也在随时间变化，例如简谐振动的加速度就是随时间周期性变化的，在日常生活和自然界中，物体受到恒力的作用是比较少的，一般都是变力，因而加速度也是变化的.乘坐的汽车在崎岖不平的路上行驶时，因颠簸而使人感到不舒适.公共汽车中的乘客在紧急刹车时因措手不及而失去平衡.这都是加速度变化太快的缘故.由于人体受力有一定限度，因而对加速度的忍受也有一定范围.一般地说，人能忍受的加速度比重力加速度 g 小很多.根据实测，对于汽车内普通乘客能忍受的法向加速度 $a_n<5.0\ m/s^2$.人对加速度的变化快慢也有一定忍受范围，一般在 $0.3\sim0.5\ m/s^3$.所以在车辆的坐椅、铁路设计中都要考虑加速度的变化. 不仅如此，在机件设计中，由于物体所承受的载荷是随时间变化的，应力、应变及稳定性都会受到影响，因此也要考虑加速度的变化.

鉴于加速度的变化率在工程实际问题的重要性，力学界已把加速度 a 的时间变化率命名为“加加速度”，国外刊物名为“jerk”（jerk 有急动、猛推等含义，中译名曾用“急动度”），用 j 表示，则

$$j=\frac{\mathrm{d}a}{\mathrm{d}t}$$

单位为 m/s^3.

在物理学中，主要研究机械运动的基本规律.当物体受到作用后，应用牛顿运动定律，原则上，物体的机械运动都能解决了.因此，用加速度就足以衡量力的作用效果，无须引入“加加速度”.

二、雨中快跑能少淋雨吗？

人们在雨中行走时，为少淋雨自然都会加快步伐.这是直接来源于生活的经验.然而，当用简单的物理模型，将这经验总结为规律时，有所启示也不乏趣味之处.仔细推敲“淋雨”问题，有一定的复杂性，这里尝试用运动学知识进行简化讨论.

设 t 时间内落在人体表面积的雨滴数为 N，以其量值的多少表示“淋雨量”的大小.假定雨滴在地面附近的空中均匀分布，单位体积的雨滴数 n 为常量，雨

滴以平均的终极速度$\boldsymbol{v}_0$下落.将行人表示为一个高为 a、宽为 b、厚度为 c 的矩形体,在雨中以速度$\boldsymbol{v}_1$作匀速直线运动,如图 Z 2-1 所示.

(一) 在无风的雨中行走

无风时,雨滴以$\boldsymbol{v}_0$垂直落下.人对地以速度$\boldsymbol{v}_1$作匀速直线运动,在位移 x 的过程中,淋雨的时间为

$$t=\frac{x}{v_1}$$

根据运动的相对性,有

$$\boldsymbol{v}_{雨对人}=\boldsymbol{v}_{雨对地}+\boldsymbol{v}_{地对人}$$

即
$$\boldsymbol{v}=\boldsymbol{v}_{雨对人}=\boldsymbol{v}_{雨对地}-\boldsymbol{v}_{人对地}=\boldsymbol{v}_0-\boldsymbol{v}_1$$

具中$\boldsymbol{v}$为雨对人的速度,如图 Z 2-2 所示,γ 为$\boldsymbol{v}$与竖直方向间的夹角.

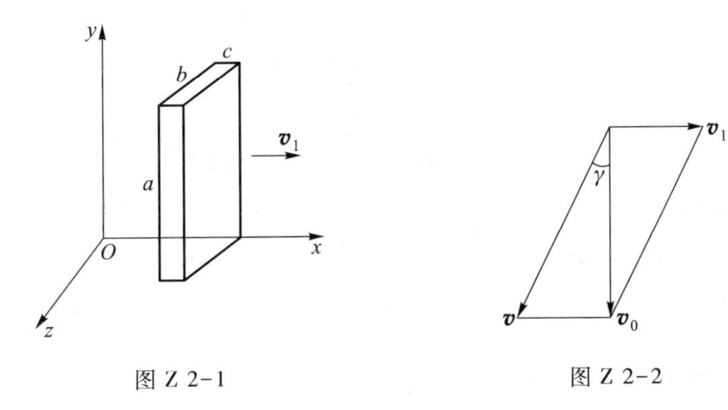

图 Z 2-1　　　　图 Z 2-2

在图 Z 2-1 中,矩形上表面面积为 $S_1=bc$,前表面面积为 $S_2=ab$,单位时间内的淋雨量分别为

$$n_1=nS_1v\cos\gamma \quad 和 \quad n_2=nS_2v\sin\gamma$$

t 时间内的淋雨量分别为

$$N_1=nS_1v\cos\gamma\frac{x}{v_1}=nS_1x\cot\gamma$$

和
$$N_2=nS_2v\sin\gamma\frac{x}{v_1}=nS_2x$$

人的位移为 x 时的总淋雨量为上述两项之和:

$$N=N_1+N_2=nS_1x\cot\gamma+nS_2x \tag{1}$$

式中用到
$$\frac{v_1}{v}=\sin\gamma$$

当 x 一定时,上式中的第二项为一常量.表明人体前表面接触到的这部分雨

滴数与人的行走速度 v_1 无关.这是均匀分布在长为 x,截面为 S_2 的体积内的雨滴数,被人体前表面扫过而黏附其上的.第一项为上表面接触到的雨滴数,当 x 一定时,行走速度 v_1 越大,则 γ 越大而 $\cot\gamma$ 越小.显然,人跑得越快,头顶部淋到的雨越少.撑伞行走时,将伞前倾可以有效地减少前表面的淋雨量.

(二) 在顶风的雨中行走

雨滴以 $\boldsymbol{v}_0$ 与竖直方向成 α 角下落的情况如图 Z 2-3 所示.由图可知,t 时间内人体头顶部的淋雨量为

$$N_1 = nS_1 v\cos\gamma\frac{x}{v_1} = nS_1 v_0\cos\alpha\frac{x}{v_1}$$

前表面的淋雨量为

$$N_2 = nS_2 v\sin\gamma\frac{x}{v_1} = nS_2(v_1+v_0\sin\alpha)\frac{x}{v_1}$$

图 Z 2-3

位移为 x 时的总淋雨量为上述两项之和,可以得到

$$N = N_1 + N_2 = nv_0(S_1\cos\alpha+S_2\sin\alpha)t+nS_2x \tag{2}$$

上式中的第二项为一常量.与前述相同,同样表明人体前表面接触到的这部分雨滴数与在雨中行走速度无关.第一项则与在雨中行走所用时间成正比.显然,人跑得越快,头顶部淋到的雨(与 $S_1\cos\alpha$ 相关)越少,也可减少前表面的淋雨量(与 $S_2\sin\alpha$ 相关).

(三) 在顺风的雨中行走

雨滴以 $\boldsymbol{v}_0$ 与竖直方向成 α 角下落,从人的背后飘来时,情况如图 Z 2-4 所示.这时只需将(2)式中的 α 以 $(-\alpha)$ 代入,可得位移为 x 时的总淋雨量:

$$\begin{aligned} N &= N_1+N_2 = n\left[S_1v_0\cos\alpha\frac{x}{v_1}+S_2(v_1-v_0\sin\alpha)\frac{x}{v_1}\right] \\ &= nv_0S_1\cos\alpha\cdot t-nv_0S_2\sin\alpha\cdot t+nS_2x \end{aligned} \tag{3}$$

由(3)式可见,第一项为人体头顶部的淋雨量,与雨中行走时间成正比,快跑可减少这部分淋雨量;第二项与第三项之和为

$$nS_2x-nv_0S_2\sin\alpha\cdot t = nS_2(v_1-v_0\sin\alpha)t$$

其值由人的行走速度 v_1 与雨对地速度的水平分量 $v_0\sin\alpha$ 之差决定.有三种情况:

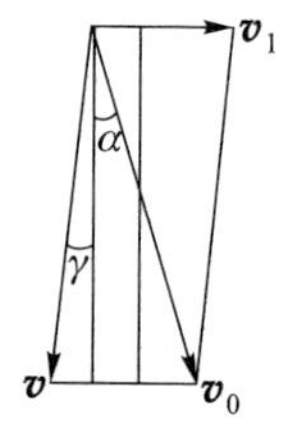

图 Z 2-4

1. $(v_1-v_0\sin\alpha)<0$,即人的行走速度小于雨对地速度的水平

分量.在这种情况下,打到人体后表面的雨滴数,其数量为均匀分布在截面为 S_2、长为 $(v_1-v_0\sin\alpha)t$ 体积内的雨量.

2. $(v_1-v_0\sin\alpha)>0$,即人的行走速度大于雨对地速度的水平分量.在这种情况下,有雨滴打到人体前表面,其数值为均匀分布在截面为 S_2、长为 $(v_1-v_0\sin\alpha)t$ 体积内的雨量.

3. $(v_1-v_0\sin\alpha)=0$,即人的行走速度等于雨对地速度的水平分量.在这种情况下,打到人体前后表面的雨滴数为零.

显然,这是淋雨量最少的一种方式.总淋雨量仅为头顶部的那部分,即(3)式的第一项.

三、在引力作用下,人造卫星和行星作什么运动?为何卫星可以回收而行星不会掉到太阳上?

当质点在运动中受到的力始终指向某个固定中心,例如太阳对行星的引力总是通过太阳中心,地球对人造地球卫星的引力总是通过地心,这种力叫做有心力,而此固定中心则为力心.有心力通过力心,因此,有心力对力心的力矩为零,根据角动量守恒定律,可知此质点在运动中,它的角动量是守恒的.

在太阳周围存在一个引力场,行星都在万有引力作用下运动着.因为太阳的质量 m_S 较之行星的质量 m 要大得多,所以,我们可以近似地认为太阳是不动的.对于引力场这样的有心力场来说,我们知道万有引力是保守力,所以,行星在其中运动时,不仅角动量守恒,而且机械能也守恒.行星的运动轨道,可以借助于它们求出来.

如图 Z 3-1 所示,行星在其椭圆轨道上 A、B 两点(分别叫做近日点和远日点)处,它的速度 $\boldsymbol{v}$ 和位矢 $\boldsymbol{r}$ 是相互垂直的,而在一般位置处就并非如此.对于 A、B 这两个位置,按守恒定律,我们有

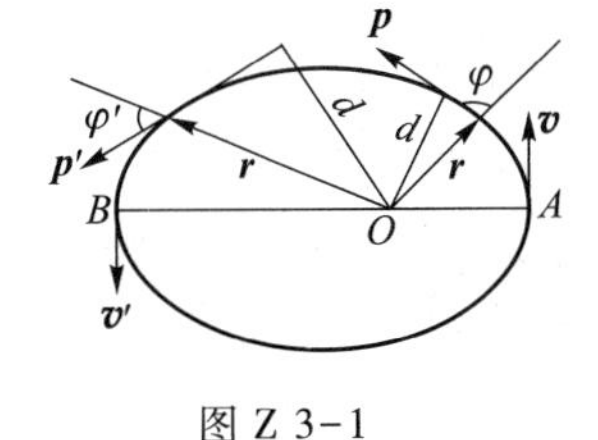

图 Z 3-1

$$\frac{1}{2}mv^2-G\frac{m_Sm}{r}=E \tag{1}$$

$$mvr=L \tag{2}$$

从式(2)得 $v=\frac{L}{mr}$,以此代入式(1),即得

$$\frac{1}{2}\frac{L^2}{mr^2}-G\frac{m_Sm}{r}-E=0 \tag{3}$$

式(3)是 $\left(\frac{1}{r}\right)$ 的二次方程式,它有两个根

$$\frac{1}{r}=\frac{Gm^2m_S}{L^2}\left(1\pm\sqrt{1+\frac{2EL^2}{G^2m^3m_S^2}}\right) \tag{4}$$

它们就是行星在近日点 A 和远日点 B 时位矢大小的倒数.采用以力心为原点的极坐标,可以看出这两个位置在极坐标系中分别相当于 $\cos\varphi=+1$ 和 $\cos\varphi=-1$,可把式(4)中括号内的±号,改写成更普遍的形式,即

$$\frac{1}{r}=\frac{Gm^2m_S}{L^2}\left(1+\sqrt{1+\frac{2EL^2}{G^2m^3m_S^2}}\cos\varphi\right) \tag{5}$$

显然,这是个圆锥曲线方程,令

$$l=\frac{L^2}{Gm^2m_S}$$

$$\varepsilon=\sqrt{1+\frac{2EL^2}{G^2m^3m_S^2}} \tag{6}$$

l 是决定曲线图形尺寸的一个常量,而 ε 则是偏心率.当 $E<0$ 时,$0<\varepsilon<1$,轨道为一椭圆,当 $E=-\dfrac{G^2m^3m_S^2}{2L^2}$时,$\varepsilon=0$ 时,行星作圆周运动.当 $E=0$ 时,$\varepsilon=1$,轨道是抛物线.当 $E>0$ 时,$\varepsilon>1$,其轨道将是双曲线的一支.

人造卫星在地球的引力作用下,其运动也有类似的情况,但一般运行轨道为圆形.令人不解的是,为何人造卫星可以掉回地球上,而行星却不会掉到太阳上去.就太阳而言,它对行星有引力.在太阳系形成时,只有运动方向正对着太阳的那些物体,亦即物体对太阳的角动量为零,才会被吸到太阳上.其他物体的运动对太阳都有其角动量.由于角动量守恒,才使绝大多数物体不可能掉到太阳上去.如果角动量不守恒了,这些物体就会掉到太阳上.人造地球卫星运行一段时间,会掉回地球上来.这主要是由于大气的摩擦.大气摩擦力总是与卫星运动方向相反,对地心的力矩不为零,在此力矩作用下,卫星的角动量逐渐减小,最后掉回地球上.

1994 年 7 月 16 日—22 日,发生了一次千载难逢的天文奇观,即“苏梅克-列维”9 号彗星与木星相撞.木星是太阳系中最大的一颗行星,经过这次碰撞,其表面已变得伤痕累累.“苏梅克-列维”9 号彗星在 1992 年经过木星附近时,被木星巨大的引力所吸引而偏离了原来的轨道,进入了环木星运动的椭圆轨道.因为该彗星由它和行星之间的万有引力所决定的速度小于木星引力所决定的第一宇宙速度,所以,彗星不可能维持这种椭圆运动.在它从环绕木星运动直到撞向木星的过程中,如果忽略太阳等对它的作用力,则可以认为彗星是在木星的有心力作用下撞向木星的.因此,它的角动量守恒.天文学家通过观测,推算出该角动量 $\boldsymbol{L}$ 的大小,又从 $L=rmv\sin\theta$ 估算撞击速度,亦即相对速度或接近速度.因在彗木相撞前,θ 角接近于 π,所以 $\sin\theta$ 变得很小,而 L 则不变,这就使接近速度变得很大,与木星发生的剧烈碰撞被称为“死亡之吻”.天文观测表明,彗星的第一块碎

片撞向木星大气层的速度为 21 000 km/h.如此巨大的速度撞击木星,所释出的能量约为 10^{13} t TNT 爆炸当量.而第一块碎片在 21 块碎片中仅是较小的一块.在碰撞中,木星上发生了强烈的大爆炸,并形成了大风暴和大磁爆,木星上假如有生命的话将会遭到灭顶之灾.

上面的论述和事例,使人们看到角动量守恒在维持物质系统的稳定运动方面所起的作用.对此,再举一个天文事例.我们把地球和月球近似看做一个孤立系统.它们的角动量应当是守恒的.地月系统的总角动量等于地球角动量与月球角动量之和.既然总角动量守恒,所以地球角动量的减少,必定意味着月球角动量的增加.角动量守恒使月球速度与地月距离有确定关系,要想增加角动量,只能增大地月之间的距离.这就是说,现在地学已证明了地球的自转在变慢,在 3 亿年前,地球的一年是 398 天,现在的一年是 365. 25 天,可见地球的角动量是减小的,随之而来的结果是月球将离我们越来越远.

总之,当物质系统在万有引力作用下,能够维持稳定运动或稳定轨道,靠的是角动量守恒,并不需要什么任何斥力.明确指出这一点的是法国物理学家拉普拉斯.这是个重要结论,不仅适用于宇观和宏观现象,也同样适用于研究基本粒子的固有运动或内部结构.基本粒子的自旋就是由于它具有角动量.为了解释氢原子光谱的实验规律,玻尔于 1913 年提出了一种新的原子结构理论,其主要思想就是认定电子绕核运动的角动量是量子化的,是守恒的.对于电子所受的力,不是万有引力,而是比引力大得多的库仑力,库仑力也是有心力.在电子运动时,能量与角动量都守恒,下列两式成立:

$$\frac{1}{2}mv^2-\frac{e^2}{4\pi\varepsilon_0 r}=E \tag{7}$$

$$mvr=n\hbar \tag{8}$$

利用库仑力提供电子圆周运动所需向心力,即

$$\frac{1}{4\pi\varepsilon_0}\frac{e^2}{r^2}=m\frac{v^2}{r} \tag{9}$$

从以上三式消去 v 和 E,即得电子的轨道半径为

$$r=\frac{4\pi\varepsilon_0 n^2\hbar^2}{me^2} \tag{10}$$

当 $n=1$ 时,最小的轨道半径 r_0叫做玻尔半径,其量值为 $r_0\approx0.052\ 9$ nm.其实,式(10)也可从式(5)直接求出,只要注意两点:(1) 用电势能$-\frac{1}{4\pi\varepsilon_0}\frac{e^2}{r}$代替引力势能$-\frac{Gmm_S}{r}$,用上角动量量子化条件,$L=n\hbar$;(2) 作圆周运动,要求偏心率$\varepsilon=0$.读

者不妨一试.

式(10)反映了电子在氢核的静电场中运动轨道的半径.设氢核电场的质量为m_0,它与氢原子的玻尔半径r_0应满足粒子的根本条件:$m_0 r_0=\frac{\hbar}{c}$.同样,电子的质量与电子半径R,也有关系$mR=\frac{\hbar}{c}$,因此得$m_0 r_0=mR$.将$r_0=\frac{m}{m_0}R$代入式(10),即得

$$\frac{m}{m_0}=\frac{4\pi\varepsilon_0\hbar^2}{mRe^2}=\frac{4\pi\varepsilon_0\hbar^2 c}{(mRc)e^2}$$

$$=\frac{4\pi\varepsilon_0\hbar c}{e^2}=137 \tag{11}$$

式(11)中的$\frac{e^2}{4\pi\varepsilon_0\hbar c}=\frac{1}{137}$叫精细结构常数,从式(11)可知,它反映出电子和场相耦合的关系,所以也叫耦合常数.在几种相互作用中,它的大小常用作电磁作用的强度的数量级.

四、地球卫星受阻后,动能会减小吗?

根据动能定理,合外力对质点做负功后,质点的动能将减小.因此地球卫星若在运动过程中受到各种原因的轻微摩擦作用后,其运动的速率似乎也将越来越小.但实际情况正与此相反,卫星在返回过程中受到轻微摩擦作用后,其动能不但不会减小,反而因速率的变大而增加了危险性.

用以下的简化模型可以初步说明形成这种运动趋势的原因.

设地球m_E不动,卫星m在万有引力作用下绕地球作半径为r的圆周运动,其速率为

$$v^2=\frac{Gm_E}{r} \tag{1}$$

两边微分,得

$$2v\mathrm{d}v=-\frac{Gm_E}{r^2}\mathrm{d}r \tag{2}$$

卫星具有机械能为
$$E=-G\frac{mm_E}{r}+\frac{1}{2}mv^2$$

由功能原理,在$\mathrm{d}t$时间内摩擦力等耗散力的功等于卫星机械能的增量,即

$$\mathrm{d}A=\mathrm{d}\left(-G\frac{mm_E}{r}+\frac{1}{2}mv^2\right)=G\frac{mm_E}{r^2}\mathrm{d}r+mv\mathrm{d}v \tag{3}$$

将(2)式代入(3)式,得

$$\mathrm{d}A=-2mv\mathrm{d}v+mv\mathrm{d}v=-mv\mathrm{d}v \tag{4}$$

由于 $$\mathrm{d}A<0$$

所以有 $$\mathrm{d}v>0$$

可见,地球卫星在运动过程中受到各种原因的耗散作用后,运动速率的增量大于零.说明卫星的动能非但没有减小,反而增大了.

这似乎不可思议,其实(2)式已经道出了其中原委.由于卫星的速率增大,导致其轨道半径减小,卫星-地球系统的势能减小了.(4)式又告诉我们:系统总机械能的增量小于零,其中动能的增量占势能的减少量的一半.因此,耗散力的作用,使卫星总机械能的减少全部体现在势能的减少上.损失的势能中有一半转化为热,另一半则转化为动能.

五、荡秋千时怎样能越荡越高?

读者一定都有过荡秋千的经历吧.人在秋千踏板上有规律地站起和下蹲,能使秋千越荡越高.人和秋千的机械能从何而来呢?

如果忽略空气阻力,将秋千的踏板和人作为一个质点系,不难从动力学的角度分析这个问题.

在荡秋千的过程中,质点系所受到的外力有重力和吊绳的拉力.重力是保守力,绳的拉力在秋千的运动过程中处处与踏板的运动方向垂直而不做功.如果将踏板上的人视为相对静止的质点,则秋千如同单摆,在重力和拉力的作用下作等幅摆动,机械能守恒而绝对不会越摆越高.正是由于人在踏板上作有规律的下蹲和起立运动,才能使秋千荡起来.可见,秋千之所以能够持续摆动,而且越摆越高,关键在于人的内力在恰当的时候、恰当的位置做了功,这是质点系内力的功.

会荡秋千的人具有这样的经验:当秋千处在最高位置时,人应下蹲,而当秋千处在最低位置时应当站起.

以秋千的踏板为参考系,分析在秋千摆动的半个周期内,质点系内力的功,注意这是非惯性系.如图 Z 5-1 所示,设秋千的悬挂点为 O,至人处于下蹲状态的质心距离为 r_1,处于站立状态的质心距离为 r_2.当人由下蹲状态从高处往下摆时,质心由位置 1 向 2 运动.在接近 2 时,人开始站起,质心移到 2′,然后继续向位置 3 运动.在这过程中,相对 O 质心距离的改变量为

$$\Delta r=r_1-r_2$$

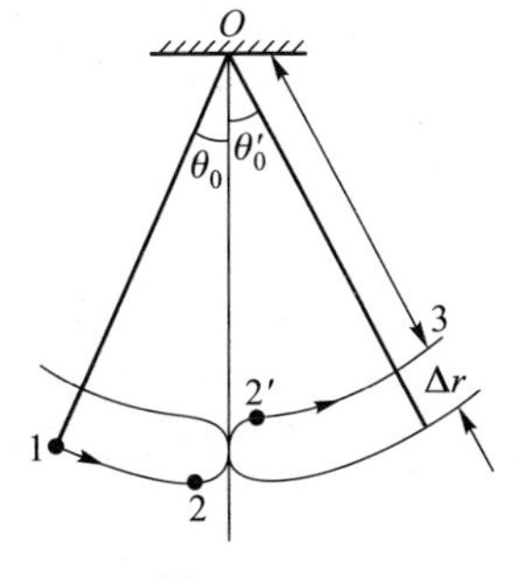

图 Z 5-1

当秋千处在最低位置 2 时,惯性离心力与重力方向相同,人站起的过程中,内力要克服重力和惯性离心力做

功,有

$$A_1=mg\Delta r-\int_{r_1}^{r_2}m\omega^2 r\mathrm{d}r$$
$$=mg\Delta r+\frac{1}{2}m\omega^2(r_1^2-r_2^2)$$

当秋千处在最高位置 3 时,$\omega=0$,惯性离心力为零,人在此处蹲下的过程中,内力做负功:

$$A_2=-mg\Delta r\cos\ \theta'_0$$

在半个周期内,内力所做的总功为

$$A=A_1+A_2=mg\Delta r(1-\cos\ \theta'_0)+\frac{1}{2}m\omega^2(r_1^2-r_2^2)$$

上式中,$\Delta r>0$,$(1-\cos\ \theta'_0)>0$,$(r_1^2-r_2^2)>0$,所以有 $A>0$.

在一次下蹲和起立的过程中,内力做的功大于零,这就是人在秋千上得以越荡越高的原因,人的内力的功转化成了荡秋千的机械能.

六、小球紧贴大球自由落地后,小球能弹跳多高?

如图 Z 6-1 所示,将一个小球放在一个大球上面(这是一种硬质橡皮球,它在硬表面上的反跳几乎是完全弹性的,所以称为“超球”),使它们自由下落.大球落到地面上反弹时,小球能跳多高呢?

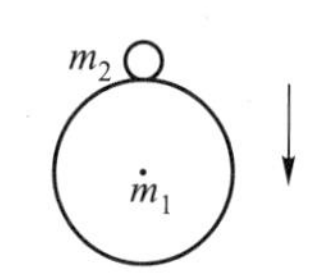

图 Z 6-1

设大球的质量为 m_1,小球的质量为 m_2,且 $m_2\ll m_1$.开始下落时,它们离地面的高度 h 近似相等,这样小球紧贴着大球同时以同一速度 $v=\sqrt{2gh}$ 下落到地面,由于大球首先着地,考虑大球与地面碰撞时,可暂勿考虑小球的存在,因大球的质量远小于地面的质量,根据完全弹性碰撞的结论可知,大球反弹后的速度大小仍为 v,但方向向上[图 Z 6-2(a)].根据运动的相对性原理,如观察者以大球为参考系,则小球将以相对于大球 $2v$ 的速度向下与大球相碰[图 Z 6-2 (b)],由于小球的质量远小于大球的质量,所以碰撞后小球将以相对于大球 $2v$ 的速度向上回跳[图 Z 6-2(c)],即小球以相对于地面 $3v$ 的速度向上回跳[图 Z 6-2(d)].这个结论也可利用完全弹性碰撞的公式[参看教材中式(2-49)]加以验证.

设小球回跳的高度为 h_1,根据机械能守恒定律,有

$$m_2gh_1=\frac{1}{2}m_2v_2^2=\frac{1}{2}m_2(3v)^2$$

$$h_1=\frac{1}{2}\ \frac{(3v)^2}{g}=9h$$

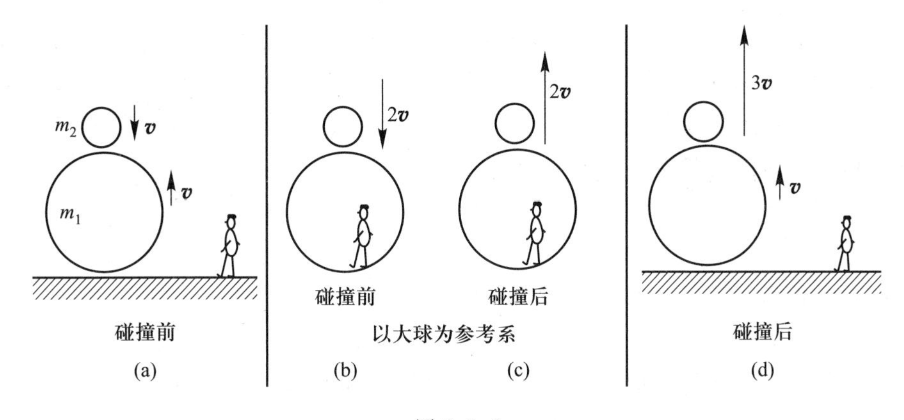

图 Z 6-2

就是说,小球回跳的高度与下落到地面时的速度 v 的平方成正比,现回跳速度为下落速度的 3 倍,所以小球回跳的高度为开始自由下落时的高度的 9 倍.

如果在小球上再放一个乒乓球,质量为 m_3,且 $m_3 \ll m_2$,当三个球紧贴着自由下落时,根据上面的分析可知,小球 m_2 以相对于地面 $3v$ 的速度向上回跳,乒乓球 m_3 正以速度 v 下落.所以,m_3 相对于 m_2 以速度 $4v$ 与 m_2 相碰,由于 $m_3 \ll m_2$,相碰后,m_3 相对于 m_2 以速度 $4v$ 向上回跳,即乒乓球 m_3 相对于地面以速度 $7v$ 回跳,因此乒乓球回跳的高度

$$h_2 = \frac{1}{2}\frac{(7v)^2}{g} = 49h$$

即回跳的高度为下落时高度的 49 倍.这个结论确实令读者难以相信,不妨自己试一下吧!

七、乒乓球向前运动后,怎么会后退呢?

如图 Z 7-1 所示,一半径为 R 的乒乓球与水平桌面的摩擦因数为 μ,开始时,用手按球的上侧,使球的质心以 v_{C0} 向 x 正方向运动,并具有逆时针方向的初角速度 ω_0,设 $v_{C0} < \frac{2}{3}R\omega_0$,球向前运动一段距离后会向后退运动,这是为什么?下面分析一下乒乓球的运动情况.

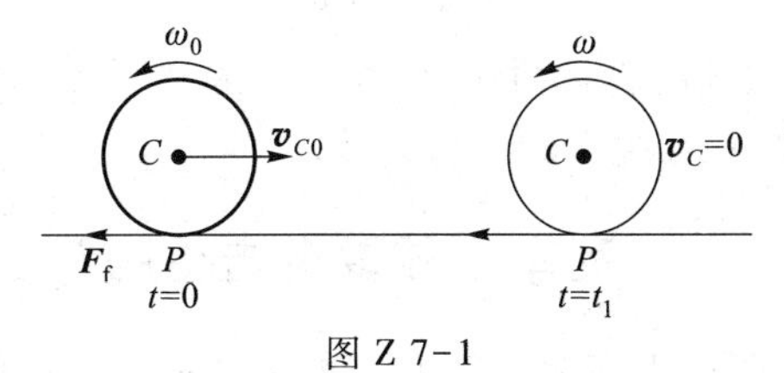

图 Z 7-1

开始时，乒乓球与桌面的接触点 P 具有质心速度 v_{C0} 使球向前运动，同时由于球绕质心以角速度 ω_0 转动，所以 P 点具有绕质心转动的线速度 $R\omega_0$. 这样，P 点对桌面的速度 $v_{P0}=v_{C0}+R\omega_0>0$，乒乓球作连滚带滑的运动. 它在水平方向受滑动摩擦力 $-\mu mg$，按照质心运动定理，有

$$-\mu mg=ma_C=m\frac{\mathrm{d}v_C}{\mathrm{d}t}$$

由此积分得质心速度随时间的变化关系

$$v_C=v_{C0}-\mu gt \tag{1}$$

乒乓球所受对质心的摩擦力矩为 $-\mu mgR$，对质心的转动方程为

$$-\mu mgR=J_C\frac{\mathrm{d}\omega}{\mathrm{d}t}=\frac{2}{3}mR^2\frac{\mathrm{d}\omega}{\mathrm{d}t}$$

因为乒乓球为空心球，通过质心的转动惯量 $J_C=\frac{2}{3}mR^2$. 将上面的方程积分得角速度随时间的变化关系

$$\omega=\omega_0-\frac{3}{2}\frac{\mu g}{R}t \tag{2}$$

下面利用(1)式和(2)式来分析乒乓球的运动特点.

当运动到 $t=t_1=\frac{v_{C0}}{\mu g}$ 时刻，由(1)式 $v_C=0$，由(2)式 $\omega=\omega_0-\frac{3}{2}\frac{v_{C0}}{R}$. 根据题给条件 $v_{C0}<\frac{2}{3}R\omega_0$，这时刻 $v_C=0$，$\omega>0$，即质心停止运动，而绕质心的转动方向没有改变.

当 $t>t_1$ 时，$v_C<0$，$\omega>0$，质心开始倒退，但接触点 P 的速度 $v_P=v_C+R\omega>0$，P 点仍向前，摩擦力还是滑动摩擦力，方向指向 x 轴的负方向. 滑动摩擦力使质心加速倒退. 而其力矩则继续减慢转动，直到接触点 P 的速度 $v_P=R\omega+v_C$ 减到 0 为止.

设 v_P 减到 0 的时刻为 t_2，则满足

$$R\left(\omega_0-\frac{3}{2}\frac{\mu g}{R}t_2\right)+(v_{C0}-\mu gt_2)=0$$

$$t_2=\frac{2}{5}\frac{R\omega_0+v_{C0}}{\mu g}$$

自 $t=t_2$ 时刻以后，乒乓球将作无滑滚动. 若不计滚动摩擦，乒乓球的质心向 x 轴负方向作匀速直线运动，且绕质心作匀速转动.

八、列车会被雷电击中吗？

根据狭义相对论的“动尺缩短”效应，在如图 Z 8-1 所示的惯性系 K 和 K′中，

互相测量对方参考系中相对静止的米尺时,都会得出对方的尺变短了的结论.

设想有这样一个理想实验,该给出怎样的答案?

一列车静止时和一山底隧道有相同的长度 l_0.当列车以很快的速度匀速运行,恰好完全进入隧道时,处于隧道中垂线的山顶上,有人看到在隧道的进口和出口处同时发生了雷击,但未见列车被击中.

列车上的旅客真的不会遇到列车受雷击这件事吗?

图 Z 8-1

按照“动尺缩短”效应,在隧道参考系 K 中观测时:隧道长度 l_0是固有长度,列车是运动的,其长度为 l',$l'<l_0$,列车比隧道短,未被击中是 K 系观测的事实.而若在列车惯性参考系 K′中观测的话,列车的长度是固有长度 l_0,隧道则是运动的,应该测得隧道的长度为 l'',同样有 $l''<l_0$,即隧道比列车短.这样看来列车上的旅客应该观测到列车被雷击的事件,因此,将与 K 系中的观测事实相矛盾,这可能吗?

问题在于 K′中的旅客在考虑长度测量的相对性时忽视了相对论的另一最基本的概念:“同时”的相对性.这里涉及了两个“同时”问题:雷击事件对 K 系是同时的,对 K′系不同时,也就是说在列车上观测的两个雷击不可能同时;在列车上测量隧道的长度必须同时,即必须对 K′系同时,而此“同时”对 K 系又不同时.

设 K 系中,隧道的进口和出口处的时空坐标为$(0,t_0)$、(x_1,t_1),在 K′系中,列车车尾的时空坐标为$(0',t'_0)$,车头处的时空坐标为(x'_1,t'_1),如图 Z 8-2 所示.取列车的车尾恰好进入隧道的时刻为两参考系的计时起点,即 $t_0=t'_0=0$.根据洛伦兹坐标变换式,有

$$x_1=\frac{x'_1+vt'_1}{\sqrt{1-\beta^2}}$$

式中 $$\beta=\frac{v}{c}$$

与此同时,在列车上(K′系)对隧道进行长度测量,因必须同时,要求

$$t'_1=t'_0=0$$

得 $x'_1=x_1\sqrt{1-\beta^2}$,即

$$l''=l_0\sqrt{1-\beta^2}$$

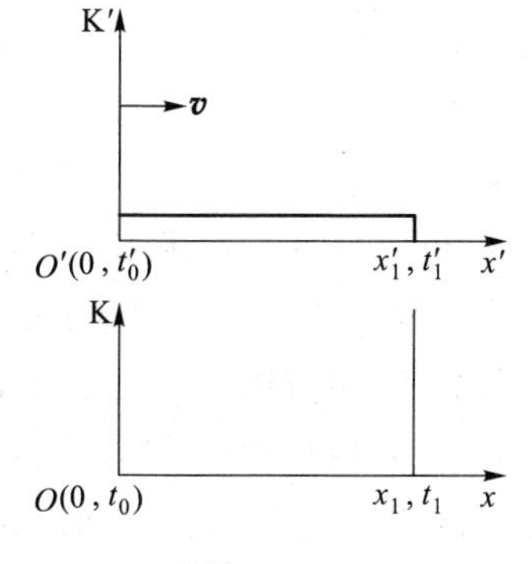

图 Z 8-2

表明在列车的车尾恰好进入隧道时,车头在隧道出口外,列车在隧道出口外的长度为

$$\Delta l=l_0-l''=l_0(1-\sqrt{1-\beta^2})$$

车头在隧道出口外运动的时间为

$$\Delta t'=\frac{\Delta l}{v}=\frac{l_0}{v}(1-\sqrt{1-\beta^2})$$

另一方面,对 K 系中在隧道的进口和出口处的雷击事件,同时发生在 $t_0=t_1=0$ 时刻,即车尾恰好进入隧道的时刻.这在 K′系中并不同时.根据洛伦兹变换式,出口处雷击事件发生的时刻为

$$t'=-\frac{vx_1}{c^2\sqrt{1-\beta^2}}=-\frac{vl_0}{c^2\sqrt{1-\beta^2}}<0$$

式中的"−"号表明,在 K′系测得隧道出口处的雷击早于隧道入口处发生.

在隧道的出口处发生雷击的时刻,列车车头是在隧道内还是在隧道外?只要比较 $|t'|$ 和 $\Delta t'$的大小不难得出结论:由于 $|t'|>\Delta t'$,由此可知,在隧道出口处发生雷击时,列车车头尚在隧道中,此时列车车尾虽然还在隧道的入口外,但那里的雷击尚未发生,而当车尾恰好进入隧道时,入口处发生了雷击.所以,列车上的旅客也不会观测到列车被雷击中.

九、怎样解释孪生子效应?

狭义相对论的"时间膨胀效应"或"运动钟变慢效应"告诉我们:先后发生在惯性系 K′中同一地点、有因果关系的两事件的时间间隔 $\Delta t'$,与另一相对作匀速直线运动的惯性系 K 中测得的时间间隔 Δt 不同,

$$\Delta t'=\Delta t\sqrt{1-\frac{v^2}{c^2}}<\Delta t$$

式中,v 为两惯性系间的相对运动速度,c 为真空中的光速.

这就是说,在 K′系中某事件的发生、发展及至消亡的时间历程,在 K 系观测者看来变慢了.由于"时间延缓效应"是相对的,反过来,K′系观测者也会得出发生在 K 系中某事件的时间历程变慢的结论.于是,产生了一个似是而非的疑难:假设有两个孪生子甲和乙,甲乘高速飞船到远方宇宙空间去旅行,乙则留在地球上.可以预测一下,假定若干年后飞船返回地球,当孪生子重新会面时,他们将会有怎样的反应呢?地球上的乙会认为:甲处于运动参考系中,他的生命过程进行得较慢,甲应该比自己年轻.而甲则会认为:乙才是运动的,他的生命过程进行得较慢,乙应该比甲年轻.甲和乙究竟谁更年轻些呢?相遇时比较的结果应该是唯一的.当然,这只是一个假想的实验,然而面对这两种矛盾的预测结果,狭义相对论似乎遇到了无法解释的难题.这就是曾经引起激烈争论的所谓孪生子"佯谬"

问题.

事实上,早在1905年爱因斯坦在他的第一篇关于相对论的论文中,就已阐明了飞船上的甲将比地球上的乙年轻的观点.遗憾的是,这一观点并未为同时代的物理学者所普遍接受.近几十年来,随着对相对论的理论和有关实验的不断深入理解和探索,对所谓孪生子"佯谬"问题的认识也已逐步趋于一致:孪生子"佯谬"并不存在,确切地说,应该称为孪生子"效应".理由如下:

1. 根据狭义相对论对参考系的约定,甲不能给出乙比甲年轻的结论.狭义相对论是关于惯性系的理论,甲要回到出发点必须有变速运动过程.如果甲的飞船是作匀速直线运动的惯性系,则不可能再回到出发点,他一定是有去无回.若是转了一个圈子回来,相对于乙的惯性系,甲是在作变速运动,不是惯性系.狭义相对论的结论对甲不适用,因而甲是得不出乙比甲年轻的结论的.

2. 根据狭义相对论的时间延缓和同时性的相对性,可以得出甲比乙年轻的结论.设想一个甲相对于乙作变速运动的加速—匀速—减速,然后反向加速—匀速—再减速的过程,使甲最终与乙处于相同的惯性系,可以进行比较.运用狭义相对论的时间延缓和同时的相对性,分析甲所经历的几个不同惯性系,假定从一个惯性系进入另一惯性系时的加速过程极短,不难得出结论:不论是从甲来预测还是从乙来预测,都是飞船上的甲要年轻些.根据广义相对论,得出的结论相同.

综合上述讨论,可以将结论总结为:谁相对于整个宇宙作更多的变速运动,谁就更年轻,谁也就活得更长久.

3. 实验的验证.1966年用μ子做了一个类似于孪生子旅游的实验,让μ子沿一直径为14 m的圆环运动,再回到出发点,这同甲的旅行方式是一样的.实验结果表明,旅行中的μ子的确比未旅行的μ子寿命更长.1975年到1976年间,马里兰大学的一个研究小组用精确度极高的原子钟乘飞机进行了测量,发现铯原子钟在两次航程中显示了时间延缓效应,实验结果与广义相对论的理论计算比较,在实验误差范围内相符.

因此可以说,孪生子"佯谬"并不存在,这是一种客观存在的效应,应称为孪生子"效应".

十、高速运动的物体看上去是什么样子?

著名科普物理学家伽莫夫(Gamov)所著的《物理世界奇遇记》中,描述主人公汤普金斯先生到达一座奇异城市,由于这城市里的光速异乎寻常地小,当他骑自行车高速行驶时,发现这个城市的一切都变扁了,如图 Z 10-1 所示.

图 Z 10-1

自狭义相对论提出以来,人们根据长度收缩效应,认为在接近光速的速度运动时,可以看到一个扁的世界.直到 1955 年,J. Terrell 才纠正了这个错误.长度收缩效应是观测者测量的结果.眼睛看到物体,是物体各部分发射的光线(光子)同时到达眼睛所形成的像,而这些光线(光子)并不是同一时刻发出的,因为物体各点离眼睛的距离不同,离眼睛较远处的点发光较早,离眼睛较近处的点发光较迟.所以看到的结果和测量结果并不是一回事.下面分析一下观察者所看到的运动球体的形状.

设有一球体以接近光速的速度 v 沿 x 方向运动,令运动物体的参考系为 K′系,其上一点 P'的坐标为(x',y'),[如图 Z 10-2(a)].在观察者的参考系 K 内,此点变换为 P,其坐标为(x,y),根据洛伦兹变换,

$$x=\sqrt{1-\beta^2}\,x',\quad y=y'$$

式中 $\beta=v/c$,P 点构成了在运动方向被压扁的测量形象[如图 Z 10-2(b)].如观察者处在垂直于运动的 y 方向上,且很远,这样可以认为由物体上各点射向眼睛

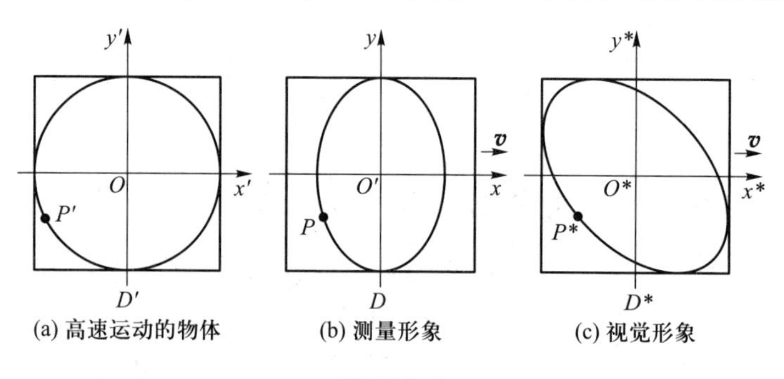

(a) 高速运动的物体　(b) 测量形象　(c) 视觉形象

图 Z 10-2

的方向都是平行于 y 轴的.为了光线同时到达眼睛,则坐标原点 O 以上的点在 x 方向的位置需要有一个提前量,以下的点则需要有延迟量,于是物体的形象如图 Z 10-2(c)所示.这时,在 x 方向上的平移量 $\Delta x=vt$,而 $t=y/c$ 是光线走过距离 y 所需的时间.这才是物体的视觉形象.

所以,在涉及相对论时,应当把测量和观看严格分开,一般说的观察者应该指测量者,而不是观看者.

十一、最概然动能与最概然速率对应吗?

在麦克斯韦速率分布律中,气体分子热运动的最概然速率 v_p 表示:在温度为 T 的平衡状态下,气体分子中最可能具有的速度值,从相同的速率间隔来看,v_p 表示在速率为 v_p 附近单位速率间隔内,分子出现的概率最大.由于 v_p 所对应的分子动能可表示为

$$\varepsilon=\frac{1}{2}mv_p^2 \tag{1}$$

这是否可称为分子的最概然动能 ε_p 呢?

顾名思义,分子的最概然动能应为:在温度为 T 的平衡状态下,气体分子中最可能具有的动能值,从相同的动能间隔来看,在动能为 ε_p 附近单位动能间隔内,分子出现的概率最大.

由麦克斯韦速率分布不难得到气体分子的动能分布为

$$f(\varepsilon)=\frac{2}{\sqrt{\pi}}(kT)^{-\frac{3}{2}}\varepsilon^{\frac{1}{2}}\exp\left(-\frac{\varepsilon}{kT}\right)$$

令 $\frac{d}{d\varepsilon}f(\varepsilon)=0$,得到最概然动能为

$$\varepsilon_p=\frac{1}{2}kT \tag{2}$$

将 $v_p^2=\frac{2kT}{m}$ 代入式(1),可得

$$\varepsilon=kT \tag{3}$$

显然,式(2)表示的是分子的最概然动能,它与式(3)所表示的最概然速率所对应的分子动能不相等.

对于处在平衡状态的同一个气体系统,为什么从速率分布,即从相同的速率间隔来看,在速率为 v_p 附近单位速率间隔内,动能为 $\varepsilon=\frac{1}{2}mv_p^2=kT$ 的分子出现的概率最大,而从动能分布,即从相同的动能间隔来看,在动能为 ε_p 附近单位动

能间隔内,却是动能为 $\varepsilon_{\mathrm{p}}=\frac{1}{2}kT$ 的分子出现的概率最大呢?

问题在于“相同的速率间隔”和“相同的动能间隔”不是一回事.一个物理量的统计分布规律是与相应的统计间隔相联系的.速率分布律与单位速率间隔相联系,而动能分布律则与单位动能间隔相对应.上述两种分布的“间隔”是不相等的.

由动能
$$\varepsilon=\frac{1}{2}mv^2$$
可得其间隔
$$\mathrm{d}\varepsilon=mv\mathrm{d}v=\sqrt{2m}\,\varepsilon^{\frac{1}{2}}\mathrm{d}v$$
即
$$\frac{\mathrm{d}\varepsilon}{\mathrm{d}v}=\sqrt{2m}\,\varepsilon^{\frac{1}{2}}\propto\varepsilon^{\frac{1}{2}}$$
可见,两种分布的“间隔”不但不相等,而且也不是简单的线性关系.因此,动能分布律与速率分布律的函数曲线也就不是简单的放大或缩小的关系.

动能 $\varepsilon_{\mathrm{p}}=\frac{1}{2}kT$ 对应的速率为 $v=\sqrt{\frac{kT}{m}}<v_{\mathrm{p}}$,表明取相同速率间隔时,$v_{\mathrm{p}}$ 附近速率间隔内的分子数最多;但考虑相同动能间隔内的分子数时,速率在 v 附近的分子数所占的速率间隔 $\mathrm{d}v$,大于速率在 v_{p} 附近的分子数所占的速率间隔 $\mathrm{d}v_{\mathrm{p}}$.

由
$$\mathrm{d}\varepsilon=mv\mathrm{d}v$$
取相同的动能间隔 $\mathrm{d}\varepsilon$ 时,有
$$mv\mathrm{d}v=mv_{\mathrm{p}}\mathrm{d}v_{\mathrm{p}}$$
得
$$\frac{\mathrm{d}v}{\mathrm{d}v_{\mathrm{p}}}=\frac{v_{\mathrm{p}}}{v}=\sqrt{2}$$
由于在速率分布中占据的速率间隔不同,因此其中的分子数自然也不同.它们的分子数之比为
$$\frac{\mathrm{d}N}{\mathrm{d}N_{\mathrm{p}}}=\frac{f(v)\,\mathrm{d}v}{f(v_{\mathrm{p}})\,\mathrm{d}v_{\mathrm{p}}}=\frac{\mathrm{e}^{-\frac{1}{2}}}{2\mathrm{e}^{-1}}\sqrt{2}=\sqrt{\frac{\mathrm{e}}{2}}>1$$

十二、单位时间内有多少分子碰撞了单位壁面?

在推导理想气体的压强公式和讨论经典理论对迁移现象的解释时,都涉及单位时间内有多少分子碰撞或越过了某一单位面积的问题.有用系数为 $\frac{1}{6}$ 的,也有用 $\frac{1}{4}$ 的,孰是孰非?在做出判断之前,先简单地回顾一下这两个系数是如何得出的:

1. 根据平衡态气体各向同性的性质，分子速度的分布应与方向无关，满足关系：

$$\overline{v_x^2}=\overline{v_y^2}=\overline{v_z^2}=\frac{1}{3}\overline{v^2}$$

因此认为处于平衡态的气体分子，分别沿上、下、前、后、左、右六个方向运动的分子数各占总数的$\frac{1}{6}$.据此，可以导出理想气体的压强公式.

设单位体积内的分子数为 n，每个分子以平均速率 $\bar{v}$ 运动，其中沿 x 轴正方向或反方向运动的分子应各占总分子数的$\frac{1}{6}$.$\mathrm{d}t$ 时间内，垂直撞击与 x 轴垂直的单位面积的分子数 $\mathrm{d}n$，分布在以单位面积为底，长为 $\bar{v}\mathrm{d}t$ 的圆柱体内：

$$\mathrm{d}n=\frac{1}{6}n\bar{v}\mathrm{d}t$$

设每个分子的质量为 m，与器壁的一次弹性撞击，动量的变化是 $2m\bar{v}$，则单位时间内垂直作用于器壁单位面积上的力，即压强为

$$p=\frac{2mv\mathrm{d}n}{\mathrm{d}t}=2\ \frac{1}{6}nm\overline{v^2}=\frac{1}{3}nm\overline{v^2}$$

在讨论经典理论对迁移现象的解释时，同样假定了宏观小微从而认为单位时间内垂直越过单位面积的分子数为$\frac{1}{6}n\bar{v}$，得到黏度为 $\eta=\frac{1}{3}\rho\bar{\lambda}\bar{v}$ 的结果.

2. 考虑沿某一方向运动分子的速率并非都是 $\bar{v}$，而是有一定的分布.根据麦克斯韦假定：在热平衡态下分子速度任一分量的分布应与其他分量的分布无关，即速度三个分量的分布是彼此独立的，有

$$f(v_x,v_y,v_z)=g(v_x)g(v_y)g(v_z)$$

$$g(v_i)=\left(\frac{m}{2\pi kT}\right)^{\frac{1}{2}}\exp\left(-\frac{mv_i^2}{2kT}\right)\quad(i=x,y,z)$$

$\mathrm{d}t$ 时间内，垂直撞击与 x 轴垂直的单位面积的分子数 $\mathrm{d}n$，分布在以单位面积为底，长为 $v_x\mathrm{d}t$ 的圆柱体内：

$$\begin{aligned}\mathrm{d}n&=\int[ng(v_x)\mathrm{d}v_x]v_x\mathrm{d}t\\&=n\mathrm{d}t\left(\frac{m}{2\pi kT}\right)^{\frac{1}{2}}\int_0^\infty v_x\exp\left(-\frac{mv_i^2}{2kT}\right)\mathrm{d}v_x\\&=n\mathrm{d}t\frac{kT}{m}\left(\frac{m}{2\pi kT}\right)^{\frac{1}{2}}\end{aligned}$$

$$J=\frac{\mathrm{d}n}{\mathrm{d}t}=n\frac{kT}{m}\left(\frac{m}{2\pi kT}\right)^{\frac{1}{2}}=n\frac{1}{4}\left(\frac{8kT}{\pi m}\right)^{\frac{1}{2}}=\frac{1}{4}n\bar{v}$$

这是个研究分子蒸发、凝结以及泄流现象的重要公式.

对同样的问题,怎么会有不同的结果呢?

仔细分析不难看出:两者所给出的定量的数值结果虽然稍有差异,但在数量级上是基本相同的;两者的定量结果与实验值虽然都有一定的甚至较大的偏离,但所反映的规律或趋势是可信的;两者虽然都取了相当简单的初级理论模型,但所取模型的精细或粗糙程度是不同的.比如,这两个模型都未考虑分子间的相互作用,未考虑分子的实际大小,未考虑能量分布的离散性等,但前者假定所有分子都以速率 $\bar{v}$ 运动,而后者考虑了速率分布,显然模型的精细程度是不同的.

定性、半定量初级理论的一大优点就在于其物理图像清晰、简明.建立在不同粗糙程度上的模型,得出不同的系数是很自然的事,但模型所反映的最本质的物理特征是相同的,其结论从定性的趋势和数量级的大小上看是正确的.这种好处的代价是牺牲一些理论的严密性和定量结果的准确性.在上述问题的讨论过程中,实际上已体现了初级理论的这一特点.或者说,如果我们把握了研究问题的思想方法和所取物理图像间的区别,那么对系数是$\frac{1}{6}$还是$\frac{1}{4}$这一问题的来由也就自然清楚了.

十三、分子平均相对速率 $\bar{u}$ 与分子平均速率 $\bar{v}$ 有何关系?

在推导分子的平均碰撞次数及平均自由程时,利用一个半径为分子直径 d、长为分子在 1 s 内运动的长度(大小即为平均速率 $\bar{v}$)的圆筒模型,假定一个分子运动而其余分子都静止,则这个分子 1 s 内将与所有圆筒内分子碰撞,因此平均碰撞次数是

$$\bar{Z}=\pi d^2\bar{v}n \tag{1}$$

但大多数教科书都指出考虑到分子的相对运动,实际的平均碰撞次数是

$$\bar{Z}=\sqrt{2}\pi d^2\bar{v}n \tag{2}$$

这个$\sqrt{2}$是怎么得出的呢?

实际上,所有分子都在运动,对于所有运动着的分子碰撞来说,它们之间的相对运动是更有意义的.因此这里的平均速率 $\bar{v}$ 必须用一个分子相对其他气体分子的平均相对运动速率 $\bar{u}$ 来代替.两个相对运动的分子可以看作是具有折合质量

$$m'=\frac{m_1m_2}{m_1+m_2}=\frac{m}{2} \tag{3}$$

的质点的运动.因为是同一气体,上式分子质量相同 $m_1=m_2=m$.于是根据麦克斯

韦速率分布

$$\mathrm{d}N=N4\pi\left(\frac{m}{2\pi kT}\right)^{\frac{3}{2}}\mathrm{e}^{-\frac{mv^2}{2kT}}v^2\mathrm{d}v \tag{4}$$

可以求出平均相对速率,但是首先必须将上式换写成具有折合质量 m' 的相对速率分布

$$\begin{aligned}\mathrm{d}N_{相对}&=N4\pi\left(\frac{m'}{2\pi kT}\right)^{\frac{3}{2}}\mathrm{e}^{-\frac{m'v^2}{2kT}}u^2\mathrm{d}u\\&=N4\pi\left(\frac{m}{4\pi kT}\right)^{\frac{3}{2}}\mathrm{e}^{-\frac{mv^2}{4kT}}u^2\mathrm{d}u\end{aligned} \tag{5}$$

由此分子相对速度的分布函数是

$$f(u)=\frac{\mathrm{d}N_{相对}}{N\mathrm{d}u}=N4\pi\left(\frac{m}{4\pi kT}\right)^{\frac{3}{2}}\mathrm{e}^{-\frac{mv^2}{4kT}}u^2 \tag{6}$$

已知相对速度分布函数就不难求出平均相对速度.将上式代入下式积分:

$$\bar{u}=\int_0^\infty uf(u)\,\mathrm{d}u=\sqrt{2}\sqrt{\frac{8kT}{\pi m}}=\sqrt{2}\,\bar{v} \tag{7}$$

式中 $\bar{v}=\sqrt{\frac{8kT}{\pi m}}$ 就是分子的平均速率.所以平均碰撞次数修正为

$$\bar{Z}=\sqrt{2}\,\pi d^2\,\bar{v}\,n \tag{8}$$

十四、冰箱可以替代空调降温吗?

冰箱可以制冷,使储存于冰箱内的食物在低温环境下保持一定的新鲜度.那么,打开冰箱门能否使房间温度降低呢? 在影视作品中确有淘气的小孩做这样的事而受到大人斥责的情节,斥责的理由从物理学的角度来看成立吗?

热力学的知识告诉我们,冰箱是使工作物质(制冷剂)作逆循环的设备.与空调器相同,是一种制冷机.

理想的制冷机是卡诺冷机,所作的循环是卡诺逆循环过程,如图 Z 14-1 所示.任何实际制冷机的循环过程都应尽可能地接近卡诺冷机的循环过程.家用制冷机的结构原理如图 Z 14-2 所示,其工作物质所经历的实际过程虽不是卡诺循环,但对照图 Z 14-1,有助于对图 Z 14-2 所示循环过程的理解:处于液体状态的工作物质(即热力学系统)被汽化后,从图 Z 14-2 中的 a 点出发,在低温低压区(蒸发器和低温冷冻室)膨胀吸热,带走这区域内和置于其中的物质的热量,使低温室的温度降低,这就是制冷作用;此过程中,系统(汽态)本身由于吸热而温度有所升高,至 b 点;而后经压缩机做功,系统的压强增大,温度进一步升高(高于环境温度),至 c 点;然后经冷凝器,在其中向外界(环境)放出热量,系统

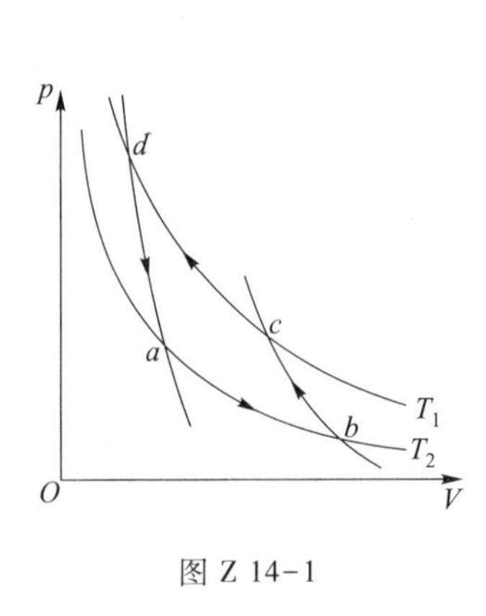

图 Z 14-1

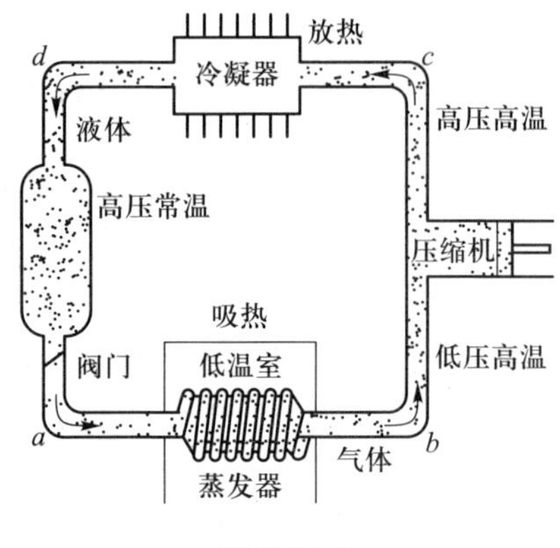

图 Z 14-2

本身则温度降低,由汽态凝结为液态,至 d 点;处于高温常压(相对低温区而言)液体状态的工作物质可以流回到储液罐,从而完成系统的整个循环过程.

若以 A 表示压缩机对系统所做的功(此功可由电能做功完成),以 Q_2 表示系统通过蒸发器从低温冷冻室吸取的热量,以 Q_1 表示系统通过冷凝器向室内环境放出的热量,则冰箱的制冷系数可表示为

$$w=\frac{Q_2}{A}=\frac{Q_2}{|Q_1|-Q_2}$$

在工作物质的一个循环过程中,向室内环境放出的热量为

$$|Q_1|=A+Q_2=A(1+w)$$

假定一冰箱的制冷系数 $w=5$,即意味着若电能做功 $A=1$ J 时,冰箱可从冷冻室吸取的热量 $Q_2=5$ J,同时向室内环境放出 $Q_1=6$ J 的热量.

把冰箱门打开,情况会怎样呢? 电能做功 $A=1$ J 时,冰箱可从整个室内而不是从冷冻室吸取热量 $Q_2=5$ J,这固然应使房间的温度降低,然而由于起散热作用的冰箱冷凝器也在室内,并同时向室内放出了 $Q_1=6$ J 的热量,室内温度显然不会降低.况且如此方式运行时,冰箱冷冻室永远达不到预设的温度要求,压缩机将超负荷运转,也是十分不利的.所以,企图用打开冰箱门的方式替代空调是不行的.

当然,正常使用的冰箱在工作物质的一个循环过程中,使冷冻室达到预设低温的同时,仍然会向室内放出 6 J 的热量(按上述假定),这也正是通常要求将冰箱置于通风处的道理.

从另一角度看,用制冷机的工作方式取暖,不但有效而且是非常经济的,这就是热泵型空调机.若将制冷机的蒸发器置于室外,而将冷凝器置于室内,仍按上述数据估算:耗费 1 J 的电能,制冷机将从室外的大气环境中吸取 5 J 的热量,

向室内放出 6 J 的热量,使室内温度提高.而若以电加热的方式取暖,同样的情况则需要 6 J 的电能.所以,在达到同样室内温度的条件下,用热泵型空调机取暖比用电加热取暖方式省电.

十五、进化论与热力学第二定律是否矛盾?

热力学第二定律告诉我们,自然界自发的变化过程总是从有序走向无序.然而,达尔文的进化论说,现今的所有高级复杂生物都是远古时代的简单细胞经过长时间适应环境并作出相应变异而来的.这个过程看起来是生命由简单到复杂,由无序到有序自发发生的过程.这岂不是违背了热力学第二定律吗?这究竟是怎么回事呢?生物学原理难道会与物理学定律发生矛盾?

由于热力学第二定律描述的是自然界一切自发过程的方向性,因此它是物理学应用最为广泛的定律,生物学的发展也不能例外.

生命体是一个高度有序的复杂系统,身体内一个单一的蛋白质分子可能就有数百万个有序键合在一起的原子组成.细胞就更复杂了,不同器官的细胞有不同的组织结构和功能.那么从早期的大分子和生命形式到现在的复杂生命体的进化过程,很显然是一个增加有序度的过程.

但是,我们不能忽视这里有一个极为重要的事实,那就是生命体不是一个封闭系统.生命体的维持必须有外界提供能量.太阳提供了足以驱动一切所需的能量.这就是说生命从一开始就是在外界能量的驱动下由无序变得较为有序的.换句话说,通过外界做功可以把无序的个体组合成有序的整体.这如同通过外界做功(制冷机的电能做功)让热量从低温物体流向高温物体一样.一个生命体在成长过程中不断有新的细胞代替已凋亡的细胞,这是一个新陈代谢的过程,一些较小的相对无序的成分必须聚集起来形成蛋白质和其他的细胞.因此生命的过程是一构造与维持有序结构的过程.面对无序的自然趋势,维持生命必须做功,或者说必须以消耗外界能量为代价.

身体内为了保持有序结构所需的功是从食物中的化学能而获得的.除了肌肉对外做功所消耗的能量外,食物提供的能量最终都由身体内的摩擦(如在动脉和静脉中血流受到的摩擦)和其他耗散过程转化为热能.只要体温保持在一定的水平上,身体所产生的所有热量都必须由身体的各种排泄机制排出体外.当然身体无法从自身发出的热量来再做功.即使有这样的机制,它以这种方式所获得的功的数量也是很少的,因为热力学第二定律也限制了它做功的效率,身体内外的温度差最大不过 7 ℃左右,正常的体温为 37 ℃(310 K),体外温度若为30 ℃(303 K),热转化为功的效率最高也不过 2%.在各种能量形式中,身体只能吸收构成食物的分子的化学键能量.身体没有把其他形式能量转化为身体所需热量的机制.我们既不能像蓄电池那样可以“吃进”电而后通过放电做功;也不能无限制地站在太阳下靠晒太阳的辐射能而生存.人只能靠吃饭获取热量.但另一方面,植物却是利用太阳的辐射能进行光合作用而获取营养的.这就是说,动物用的是化学能,而植物用的是太阳辐射能才获得了维持生命有序所必需的能量.植物生命周期所产生的有机物质为草食动物提供了食物能量,而草食动物又为吃它们的肉食动物提供了食物,因此我们说太阳是地球上生命的最初能源——万物生长靠太阳.

由此看来,为了说明生命过程并不违背热力学第二定律,我们必须考察生命的全过程.生物体是一个开放的系统,我们不仅要看到活体组织本身,而且还要包括它消耗的能量和释放的排泄物.从一开始说,动物所消耗的食物包含有相当大的有序度.生物分子中的原子就不是随机排列的,而是以特定模式有序排列的.当生物分子中的化学能被释放出来后,有序的结构就被打破了.排泄出来的废物比摄入的食物有相当大的无序度.这就是说,有序的化学能被身体转化成了无序的热能.

十六、电场能量是否符合叠加原理?

叠加原理广泛应用于解决电磁学的众多问题,如多电荷的静电力叠加,任意电荷分布的电场强度叠加和电势叠加等.但由电场能量密度的计算公式知,$w_e=\frac{1}{2}\varepsilon E^2$,电场能量与电场强度的平方成正比,而不是与电场强度成正比.因此从数学上看电场能量不符合叠加原理.例如在两个点电荷 q_1 和 q_2 激发的电场空间中,在空间某点 q_1 激发的电场强度为 $\boldsymbol{E}_1$,q_2 激发的电场强度为 $\boldsymbol{E}_2$,由电场强度叠加原理该点的电场强度为

$$\boldsymbol{E}=\boldsymbol{E}_1+\boldsymbol{E}_2$$

但是该点附近的电场能量密度

$$w_e=\frac{1}{2}\varepsilon E^2\neq\frac{1}{2}\varepsilon E_1^2+\frac{1}{2}\varepsilon E_2^2$$

$\frac{1}{2}\varepsilon E_1^2$ 和 $\frac{1}{2}\varepsilon E_2^2$ 分别是 q_1 和 q_2 单独存在所激发的电场能量密度,所以

$$w_e\neq w_{e1}+w_{e2}$$

这就说明电场能量不符合叠加原理.虽然几个带电体在空间激发的电场强度等于各个带电体单独存在时在空间激发的电场强度的矢量和,但是,其电场能量并不等于各个带电体单独存在时的电场能量之和.这是因为当电荷 q_1 存在激发了电场后,引入电荷 q_2 时外力必须反抗电场力而做功,这个功也转化为电场

能量.通常我们把带电体单独存在时的电场能量称作固有能量,而把外力反抗电场力而做功转化的电场能量称作互有能量,这样一个带电系统的电场能量就等于系统的固有能量与互有能量之和.

同样地,对于磁场能量也没有叠加原理.其道理也是因为磁场能量密度与磁场的磁感应强度平方成正比,而不是与磁感应强度成正比.

十七、静电复印机是怎样工作的?

静电复印机是依据静电电子照相原理设计而成的,其基本思想是在光导材料上形成与原稿相对应的文字和图像.静电复印法大致可分为充电、曝光、显影、转印、分离、定影、清洁、消电等多个步骤.其中充电、显影和转印过程都是基于静电吸引原理来实现的.

静电复印术的基本过程如图 Z 17-1 所示.首先在一底板表面(或滚筒)上涂一层在黑暗中是不良导体而在光照下是良导体的光导材料(常用硒或硒化合物),常称硒鼓.没有光线时具有高电阻率,达 $10^{12}\sim10^{15}\ \Omega/\mathrm{cm}$,一遇光照,电阻率就急剧下降.光导体表面,在充电极的作用下,带有均匀的静电荷.然后将待印文件通过光源及透镜进行曝光,使在光导面上形成不同的感光区,即形成各区域电荷密度不同、电场也不同且与文件相对应的所谓"静电潜像".当一种与静电潜像上的电荷极性相反的显影墨粉末,在电场力的作用下,加到光导体表面上去.接着再将带负电荷的墨粉撒在光导面上,这样墨粉就在静电潜像的静电力作用下,被吸附在光导体的

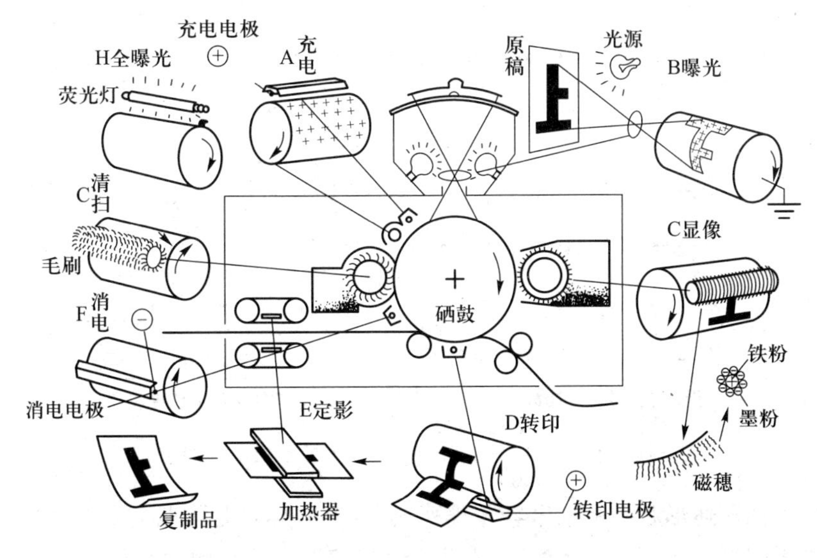

图 Z 17-1 静电复印过程示意图

表面上,由于不同感光区中潜像的电场对墨粉的作用不同,便形成与原稿相对应的可见像,这就是通常所称的显像.然后用带正电的纸覆盖在上面,墨粉又被吸附在纸上,好比用图章盖印一样,将墨粉转移到复印纸上,这样便完成了图像转移的复印过程.最后通过加热,使墨粉牢固地附着在纸上而定影.

十八、电容器作为传感器应用的原理?

电容器是储存电能的器件,在电路中还起着隔断直流电通过交流电的作用,在自动检测技术中,它们作为获取信息和存储信息的重要元件而作为传感器也得到了广泛的应用.

电容器的电容量是由它们的几何结构以及两板间的电介质性质决定的.换句话说,如果电容器的几何结构或者两板间的电介质发生了变化,它们的电容也会发生改变.测量电容的改变,就能反映出导致电容器结构或电介质特征变化的外部因素.

例如,在同一平面内平行放置的两块平板可构成一电容器,当它充电后两板之间的电场线如图 Z 18-1(a)虚线所示.如果外部物体移近这个电容器上方,如图 Z 18-1(b),它将干扰电容器上方的电场,改变电场线,使电容器极板上电荷重新分布,从而改变了电容器的电容值.外部物体越靠近电容器,电容改变越大.通过外部电路可以测量电容的改变,得到外部物体靠近电容器位置的信息.这就是电容器作为"接近传感器"的工作原理.另一方面,如果外部物体相对电容器极板的位置不变,但物体的大小结构或介质性质不同,电容器的电容也会发生变化,这又提供了测量物体几何特征和电容率的方法.

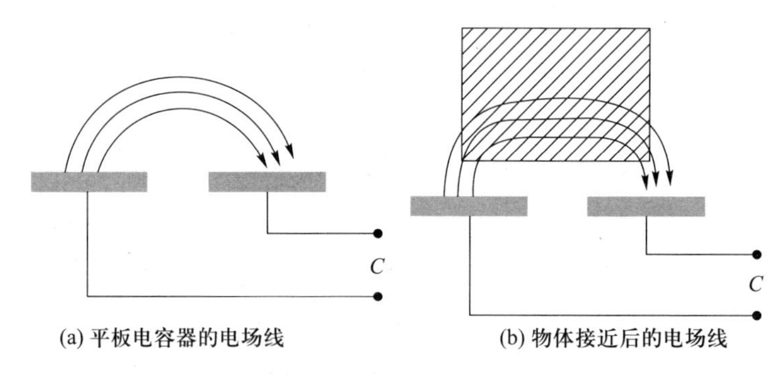

图 Z 18-1　同一平面内平行放置的平板电容器

如果把上述形状的平板电容器排列成二维的电容器阵列,它甚至可以用于记录二维图形.例如当前应用广泛的手纹识别记录就是一例,如图 Z 18-2 所示.每一个网格小电容连接到一个放大测量电路.网格电容阵列上面覆盖一层不导电的氧化层,以保持清洁.当手指放在氧化层面上时,电容阵列的每个小电容器上面的电场受到不同程度的扰动,指纹的宽度和深度不同,所对应的网格电容器就有不同的电容值,从而记录下二维平面上的指纹图像特征.目前这样的电容阵列电容器的大小可以做到 65 μm 见方,图像的分辨率可以达到每英寸 400 点以上.

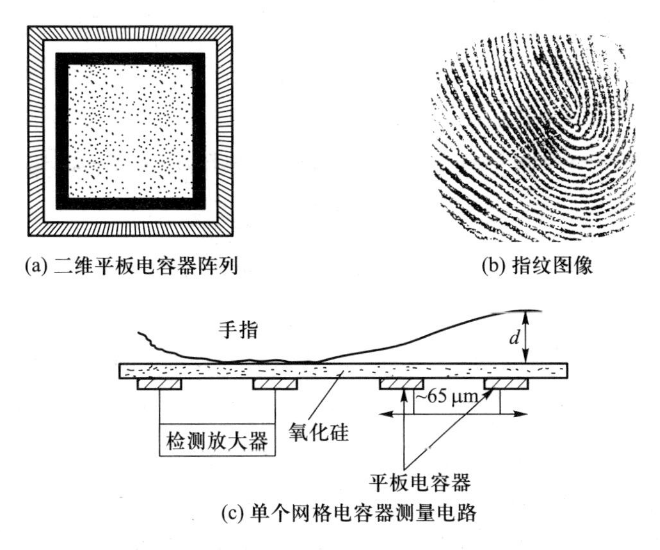

图 Z 18-2 二维电容阵列指纹记录原理图

十九、磁铁产生的磁场与电流产生的磁场在本质上是否相同?

磁铁产生的磁场与电流产生的磁场在本质上是相同的,它们都是起源于电荷的运动,但电荷运动的机制不一样.导线中的电流是电子沿导线的定向运动,电解液中的电流是电子和离子的定向运动,它们都必须是有外电场力作用下才能产生的运动,属于电荷的宏观运动;磁铁磁场也是电荷运动激发的,但这种运动并不需要外电场力的驱动,是电子固有的微观运动,例如电子的轨道运动和自旋运动.我们知道,磁铁在磁化过程中其磁畴作定向排列,而磁畴是铁原子相邻原子中电子的自旋磁矩平行排列起来的一自发磁化区域,磁化之后这些磁畴继续保留原有的定向排列方向而产生剩磁,所以说磁铁的磁场是电荷的微观运动产生的.

如果我们把铁磁介质的磁化当作一般的磁介质的磁化来处理,那么铁磁介质的剩磁,也可以说是磁化分子电流产生的.从有磁介质时的安培环路定理 $\oint \boldsymbol{B} \cdot \mathrm{d}\boldsymbol{l}=\mu_0\left(\sum I+I_s\right)$ 可以看到,传导电流 I 所激发的磁场与磁介质磁化后磁化分子电流 I_s 所激发的磁场是等效的(图 Z 19-1).

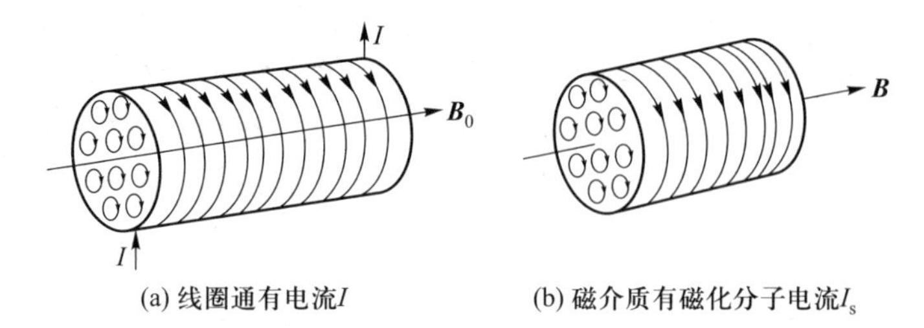

图 Z 19-1 有磁介质时传导电流 I 和磁化分子电流 I_s 所共同激发的磁场

二十、到达地球北极和南极的宇宙射线数量为什么比赤道附近要多?

众所周知,地球是一个大磁体,其磁感应线的分布如图 Z 20-1 所示,在两极的磁场比赤道附近强,而且磁场的方向垂直地面.宇宙射线是来自外层空间通过大气射向地球的高能带电粒子,当宇宙射线射向地球北极和南极时,其运动方向基本上与两极磁感应线在一条直线上,这些带电粒子受到地球磁场的洛伦兹力非常弱,很容易直接到达地球;而射向赤道的宇宙射线,其运动方向与赤道上空的磁场方向有较大的夹角,受到比较大的洛伦兹力,在洛伦兹力的作用下,这些带电粒子绕地磁感应线作螺旋运动,并不能直接到达地面.特别是对那些低能宇宙射线,带电粒子的运动速度 v 较小,相应的螺旋半径 $\left(R=\dfrac{mv}{qB}\right)$ 也比较小,螺旋轨道的最低点也不能在赤道附近处达到地面.换句话说,在地磁赤道上只有那些能量最大的带电粒子才可能到达地球表面,而越靠近地球磁轴处到达地面的带电射线粒子能量可以越低.

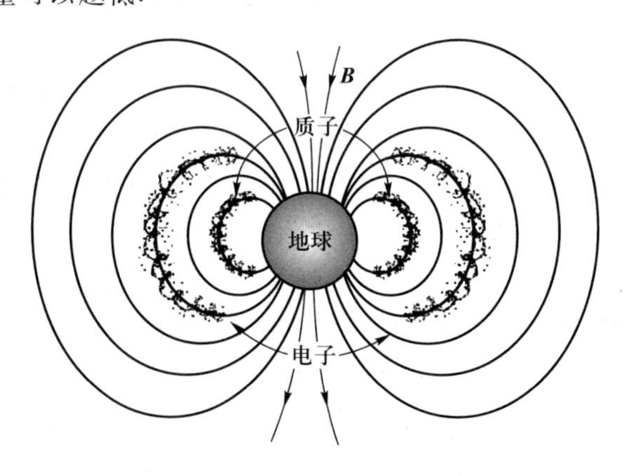

图 Z 20-1 地球磁场的磁感应线

正如本教材所指出的,地球磁场在两极强而中间弱,当来自外层空间的大量宇宙射线进入磁场后,粒子在沿磁感应线的区域内来回振荡,形成范艾伦(J. A. Van Allen)辐射带.观察发现在地球上空有两个这样的辐射带,它们大多数分别由电子和质子组成.如图 Z 20-1 所示,在地球上空 800 km 至 4 000 km 形成了主要是质子的内辐射带(inner radiation belt),在地球 60 000 km 之上形成了一个主要成分为电子的外辐射带(outer radiation belt).其实内辐射带的质子产生于中子,自由中子是不稳定的,在 10 分钟内会衰变成一个质子,一个电子和一个几乎没有质量的中微子,中子的能量极大部分传递给了质子,带正电的质子被地球磁场捕获形成内辐射带,它对航天器内的仪器和宇航员会造成一定的威胁,应避免在这一区域内飞行.

二十一、什么是巨磁电阻效应？它有什么应用？

强磁性材料在受到外加磁场作用时引起的电阻变化,称为磁电阻效应.巨磁电阻效应则是一种相对于传统的磁电阻效应大一个数量级以上的磁电阻效应,因此名为巨磁电阻,简称 GMR(giant magnetoresistance).

1988 年法国巴黎大学的阿尔伯特·费尔特(Albert Fert)教授和德国尤利希研究中心的彼得·格伦博格(Peter Grünberg)教授几乎同时独立发现了巨磁电阻效应.最近,瑞典皇家科学院宣布,将 2007 年诺贝尔物理学奖授予这两位“硬盘技术之父”,以表彰他们发现了巨磁电阻效应.瑞典皇家科学院说:“今年的物理学奖授予用于读取硬盘数据的技术,得益于这项技术,硬盘在近年来迅速变得越来越小.”

从计算机历史来看,世界上第一个计算机磁盘存储系统,是在 1956 年发明的.但这第一个硬盘系统,由 50 片直径 24 英寸、涂着磁粉的圆盘,加上马达、磁头和控制系统组成的.结构上,盘片的磁涂层是由数量众多的、体积极为细小的磁颗粒组成,若干个磁颗粒组成一个记录单元来记录 1 bit(比特)信息,即 0 或 1.这些微小的磁颗粒极性可以被磁头快速改变,且一旦改变之后可以较为稳定地保持,磁记录单元间的磁通量或者磁阻变化分别代表二进制中的 0 或者 1.利用磁头改变或判断圆盘上每个扇区中磁场的方向,即可写入和读取数据.这个系统不仅体积大,而且存储容量小,每平方英寸仅 20 MB.直到 20 世纪 80 年代末期,IBM 公司成功地研发了磁阻磁头技术(MR,magneto-resistance),才实现了磁盘存储系统的第一次飞跃.磁阻磁头核心是一片金属材料,其电阻随磁场的变化而变化.硬盘的磁道密度得以大幅度提高,达到每平方英寸 3 GB 到 5 GB.但利用这一技术,磁致电阻的变化也仅在 1%到 2%之间,磁场还不能太弱,所以磁道也没法做得太密.直到 1988 年,法国巴黎大学的费尔特教授和德国尤利希研究中心的格伦博格教授各自发现,在铁、铬相间的多层膜电阻中,微弱的磁场变化可以导致电阻量值的急剧变化,其变化的幅度比通常高十几倍,因此称之为“巨磁阻效应”.从此开启了硬盘革命的新纪元.仅仅六年之后,1994 年,IBM 公司即把这一物理原理应用到了硬盘技术上,研制出信号变化灵敏度更高的读出磁头,将磁盘记录密度一下子提高了 17 倍.

巨磁电阻效应来自于载流电子的不同自旋状态与磁场的作用不同,因而导致的电阻值的变化.这种效应只有在纳米尺度的薄膜结构中才能观测出来.随着纳米技术的迅猛发展,可望制造出只有几个原子厚度的金属薄膜.所以,利用巨磁电阻效应,未来硬盘体积还能够进一步缩小,硬盘容量还可得以提高.同时,巨磁电阻效应在微弱磁场探测、各种传感器的设计等高技术领域也必将得到广泛而重要的应用.

二十二、如果要设计一个大电感的线圈,从哪些方面着手?它们的利弊如何?

由螺线管自感的计算式 $L=\mu n^2 V$ 可知,要提高螺线管自感可以从三个方面采取措施:采用高磁导率 μ 的铁磁材料作线圈芯,增大线圈的体积 V 以及提高单位长度的匝数 n.增大线圈的截面积或者加长线圈的长度都可增加线圈的体积 V,但这往往受到电路或电器设备大小的限制,不可能做得很大,一般说这不是一个很好的办法.采用高磁导率 μ 的铁磁材料作线圈芯不失为一个有效的办法,磁导率 μ 愈高,线圈的自感愈大.但铁磁材料的磁导率会受线圈电流的影响,特别是当电流很大时磁导率反而会下降,所以在选择铁磁材料时必须考虑线圈的工作电流以保证在该工作电流下有较大的 μ 值.另一方面,作线圈芯的铁磁材料必须闭合,例如做成环形线圈或矩形线圈,使磁感应线在铁磁芯中形成闭合线,这样线圈的自感才能比没有铁磁芯时提高 μ_r 倍,否则线圈的实际自感也会大打折扣.

最后,分析一下提高单位长度的匝数 n 以增大线圈的自感的方法.由于线圈的自感取决于单位长度的匝数 n 的平方,可以说在线圈的空间大小受到限制的情况下,提高单位长度的匝数 n 是增大线圈自感的有效方法.此时线圈可以用细导线绕成,它在线圈总长度不变时比用粗导线绕制可多绕一些匝数,但与此同时导线细了,匝数多了(导线长了)线圈的电阻也会相应地增加,这不仅会增加线圈所消耗的能量,还会改变线圈的时间常量.为此,可以作如下的计算,看看螺线管长度 l 和半径 r 都相同的情况下,用细导线(直径为 d_a)和用粗导线(直径为 d_b)绕成的线圈自感 L、电阻 R 和时间常量 τ 的变化.两个线圈自感系数分别是

$$L_a=\mu\frac{N_a^2}{l}\pi r^2=\mu\frac{(l/d_a)^2}{l}\pi r^2=\mu\frac{l}{d_a^2}\pi r^2$$

$$L_b=\mu\frac{N_b^2}{l}\pi r^2=\mu\frac{(l/d_b)^2}{l}\pi r^2=\mu\frac{l}{d_b^2}\pi r^2$$

它们的比值为

$$\frac{L_a}{L_b}=\left(\frac{d_b}{d_a}\right)^2$$

显然，如果 $d_a<d_b$，那么 $L_a>L_b$，自感 L 随线径比值的平方律变化.

两线圈的电阻分别是

$$R_a=\rho\frac{l'_a}{S'_a}=\rho\frac{N_a 2\pi r}{\pi\left(\frac{d_a}{2}\right)^2}=8\rho\frac{N_a r}{d_a^2}=8\rho\frac{lr}{d_a^4}$$

$$R_b=\rho\frac{l'_b}{S'_b}=\rho\frac{N_b 2\pi r}{\pi\left(\frac{d_b}{2}\right)^2}=8\rho\frac{N_b r}{d_b^2}=8\rho\frac{lr}{d_b^4}$$

这里 l' 和 S' 分别是绕制螺线管的导线长度和截面积.电阻的比值为

$$\frac{R_a}{R_b}=\left(\frac{d_b}{d_a}\right)^4$$

由于 $d_a<d_b$，那么 $R_a>R_b$，且成 4 次方的比例变化，说明电阻比自感的变化更大，在相同的工作电流下将大大增加线圈的能耗.

两螺线管的时间常量分别是

$$\tau_a=\frac{L_a}{R_a}=\frac{\mu_0\frac{l}{d_a^2}\pi r^2}{8\rho\frac{lr}{d_a^4}}=\frac{\mu_0\pi r d_a^2}{8\rho}$$

$$\tau_b=\frac{L_b}{R_b}=\frac{\mu_0\frac{l}{d_b^2}\pi r^2}{8\rho\frac{lr}{d_b^4}}=\frac{\mu_0\pi r d_b^2}{8\rho}$$

同样可得到两螺线管时间常量的比值

$$\frac{\tau_a}{\tau_b}=\left(\frac{d_a}{d_b}\right)^2$$

时间常量与绕制导线的粗细的平方成正比.如果 $d_a<d_b$，那么 $R_a<R_b$，即用细导线比用粗导线绕成的线圈有更小的时间常量.

二十三、电磁污染对人体有无影响？

电磁污染是当今社会人们关注的一个热门话题.一般说来，电磁场对生物体的作用可以分为热效应和非热效应两大类.所谓热效应是指一定频率和功率的电磁辐射作用在生物体上引起局部体温上升而导致的生理变化.特别是如果温升过大，超过了生物体内的调节能力，即受照射组织所吸收的能量远大于生物体新陈代谢的能力时，生物体内组织便丧失了正常机能甚至被破坏至死.下表是一般家庭家用电器在室内产生的电场强度的数量级，在这里就能量角度大致对此作一评估，看看这样的电场是否会造成人体伤害.

电器	30 cm 处的电场强度/($V\cdot m^{-1}$)
彩色电视机	30
吸尘器	16
电冰箱	60

首先，我们按公式 $w=\varepsilon_0E^2$（见主教材下册 82 页例题 11-6）计算出相应的电磁辐射能量密度，计算结果为彩色电视机 $8.0\times10^{-9}\ J/m^3$，吸尘器 $2.3\times10^{-9}\ J/m^3$，电冰箱 $3.2\times10^{-8}\ J/m^3$.事实上这些电磁能量是以辐射波的形式通过人体的.以电磁能量密度最大的电冰箱为例来说明这样的电磁能量是否可能对人体造成伤害.电冰箱在 30 cm 处辐射强度是 $S=E^2\sqrt{\dfrac{\varepsilon_0}{\mu_0}}=9.6\ W/m^2$.在相当于一个成人的身体面积（$0.8\ m^2$）内有 7.7 W 的电磁辐射功率通过.它不会全部被人体吸收，一部分被反射，一部分被透射，只有少部分被人体吸收转化为热量.现在仍假定这些电磁能量全部被人体吸收，一个成人的质量大约为 65 kg，那么人体的平均吸收率大约是 0.12 W/kg.根据生物物理的测试，一个正常人的基本新陈代谢率大约是 1 W/kg（即每千克人体组织每秒可以有 1 J 的能量交换）.一个打网球的人的平均新陈代谢率是 2 W/kg，一个受过训练的运动员可以产生 16 W/kg 的新陈代谢率.可见，0.12 W/kg 的平均吸收率是不足以伤害人体健康的（况且，人体实际的吸收率比这个数值低很多）.因此在一般的电磁环境下，电磁辐射的热效应是不会有什么威胁的，完全不可能对人体有什么“热”的效应.

但是，当前焦点不是强电磁场的作用，倒是弱电磁场对人体健康是否有影响.比如说高压线下的场以及手机的电磁辐射到底会不会危及我们的健康.实际上这是一个争论了几十年的问题.这就是电磁场有没有“非热效应”？这种效应着重研究电磁能量密度并不很高，在生物体内几乎不产生热量和温升，但却能诱发生物体内释放能量或引起某种生理的变化.非热效应常常发生在分子和细胞一级上,以长时间低频照射为主.数十年来关于弱电磁场是否有危及人体健康的争论一直没有停止过.不幸的是,长期以来人们把弱电磁场的非热效应与癌症和其他一些疾病联系在一起.其实科学家做了大量的实验,正结果和反结果都有报道,至今也没有定论.实践证明,正确评价电磁辐射的非热效应要困难得多.首先要弄清楚电磁辐射有哪些生物效应,其次要阐明电磁场是如何导致生理变化而引起生物效应的.今天,关于普遍使用的手机是否有健康问题的辩论,其实就是自20世纪60年代以来弱电磁场是否有害的讨论的继续.在当前没有证据说移动电话有任何健康风险的情况下,许多科学家还是告诫人们小心对待,以期进一步的研究,特别是建议儿童不要过多使用手机.

二十四、弹簧振子的振动周期与金属丝的粗细、簧圈半径等有何关系?

设弹簧的金属丝半径为 r、长度为 l,簧圈的半径为 R,每个簧圈都靠得很近,且簧圈半径 $R\gg r$,这样弹簧的螺旋角很小($<5°$),可以忽略不计,则弹簧的每一圈可以看成位于与弹簧轴线垂直的一个平面内.

如弹簧金属丝的切变模量① G 一定时,由理论推得弹簧的劲度系数 k 与金属丝有关量的关系为

$$k=\frac{G\pi r^4}{2R^2 l}$$

即 k 与 l 与 R^2 成反比,而与 r^4 成正比.对于一定粗细的金属丝,长度 l 越长、簧圈半径 R 越大,由上式可知,弹簧的劲度系数 k 越小,即弹簧越软,另一方面,对于一定长度的金属丝,半径 r 越大,而簧圈半径 R 越小,则弹簧的劲度系数 k 越大,即弹簧越硬,由弹簧振子的振动周期公式 $T=2\pi\sqrt{\frac{m}{k}}$ 可知,硬弹簧的周期短,软弹簧的周期长.

当弹簧的形状和几何尺寸一定时,k 与金属丝的切变模量 G 成正比.显然,对 G 大的金属丝,k 则变大,周期则变短.

顺便指出,若将弹簧剪成长度相等的 n 段,设每一段的长度为 l_n,则 $l=nl_n$,由上式可知

$$k=\frac{G\pi r^4}{2R^2 nl_n}=\frac{1}{n}k_n$$

即

$$k_n=nk$$

① 关于切变模量的概念,请参看主教材下册58页.

二十五、考虑单摆摆球的大小以及悬线的质量，单摆的周期将是如何?

设摆球的半径为 r,质量为 m_0,悬线长为 l、质量为 m 且均匀分布.摆动过程中系统的受力如图 Z 25-1 所示.根据定轴转动定律有

$$-\left[m_0g(l+r)\sin\theta+mg\frac{l}{2}\sin\theta\right]=J\frac{\mathrm{d}^2\theta}{\mathrm{d}t^2}$$

式中 J 为系统绕悬点 O 的转动惯量.它包括摆球和摆线两部分的转动惯量,即

$$J=J_1+J_2=\left[\frac{2}{5}m_0r^2+m_0(l+r)^2\right]+\frac{1}{3}ml^2$$

当摆角 θ 很小时,$\sin\theta\approx\theta$,于是

$$-\left[m_0g(l+r)+mg\frac{l}{2}\right]\theta=J\frac{\mathrm{d}^2\theta}{\mathrm{d}t^2}$$

图 Z 25-1

由上式可知,单摆仍作简谐振动,其角频率为

$$\omega=\left[\frac{m_0g(l+r)+\frac{1}{2}mgl}{J}\right]^{1/2}$$

$$=\left[\frac{m_0g(l+r)+\frac{1}{2}mgl}{\frac{2}{5}m_0r^2+m_0(l+r)^2+\frac{1}{3}ml^2}\right]^{1/2}$$

单摆的周期为

$$T=\frac{2\pi}{\omega}=2\pi\left[\frac{\frac{2}{5}m_0r^2+m_0(l+r)^2+\frac{1}{3}ml^2}{m_0g(l+r)+\frac{1}{3}mgl}\right]^{1/2}$$

可见,实际单摆的周期与摆球的大小、质量以及悬线的质量成复杂的关系.只有当 $m\ll m_0$,$r\ll l$ 时,摆球才能视为质点,悬线的质量忽略不计,这时单摆的周期为

$$T=2\pi\left[\frac{m_0l^2}{m_0gl}\right]^{1/2}=2\pi\sqrt{\frac{l}{g}}$$

这是大家熟知的单摆周期公式.

二十六、沙摆的周期如何变化?

设在一单摆装置中,摆动物体是一只装有沙子的漏斗.当摆开始摆动时,砂

子从漏斗不断地漏出，在摆动过程中单摆的周期是否会发生变化？

根据单摆的周期公式 $T=2\pi\sqrt{\frac{l}{g}}$，得到周期与摆球质量无关的结论.因此若沙子从漏斗漏出，质量减少似乎并不影响.事实上，沙子从漏斗漏出时，不仅质量减少，还使它的质心逐渐降低，单摆的摆长并不单是悬线的长度，而是悬挂点至漏斗和沙质心的距离，因此在不断漏沙的过程中，实际的摆长在不断增大，因而单摆的周期也不断增大.但是，是否在漏沙的整个过程中周期都在增大呢？设想漏斗是一圆柱形罐头，开始装满砂时，它们的质心在圆罐的中心，漏沙过程中，质心下降，当沙全部漏完时，质心仍在空罐的中心.显然当沙漏到一定程度时，质心又会不断升高，因而单摆的周期又会不断减小.单摆的周期在漏沙过程中由不断增大，又不断减小，其中必有一转折点.下面作简单地定量分析.

如图 Z 26-1 所示，设漏斗是圆柱形罐头，其质量为 m，高为 h，底面积为 S，罐中先装满沙子.沙子的密度为 ρ，质量 $m'=\rho Sh$，取罐底中心为坐标原点.设轻绳的长度为 l_0，如图所示，则摆长

$$l=l_0+h-x_C$$

式中 x_C 为罐头和沙子质心的坐标，根据质心坐标公式有

$$x_C=\frac{\sum m_i x_i}{\sum m_i}=\frac{m\frac{h}{2}+\rho Sx\frac{x}{2}}{m+\rho Sx}$$

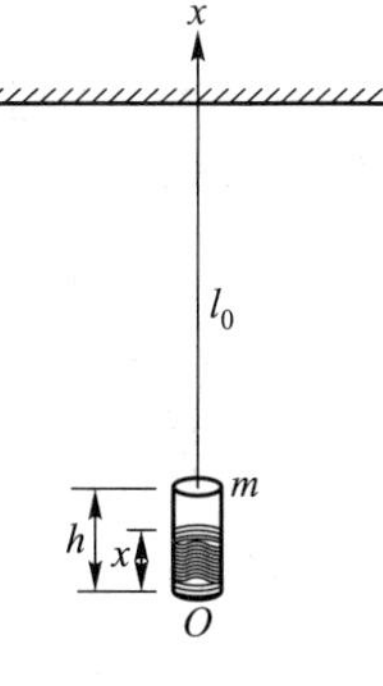

图 Z 26-1

将 x_C 代入上式得

$$l=l_0+h-\frac{m\frac{h}{2}+\rho S\frac{x^2}{2}}{m+\rho Sx}$$

l 在[0,h]范围内连续，必存在极大值和极小值，

$$\frac{\mathrm{d}l}{\mathrm{d}x}=\frac{\rho S\left(\frac{\rho S}{2}x^2+mx-m\frac{h}{2}\right)}{(m+\rho Sx)^2}$$

令$\frac{\mathrm{d}l}{\mathrm{d}x}=0$，即

$$x^2+\frac{2m}{\rho S}x-\frac{mh}{\rho S}=0$$

解得

$$x_1=-\frac{h}{\sqrt{1+\frac{h\rho S}{m}}-1}\text{（舍去）},\quad x_2=\frac{h}{\sqrt{1+\frac{h\rho S}{m}}+1}$$

又 $\left(\frac{\mathrm{d}^2 l}{\mathrm{d}x^2}\right)_{x_2}<0$,所以摆长 $l(x)$ 在 x_2 点为极大值.

由上分析可知,沙摆在漏砂过程中,周期是变化的.装满沙子时,周期最小.随着沙子质量减少,周期单调增大,当沙子高度减少到 $x=\frac{h}{\sqrt{1+\frac{h\rho S}{m}}+1}$ 时,周期为最大.然后又随沙子质量的减少,周期又单调减少,当沙子漏完时,周期又为最小,与满罐时周期相同.

下面用计算机作图法讨论在不同条件下周期的变化情况.如图 Z 26-2(a)所示,若容器的质量比初始砂的质量大得多,基本上在 $x=h/2$ 处出现最大值,但周期的变化实际上是非常小的;如容器的质量比沙的初始质量小,随着沙子质量的减少,周期最大值的位置就出现得比较早[图 Z 26-2(b)].特别是容器的质量近乎可忽略时,周期很快达到最大值,此后则几乎直线下降,回到初始周期.

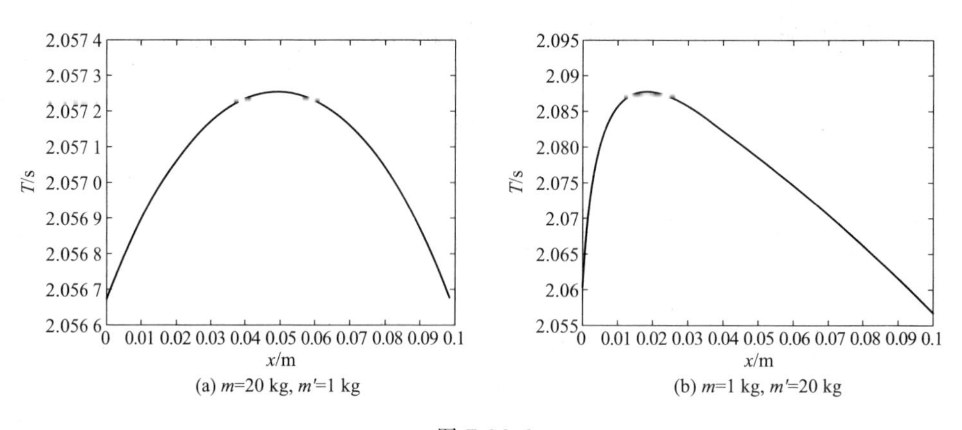

(a) m=20 kg, m'=1 kg (b) m=1 kg, m'=20 kg

图 Z 26-2

设 $l_0=1$ m, $h=0.1$ m

二十七、水波是怎样的波动?

水波是人们能直接看到的最熟悉的一种波动.从水面的涟漪到惊涛骇浪都是水波.但对水波来说,水质元的振动不只限于水的表面,而且以越来越小的振幅一直延伸到水底.形成水波的恢复力不是弹性力,而是重力和水的表面张力.微风拂过,水面形成的涟漪细波主要是表面张力的结果,这种波叫做表面张力波,它的波长很短,一般不大于几厘米.对于波长超过几厘米的水波,重力起重要作用,这种波叫做重力波.由于重力波的特性与水深有关,所以又分为浅水波和深水波.

浅水波是指水的深度 $h \ll \lambda$ 的情况.平静的水面是平坦而水平的.当波的扰动在水中传播时,水的质点作纵向振动,但由于相邻质点的振动位移不同,而水又是不可压缩的,就造成水表面质点的横向振动.这样,水表面质点作圆周运动.并使水面起伏不平.由浅水波的波动方程得到浅水波的波速为

$$u_{浅水}=\sqrt{gh}$$

例如,由海洋底部地震引起的海啸,波长一般为 100~400 km,太平洋平均深度为 4.3 km,对海啸来说,太平洋满足 $h \ll \lambda$,因此海啸在太平洋上属浅水波,其传播速度为

$$u=\sqrt{9.8\times4.3\times10^{3}}\ \mathrm{m/s}=205\ \mathrm{m/s}=740\ \mathrm{km/h}$$

这大约等于当前大型喷气式客机的飞行速度.

深水波是指水的深度 $h \gg \lambda$ 的情况.水面以下越深处,水质点所作圆周运动的半径越小.如果水池不是很深,由于池底的水质点只能作纵向运动,自水面向下,质点的横向运动比纵向运动衰减得更快.这样,质点的运动变为椭圆运动,越近底部,椭圆越扁.图 Z 27-1 表示表面层中和在表面以下某一深度处,质点的运动路径.上方的实线表示某一瞬间水表面的形状.质点在路径上沿顺时针方向作圆周运动.下方的质点的路径是椭圆.深水波的波速为

$$u_{深水}=\sqrt{\frac{g\lambda}{2\pi}}$$

与其他各种波的波速不同,深水波的波速与波长有关,亦即与频率有关,这种现象称为色散.

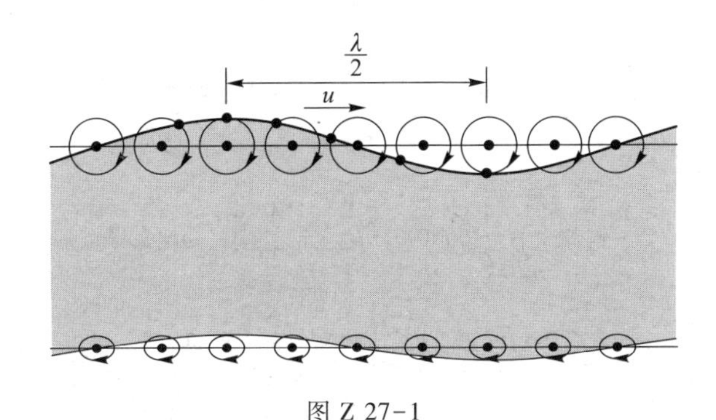

图 Z 27-1

二十八、两个频率相同的驻波能叠加成为行波吗?

我们知道,每列驻波都是由两列传播方向相反满足一定条件的行波叠成的,所以两驻波可写成

$$y_1=y_{1正}+y_{1反}$$

$$y_2=y_{2正}+y_{2反}$$

其中 $y_{1正}$ 和 $y_{2正}$ 为沿 x 正方向传播的行波，$y_{1反}$ 和 $y_{2反}$ 为沿 x 负方向传播的行波.当两驻波叠加时有

$$\begin{aligned} y&=y_1+y_2=(y_{1正}+y_{1反})+(y_{2正}+y_{2反}) \\ &=(y_{1正}+y_{2正})+(y_{1反}+y_{2反}) \\ &=y_{正}+y_{反} \end{aligned}$$

式中 $y_{正}$ 为两列沿 x 正方向传播的同频率的行波叠加后沿 x 正方向传播的行波；同样的沿 y 负方向为两列沿 x 负方向传播的同频率的行波叠加后沿 x 负方向传播的行波.欲使两驻波叠加后形成行波，必须使 $y_{正}=0$ 或者 $y_{反}=0$.这就是说，组成两驻波的 4 个行波中，沿 x 负方向传播的两个行波相位相反，相干相消；而沿 x 正方向传播的两个行波相位相同，相干相长，叠加后成为一个沿 x 正方向传播的行波.反之，则成为一个沿 x 负方向传播的行波.

下面举一个例子加以说明.

设两驻波的方程为

$$y_1=A\cos kx\cos \omega t$$

$$y_2=A\cos\left(kx-\frac{\pi}{2}\right)\cos\left(\omega t-\frac{\pi}{2}\right)$$

把两式改写成

$$y_1=\frac{A}{2}\cos(\omega t-kx)+\frac{A}{2}\cos(\omega t+kx)$$

$$y_2=\frac{A}{2}\cos(\omega t-kx)+\frac{A}{2}\cos(\omega t+kx-\pi)$$

两个驻波叠加后

$$\begin{aligned} y=y_1+y_2&=\frac{A}{2}\cos(\omega t-kx)+\frac{A}{2}\cos(\omega t+kx)+ \\ &\frac{A}{2}\cos(\omega t-kx)+\frac{A}{2}\cos(\omega t+kx-\pi) \\ &=\left[\frac{A}{2}\cos(\omega t-kx)+\frac{A}{2}\cos(\omega t-kx)\right]+ \\ &\left[\frac{A}{2}\cos(\omega t+kx)+\frac{A}{2}\cos(\omega t+kx-\pi)\right] \end{aligned}$$

后括号表示沿 x 负方向的两行波相位差为 π，叠加后相消，所以两驻波叠加的结果为

$$y=A\cos(\omega t-kx)$$

它是一个行波.

事实上,如果把行波方程按三角函数式展开一下:

$$\begin{aligned} y &= A\cos(\omega t-kx) \\ &= A\cos\omega t\cos kx+A\sin\omega t\sin kx \end{aligned}$$

这不就是两个驻波方程吗!

二十九、双缝干涉实验装置改变时,干涉条纹如何变化?

如果把双缝干涉实验放在水中,干涉条纹的间距有何变化?如果在双缝后放一凸透镜,以缩短观察屏到缝间的距离,在水中的干涉条纹间距又如何?

在双缝干涉实验中,空气中的干涉条纹间距为

$$\Delta x=\frac{D}{d}\lambda$$

如放在水中,D 与 d 不会改变,但在水中的波长 $\lambda_{水}=\frac{\lambda}{n}$,其中 n 为水的折射率,波长变短了.所以在水中干涉条纹的间距为

$$\Delta x_{水}=\frac{D}{d}\lambda_{水}=\frac{D}{d}\frac{\lambda}{n}=\frac{1}{n}\Delta x<\Delta x$$

即在水中干涉条纹的间距比在空气中的间距小.

如在装置中加一个凸透镜.屏幕放在透镜的焦平面上,则在空气中干涉条纹的间距为

$$\Delta x'=\frac{f}{d}\lambda$$

式中 f 为透镜的焦距.在水中时,光的波长和透镜的焦距都要发生改变.水中的波长 $\lambda_{水}=\frac{\lambda}{n}$,水中透镜的焦距根据几何光学得到 $f_{水}=\frac{n(n'-1)}{n'-n}f$,式中 n' 为透镜玻璃的折射率.所以在水中双缝干涉条纹的间距变为

$$\Delta x'_{水}=\frac{f_{水}}{d}\lambda_{水}=\frac{n(n'-1)}{n'-n}\frac{f}{d}\frac{\lambda}{n}=\frac{n'-1}{n'-n}\Delta x'$$

在一般情况下,玻璃的折射率 n' 总是大于水的折射率 n,所以

$$\frac{n'-1}{n'-n}>1$$

$$\Delta x'_{水}>\Delta x'$$

三十、在薄膜干涉问题中,在什么情况下要考虑附加光程差 $\lambda/2$?

这是一个比较复杂的问题,还得从光在两种介质交界面反射和折射时的相位变化谈起.

设有光从折射率为 n_1 的透明介质以入射角 i 射向折射率为 n_2 的透明介质,在界面上将发生反射和透射现象,其反射角为 $i'(i'=i)$、折射角为 r.我们把入射光、反射光和折射光的电场矢量 $\boldsymbol{E}$ 和磁场矢量 $\boldsymbol{H}$ 都分解为垂直入射面的分矢量和平行于入射面的分矢量.各垂直分量的正方向均垂直纸面向外,以⊙表示;各平行分量的正方向以箭头表示,如图 Z 30-1 所示.注意:反射光和折射光的各分矢量所示的方向仅是假设的正方向.

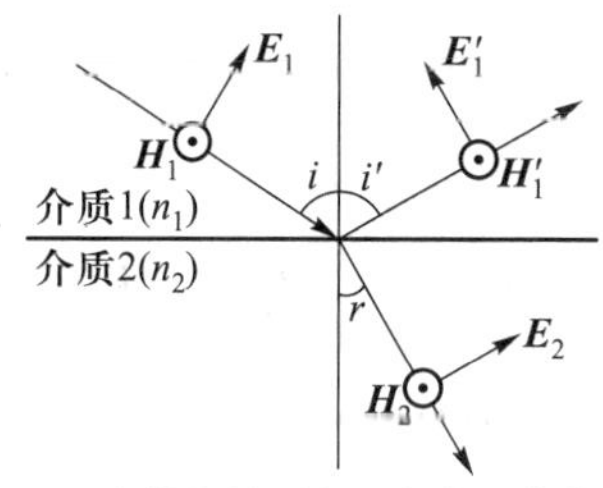

(a) 电场矢量平行于入射面的情况

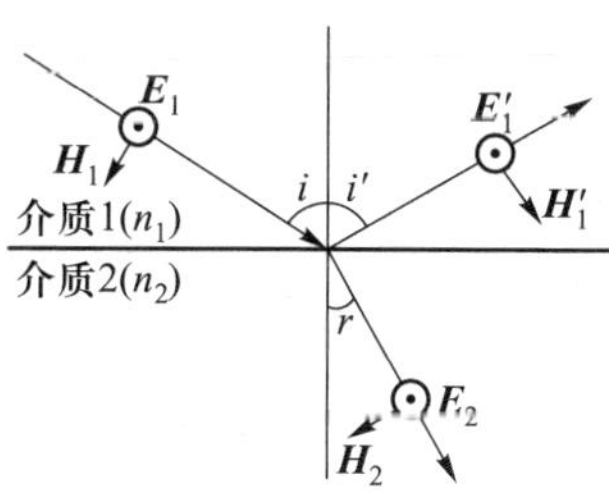

(b) 电场矢量垂直于入射面的情况

图 Z 30-1

利用电磁场的叠加原理和边界条件可以导出(推导从略)以下关系式:

$$\left(\frac{E'_1}{E_1}\right)_\perp=\frac{n_1\cos i-n_2\cos r}{n_1\cos i+n_2\cos r}=-\frac{\sin(i-r)}{\sin(i+r)}$$

$$\left(\frac{E'_1}{E_1}\right)_{/\!/}=\frac{n_2\cos i-n_1\cos r}{n_2\cos i+n_1\cos r}=\frac{\tan(i-r)}{\tan(i+r)}$$

$$\left(\frac{E_2}{E_1}\right)_\perp=\frac{2n_1\cos i}{n_1\cos i+n_2\cos r}=\frac{2\cos i\sin r}{\sin(i+r)}$$

$$\left(\frac{E_2}{E_1}\right)_{/\!/}=\frac{2n_1\cos i}{n_2\cos i+n_1\cos r}=\frac{2\cos i\sin r}{\sin(i-r)\sin(i+r)}$$

以上四式称为菲涅耳反射折射公式.上述公式不仅反映了两有关分矢量的振幅间的大小关系,其结果的正负也反映了它们间的相位关系.例如某情况下,$\boldsymbol{E}'_{/\!/}$ 和 $\boldsymbol{E}_{/\!/}$ 相差一负号,由于 $(-1)=\mathrm{e}^{\pm i\pi}$,所以可以认为反射波和入射波的平行分量在界面上有相位差 π.

根据菲涅耳公式,我们把各种情况下反射光的 $\boldsymbol{E}$ 的两个分矢量和入射光的两分量间相位差作图表示(图 Z 30-2).(因折射光没有相位变化问题,故不予讨论）图中 $i_c\left(=\arcsin\dfrac{n_1}{n_2}\right)$ 为临界角，$i_B=\left(\arctan\dfrac{n_2}{n_1}\right)$ 为布儒斯特角.

由图 Z 30-2 可以得到以下几个要点：

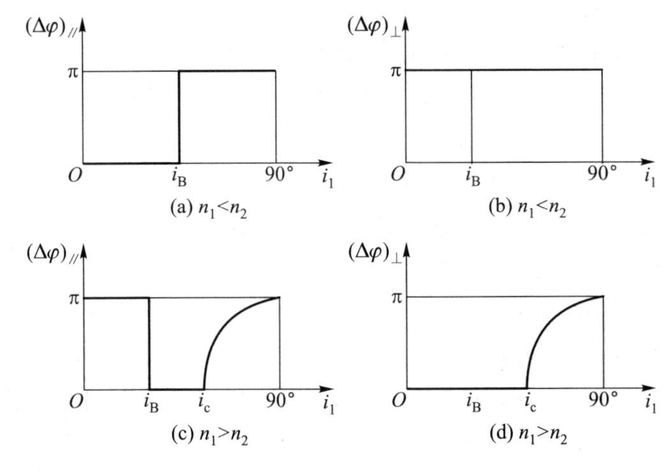

图 Z 30-2

（1）“半波损失”和“相位突变 π”并不是同一回事.所谓“半波损失”是指反射光的两个分矢量的实际振动方向和入射光的两分矢量振动方向都相反.对于平行分量，它的振动方向垂直于各自的射线，在界面处，反射光平行分量的振动方向和入射光平行分量的振动方向并不相互平行.它们之间成一角度（垂直入射除外），因此比较它们的相位没有什么绝对的意义.对于垂直分量，因在界面处反射光和折射光振动方向沿同一直线，如其相位差为 π，则可认为它们有半波损失.

（2）由图 Z 30-2 可以看到，在 $n_1<n_2$ 的情况，当入射角 $i<i_B$ 时，反射光中的垂直分量有相位变化 π，而平行分量则没有.而在 $i_B<i<90°$ 范围内，反射光的平行分量和垂直分量都有周期改变 π，但两个平行分量的振动并不平行，只有 i 趋近 90° 时两者才接近平行，此时才能认为反射光有半波损失.因此，笼统地说“光从光疏介质至光密介质入射时，反射光有 π 的相位突变”，这是不恰当的.同样，在 $n_1>n_2$ 的情况下，对于“光从光密介质至光疏介质入射时，反射光没有相位变化也是不恰当的.

（3）在 $n_1<n_2$ 的情况中，当入射角 $i\approx0$，即正入射的情况，反射光两个分量的实际振动方向如图 Z 30-3 所示，与入射光的两分量的

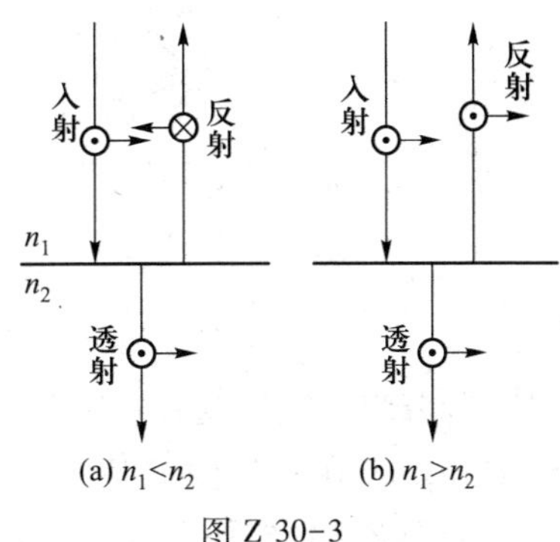

图 Z 30-3

振动方向都相反，所以反射光有半波损失.在 $n_1>n_2$ 的情况中，反射光的两分量的振动方向与入射光的相同，所以没有半波损失.

当入射角 $i\approx90°$，即掠射的情况，反射光的两个分量与入射光的都相反，如图 Z 30-2 所示.所以有半波损失.

综合以上两种情况，可表述为：在正入射和掠入射的情况下.光从光疏介质到光密介质反射时，反射光有半波损失；从光密介质到光疏介质入射时，反射光无半波损失.在任何情况下，透射光都没有半波损失.

（4）对于薄膜干涉中有无附加光程差 $\lambda/2$ 的问题，由于光在两个界面上反射，就一束反射光来说，很难笼统地说有无半波损失，必须考虑两反射光的平行分量和垂直分量的振动方向相同或相反.

当薄膜（折射率为 n）处在同一介质（折射率为 n_1）中，光在薄膜上下表面反射时反射光的两个分量的振动情况如图 Z 30-4 所示，无论是 $n>n_1$ 还是 $n<n_1$，两反射光的两个分量的振动方向都相反.所以两反射光束的光程差中都有附加光程差.

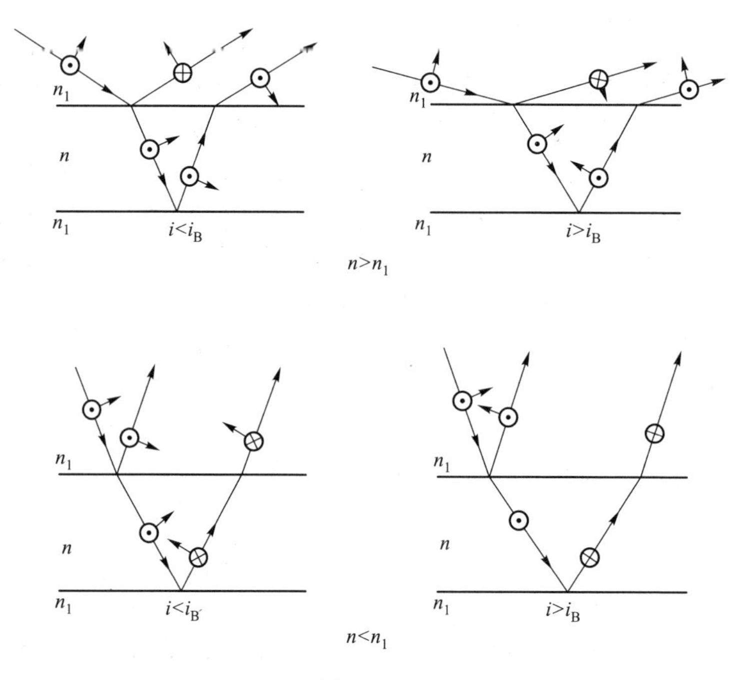

图 Z 30-4

若薄膜的第二表面外侧介质的折射率为 n_2，情况比较复杂.现以 $n_1<n<n_2$ 和 $n_1<n$，$n_1>n_2$ 在 $i<i_B$ 的情况下为例进行分析.

如图 Z 30-5 所示，在 $n_1<n<n_2$ 的情况下，虽然反射光 1、2 中的垂直分量

在反射时都有相位突变 π,但两者的振动方向相同,相对相位关系没有改变.平行分量也没有相对相位的改变,所以对 $n_1<n<n_2$ 的情况,两反射光的光程差中不需要加上附加光程差 λ/2.对于 $n_1<n<n_2$ 的情况也一样,无须加上附加光程差.

如图 Z 30-6 所示,在 $n_1<n, n>n_2$ 的情况下,反射光 1 中的垂直分量有相位突变 π,而反射光 2 的垂直分量没有相位突变,所以反射光 1,2 中的垂直分量有附加相位差 π;平行分量也有附加相位差 π,因此反射光的光程差中应加上附加光程差 λ/2.对于 $n_1>n, n<n_2$ 的情况也一样,需要加上附加光程差 λ/2.

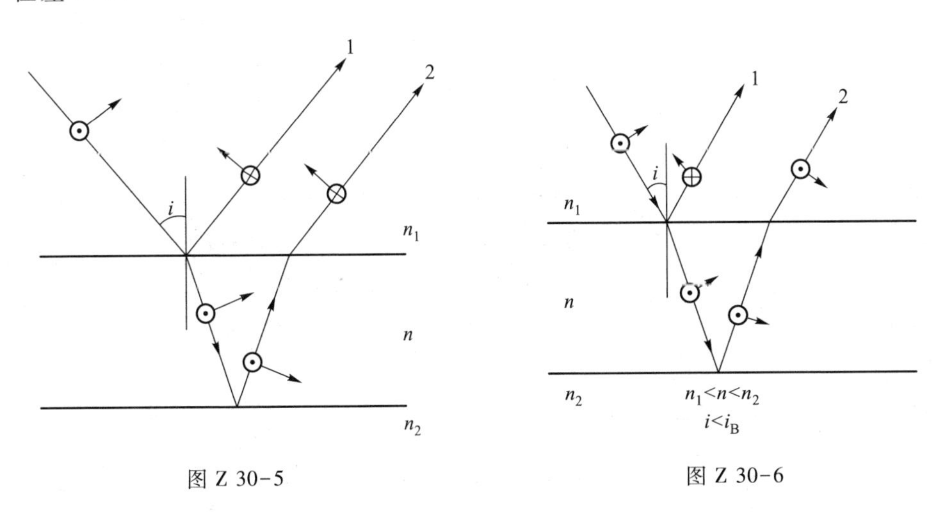

图 Z 30-5　　图 Z 30-6

三十一、圆孔衍射图样的中心是否一定是亮点?

我们在教材中讨论的是圆孔夫琅禾费衍射,所得到的衍射图样中心是艾里斑.但是对于菲涅耳衍射,衍射图样中心根据不同的情况可明可暗.

在图 Z 31-1(a)中 S 为一点光源,光通过小孔部分的波阵面为 Σ.为了确定这部分波阵面的光波到达对称轴上 P 点所起的作用,用特殊作图法来处理.连接 SP 与波阵面交于 B_0 点,令 $PB_0=r_0$.将波阵面分成许多环形带,使从每两个相邻带的相应边缘到 P 点的距离相差 λ/2,即

$$B_1P-B_0P=B_2P-B_1P=B_3P-B_2P=\cdots=B_kP-B_{k-1}P=\lambda/2$$

在这种情况下,由任何相邻两带的对应部分发出的子波到达 P 点时光程差为 λ/2,这样的环带叫做菲涅耳半波带(图 Z 31-1(b)).设 a_1、a_2、a_3、…、a_k 分别为各半波带发出的子波在 P 点的振幅.由于相邻半波带所发出的子波到达 P 点时相位差为 π,所以 k 个半波带在 P 点的合振幅为

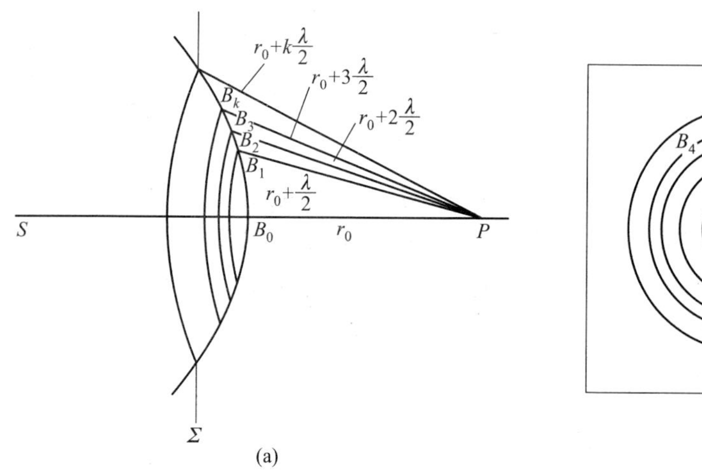

图 Z 31-1

$$A_k=a_1-a_2+a_3-a_4+\cdots+(-1)^{k+1}a_k$$

式中最末项的正负号决定于 k 是奇数还是偶数,奇数为正,偶数为负.

根据理论计算,各半波带的面积相等,但各半波带到 P 点的距离不同且各带对 P 点的倾角不同,所以各半波带在 P 点的振幅不同,因而

$$a_1>a_2>a_3>\cdots>a_k$$

对于这个单调减小的数列,近似地有下列关系:

$$a_2=\frac{a_1}{2}+\frac{a_3}{2},\quad a_4=\frac{a_3}{2}+\frac{a_5}{2},\quad \cdots,\quad a_k=\frac{a_{k-1}}{2}+\frac{a_{k+1}}{2}$$

同时奇数项分为两部分,例如 $a_1=\frac{a_1}{2}+\frac{a_1}{2}, a_3=\frac{a_3}{2}+\frac{a_3}{2},\cdots$,于是,当 k 为奇数时

$$\begin{aligned}A_{k奇}&=\frac{a_1}{2}+\left(\frac{a_1}{2}-a_2+\frac{a_3}{2}\right)+\left(\frac{a_3}{2}-a_4+\frac{a_5}{2}\right)+\cdots+\\&\quad\left(\frac{a_{k-2}}{2}-a_{k-1}+\frac{a_k}{2}\right)+\frac{a_k}{2}\\&=\frac{a_1}{2}+\frac{a_k}{2}\end{aligned}$$

当 k 为偶数时

$$\begin{aligned}A_{k偶}&=\frac{a_1}{2}+\left(\frac{a_1}{2}-a_2+\frac{a_3}{2}\right)+\left(\frac{a_3}{2}-a_4+\frac{a_5}{2}\right)+\cdots+\\&\quad\left(\frac{a_{k-2}}{2}-a_{k-1}+\frac{a_{k-1}}{2}\right)+\frac{a_{k-1}}{2}-a_k\end{aligned}$$

$$=\frac{a_1}{2}+\frac{a_{k-1}}{2}-a_k$$

如果 k 值足够大，a_{k-1} 与 a_k 相差甚少，那么 $\frac{a_{k-1}}{2}-a_k=-\frac{a_k}{2}$ 于是

$$A_{k偶}=\frac{a_1}{2}-\frac{a_k}{2}$$

当在圆孔露出的波阵面上只能作出为数不多的若干个半波带时，则第 k 个带在 P 点所产生的振动的振幅 a_k 与第一个带的振幅 a_1 相差很少，在此情况下，

$$A_{k奇}=a_1$$

$$A_{k偶}=0$$

即当圆孔露出奇数个半波带时，P 点为亮点；露出偶数个半波带时，则为暗条纹. 如果将观察屏沿着圆孔的对称轴线移动时，将在屏上观察到在某些点光较强，某些点较弱.

应用菲涅耳半波带法，如果人为地遮住全部奇数序号带或全部偶数序号带，则透光的各半波带的光在 P 点将是相互加强的，这就会大大增加 P 点的光强，起到聚光的作用.根据这样的思想，在玻璃或塑料基片上采用光刻工艺可以制成光学透镜.

三十二、透过丝绸等织物的衍射图像是怎样的?

透过丝绸织物、雨伞或精细金属网格等观看太阳光或远处的电灯光，你将观察到什么现象? 如果将两块丝织物叠合在一起，然后再观察，又得到什么现象?

这是平面光栅衍射的现象.当平行光垂直照射这光栅时，各个单孔产生全同的夫琅禾费衍射图样，由于这些小孔是有规律的周期性排列的，透过小孔的光波到达屏幕上某些点产生相干叠加，因而在屏幕上可以看到一组排列成方形的彩色绚丽的亮纹[如图 Z 32-1(a)所示].这个衍射像实际上是成直角的两个光栅图样的叠加. 仔细观察图样中心可以看出它的栅状结构[如图 Z 32-1(b)所示].光栅的发明人 Rittenhouse 正是通过这一现象而对这个问题发生兴趣研究的，他用的是一块丝手帕.

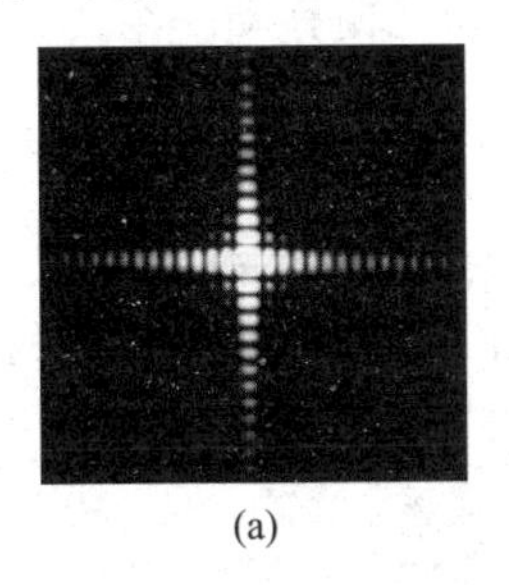

(a)

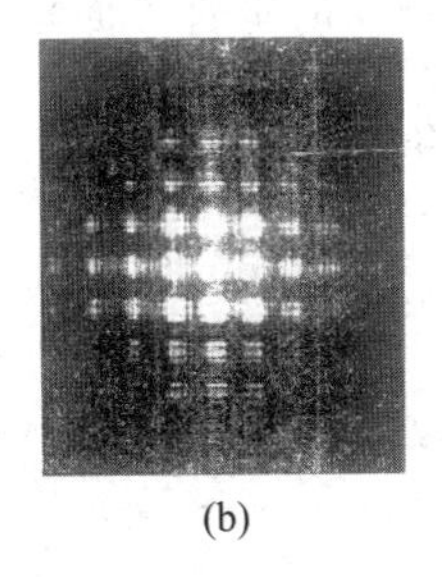

(b)

图 Z 32-1

如果把两块薄丝绸叠合在一起，在阳光的照射下，可以看到绚丽的花纹，当上下两层丝绸相对移动时，花纹也跟着变化.当阳光照射在重叠交叉的竹篱笆或金属丝网时，也能看到类似的条纹，对于光栅常量相差不多或完全相等的两片透明光栅也能产生一组明暗相间的条纹，称为莫尔条纹(Moire fringe).例如光栅常量分别为 d 和 d' 的两片透明光栅重叠在一起，并让它们的刻线间的夹角为 θ，如图 Z 32-2 所示，1，2，3，…代表光栅常量为 d 的光栅Ⅰ，1′，2′，3′，…代表光栅常量为 d' 的光栅Ⅱ，当用单色平行光照射时，眼睛向这样的一对光栅望去就可以看到莫尔条纹 $M_1, M_2, M_3, \cdots$.

由于这两个光栅的光栅常量 d 和 d' 都比教材中讨论的衍射光栅的光栅常量大得多，即比光的波长大得多，所以在简单的讨论中可不考虑波动效应，而用几何关系进行分析.

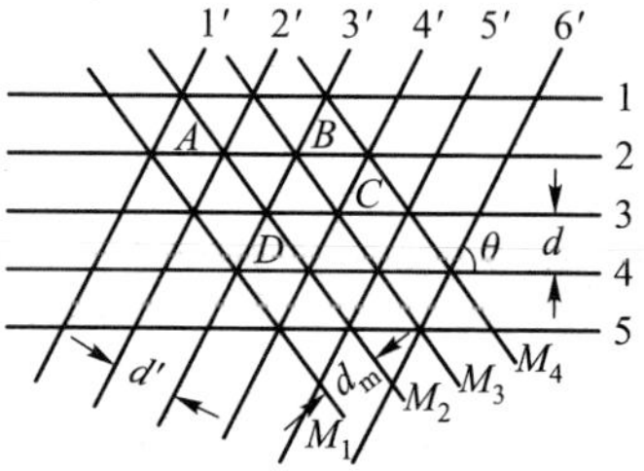

图 Z 32-2

设莫尔条纹的间距为 d_m，从图中看出，平行四边形 $ABCD$ 的面积

$$S=|AD|d_m=|DC|d=|DB|d'$$

由余弦定律有

$$|BC|^2=|AD|^2=|DB|^2+|DC|^2-2|DB||DC|\cos\theta$$

由以上两式得

$$d_m=\frac{dd'}{\sqrt{d^2+d'^2-2dd'\cos\theta}}$$

上式表明，对于给定的两片光栅，莫尔条纹的间距决定于两光栅刻线间的夹角 θ.当 θ 很小，且 $d'=d$ 时，

$$d_m=\frac{d}{\sqrt{2(1-\cos\theta)}}=\frac{d}{2\sin\frac{\theta}{2}}$$

如果一片光栅固定不动，而将另一片光栅沿着垂直于其光栅刻线移动时，莫尔条纹也将沿着与条纹的垂直方向移动.当光栅移动一个光栅常量距离 d 时，莫尔条纹就移过一个条纹的距离 d_m，一个小的位移，就产生了一个放大 $k=\frac{d_m}{d}$ 倍的莫尔条纹位移，即莫尔条纹起到了“位移放大器”的作用.利用这一点可用来测量微小的长度和角度.目前，光栅式测量技术已在精密计量仪器和精密机床中广为应用.

三十三、双缝干涉实验装置中加上偏振片，干涉条纹如何变化？

在双缝干涉实验装置中，按下列不同方式加上偏振片（图 Z 33-1），其干涉条纹有何变化：

（1）在光源狭缝 S_0 后加一偏振片 P_0；

（2）再在双缝 S_1 和 S_2 之前加偏振片 P_1 和 P_2，P_1 和 P_2 的偏振化方向互相垂直，与 P_0 成 45°角.

（3）再在紧贴屏幕处加偏振片 P_3，P_3 与 P_0 的偏振化方向互相平行；

（4）撤去偏振片 P_0.

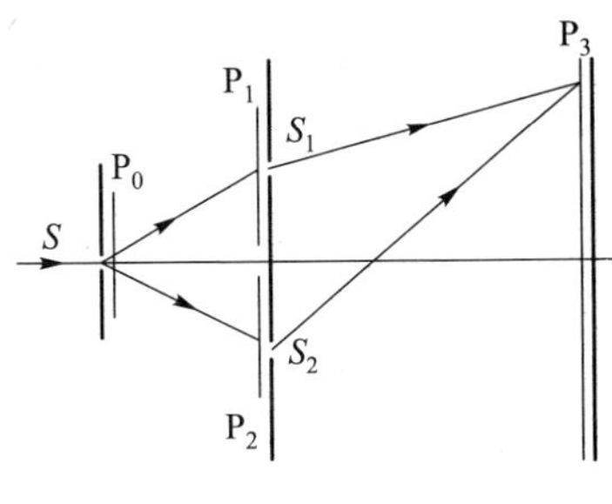

图 Z 33-1

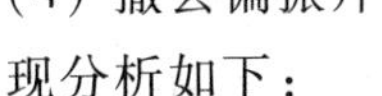

现分析如下：

（1）从 S_0 出来的自然光经过偏振片 P_0 后成为线偏振光，到达狭缝 S_1 和 S_2 的光是从同一线偏振光分解出来的，它们有稳定的相位关系，因此屏幕上有干涉条纹.但由于自然光通过偏振片 P_0 后强度减半，所以屏幕上条纹的亮度下降.

（2）这时从 S_1 和 S_2 出射的光是振动方向互相垂直的线偏振光.虽然两者之间有稳定的相位差，但没有振动方向相同的分量，不满足相干条件，所以屏幕得不到干涉条纹，而是两者非相干叠加造成的均匀照明.

（3）在屏幕处加上偏振片 P_3 后，则从 S_1 和 S_2 出射的振动方向相互垂直的线偏振光在 P_3 上的分量振动方向相同，所以屏幕上能得到干涉条纹.

（4）撤去偏振片 P_0 后，这时从 S_1 和 S_2 出射的两束振动方向相互垂直的线偏振光，投影到 P_3 后得到振动方向相同的线偏振光（图 Z 33-2）.但由于这两束线偏振光分别来自自然光中两互相垂直的分量，它们之间没有稳定的相位差.因此在屏幕上得不到干涉条纹.两个互相垂直的线偏振光在 P_3 上投影分量非相互叠加的结果，造成屏幕上光强的均匀分布.

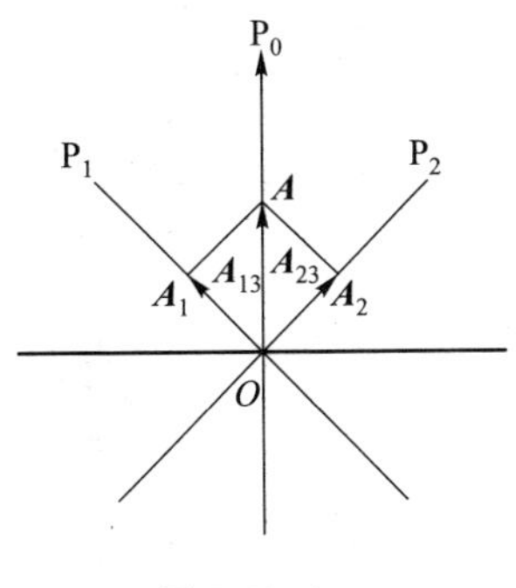

图 Z 33-2

三十四、光电效应中一个电子能吸收多个光子吗？

关于光电效应，一般作如下的解释：当光照射到金属表面时，金属中的一个电子从入射光中吸收一个光子后，就获得能量 $h\nu$，如果 $h\nu$ 大于电子从金属表面逸出时所需的逸出功 A，这个电子就可从金属中逸出.这是一个电子吸收一个光子的单光子效应.

如果入射光的频率低于红限频率,即光子的能量低于金属中电子的逸出功.那么,金属中的自由电子能否从入射光中吸收多个光子而产生光电效应呢?

事实上,爱因斯坦在提出光量子假设的论文中,已估计到强光下产生多光子过程的可能性.以后量子力学在计算辐射与原子系统的相互作用问题时,也预言在足够高的光强下,多光子吸收是可以实现的.由于当时条件的限制,未能得到实现.直到 1960 年激光出现后,1964 年 M.C.Teich 等人首次使用砷化钾半导体激光束照射钠箔膜上($A=1.9$ eV)得到双光子光电效应.1967—1976 年间,E. M. Logothetis 等人利用带 Q 开关的红宝石激光器,实现了不锈钢($A=5$ eV)和金($A=4.8$ eV)的双光子光电效应和金的三光子光电效应.1971 年利用钕玻璃激光器观察到金和镍($A=5.1$ eV)的五光子光电效应,1975 年 N. Bloembergen 用 Nd:YAG 激光器实现了钨($A=4.57$ eV)的四光子光电效应.

由上述事实可知,多光子光电效应不但是可能的,而且是早已实现了的.由此光电效应的规律应有相应的变化.

(1) 光电流与入射光强的 n 次幂成正比,而不限于线性关系.

(2) 入射光强决定能否产生 n 光子的光电效应,由推广的爱因斯坦方程 $nh\nu=\frac{1}{2}mv_{m}^{2}+A$ 决定,入射光强对光电子的最大动能是有影响的.

(3) 红限频率在多光子光电效应中已失去原有的意义.现在红色(甚至红外)的激光都能使某些金属产生光电效应.

多光子过程的研究.已经在科学技术上得到了一些应用,例如应用双光子吸收光谱可以研究分子、原子能级的超精细结构,利用双光子吸收光谱可以使可见光或红外激光研究属于紫外波段的光谱结构.这就解决了紫外光谱研究中光源缺乏的问题.

三十五、光电效应和康普顿效应都包含有电子与光子的相互作用,这两过程有什么不同?

光电效应和康普顿效应虽然同为光子和电子的相互作用,但它们产生的过程不同,产生的概率与光子的能量有关.

光电效应中所用的光是可见光,光子能量的数量级是几个 eV,与原子外层电子的能量同一数量级,与离子对电子的相互作用(即逸出功)也是同一数量级,所以光子与电子碰撞过程中电子不是自由的.入射光子的能量大于或等于逸出功时,一个电子吸收一个光子,电子和光子系统的能量守恒,但是电子还与其他离子有动量交换,所以光子的动量并没有转移给电子,电子和光子的动量不守恒,但总动量仍是守恒的.

康普顿效应中所用的光是 X 射线，光子能量的数量级是 10^4 eV，相对来说，电子逸出功和电子热运动的能量都可忽略，原子外层电子可看作是自由的、静止的.所以当光子与电子碰撞时，系统的总能量和总动量都守恒.

三十六、光子有没有隧道效应？

在量子力学中，微观粒子能穿透势垒，形成“隧道效应”，那么，光子有没有隧道效应？

在经典光学中早已发现光学隧道效应.牛顿最早注意到这种现象，并提出观察这种现象的方法.1902 年，E. E. Hall 遵循牛顿的方法定量地测量了透射距离和透射角的关系.1965 年，普林斯顿大学的研究生 D. D. Coon 又实验测量了透射率与介质厚度的函数关系，理论与实验符合得很好.那么，什么是光学隧道效应呢？

当一束单色平行光从折射率为 n_1 的光密介质 1 射向折射率为 n_2 的光疏介质 2 时，如果入射角 i 大于全反射临界角 $i_c=\arcsin\dfrac{n_2}{n_1}$，将发生全反射现象.这时，入射到界面上的全部能量都被反射回介质 1 中，没有能量进入介质 2 中.现在把另一折射率为 $n_3(n_3>n_2)$ 的介质放在介质 2 中，使介质 3 的表面与介质 1、2 的界面平行且相距波长 λ 的数量级（图 Z 36-1），实验测得在介质 3 中有光波存在.这种当入射角 i 超过全反射临界角 i_c 而光透过介质 2 进入介质 3 的现象，称为光学隧道效应，根据求解麦克斯韦波动方程以及介质的边界条件可以得到光学隧道效应的透射系数，它与量子力学中粒子穿透方势垒的透射系数公式在形式上完全相同，理论与实验符合得很好.

光学隧道效应可作如何解释？当光波从光密介质射向光疏介质在界面上被全反射时，光波将会渗透到光疏介质中并沿着界面传播，其强度沿界面的法线方向呈指数形式衰减.深度为波长量级.这种沿表面传播的电磁波与通常的电磁波有不同的性质，称为隐失波（evanescent wave）.如图 Z 36-2 所示，隐失波在光疏

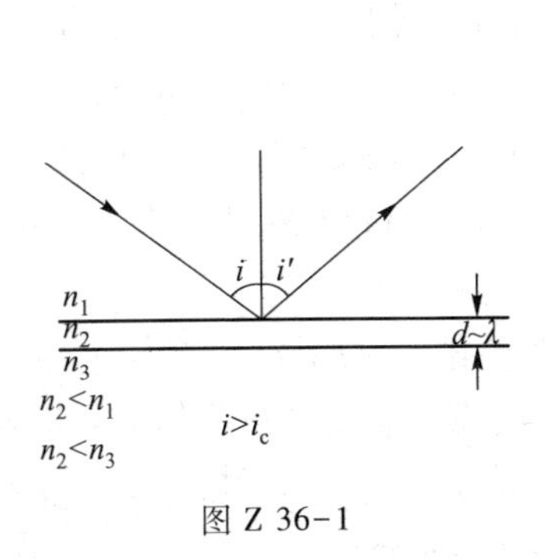

图 Z 36-1

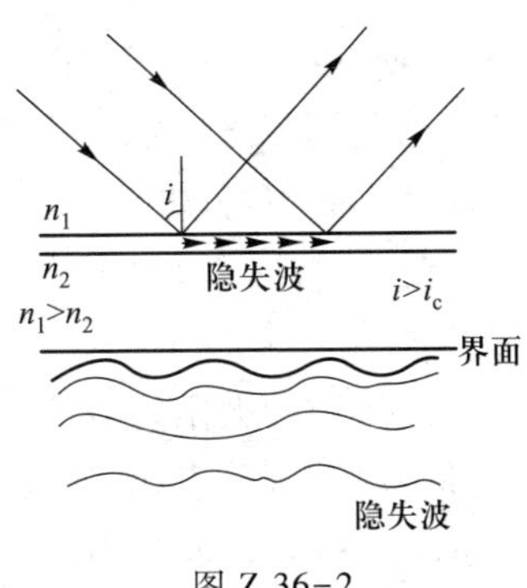

图 Z 36-2

介质中沿界面传播了一个波长数量级的距离后，然后射出界面成为反射光.如果在隐失波范围内有另一介质，就会有光子从光疏介质中穿过界面间的势垒而进入这一介质，这就是光子隧道效应.

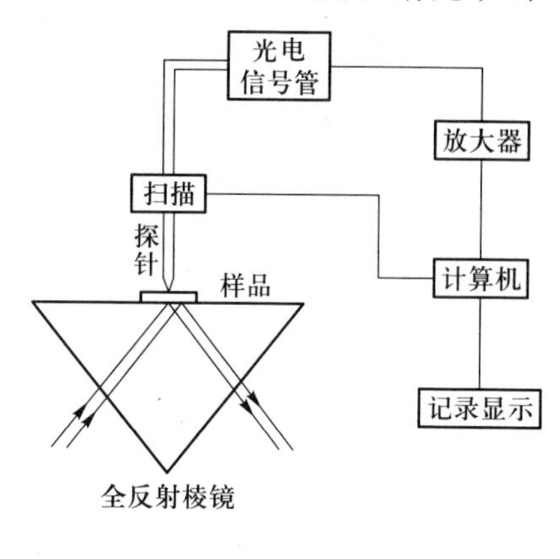

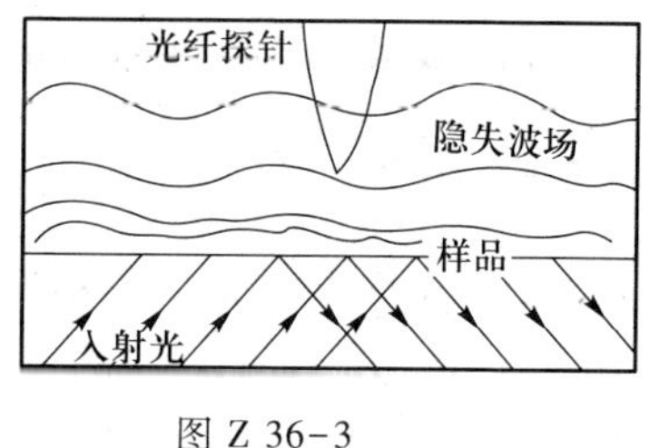

图 Z 36-3

利用光子隧道效应现已研制成光子扫描隧穿显微镜 PSTM(photon scanning tunneling microscope).其示意图如图 Z 36-3 所示.在 PSTM 中激光由棱镜的一个侧面入射，在棱镜底面全反射后从另一侧面出射，出射前在底面附近形成隐失波场，如果将极细的探针(光纤探针)调节到隐失波场内，一些光子穿过界面和光探针的势垒而进入探针，并被传送到光电探测器转换成电信号.当棱镜底面覆盖一层薄样品时，与 STM 一样，使探针作平面扫描即可获得样品的显微图像.PSTM 的垂直分辨率可达 $\lambda/40 \approx 16$ nm，水平分辨率可达 $\lambda/30$.

三十七、太阳能电池和发光二极管是怎样工作的?

光电池是直接把光能转化为电能的装置.如果光电池利用的是太阳光，就叫太阳能电池，太阳能电池是 1954 年由美国贝尔实验室发明的，它利用了光照射到半导体的 pn 结上时产生的“光生伏打效应”.

我们知道，当 p 型半导体和 n 型半导体紧密接触时在交界面处形成 pn 结.当光照射 pn 结时，如果光子的能量大于禁带宽度(如硅为 1.1 eV)，满带中的电子就会被激发到导带中去，从而形成电子-空穴对(图 Z 37-1).在结内电场作用下，电子被驱向 n 区，空穴被驱向 p 区，形成由 n 区流向 p 区的光致电流.这电流使 n 区和 p 区分别积聚了负电荷和正电荷，从而在 pn 结两端又附加了一个与结内电场相反的光生电场.如果光照保持不变，光生电场稳定，对应的电势差就称为光生电动势.这种现象称为光生伏打效应.如果将 pn 结两端与外电路联通，便会有电流流过.

目前实际使用的太阳能电池大多是用单晶硅制成的.在 n 型硅单晶片上用扩散法渗进一层 3 价元素硼，使其变成 p 型层，或在 p 型硅单晶片上渗进 5 价的磷，构成 pn 结，再经过加工，引出电极就可制成太阳能电池，阳光从很薄的 p 型(或 n 型)层射入.这种单晶硅太阳能电池的光电转换效率一般为 10%~15%，最高可达 28%，单片硅太阳能电池受太阳光照射时，工作电压为 0.4~1.0 V，电流强度为 20~40 mA/cm^2.由于硅单晶价贵，现采用价格便宜得多的多晶硅为材料，它不受晶体大小的限制，可制成大面积的光电池.

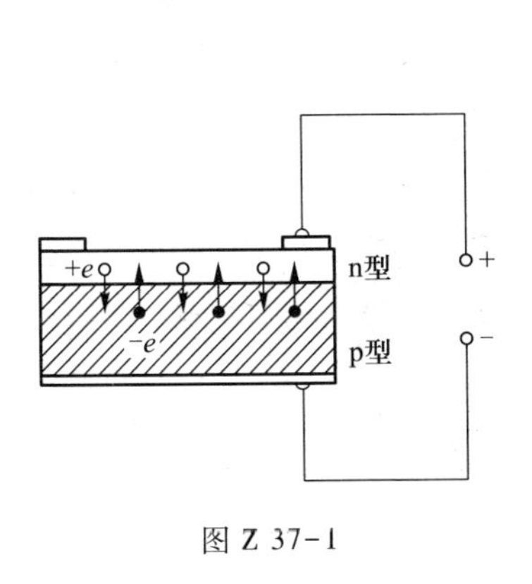

图 Z 37-1

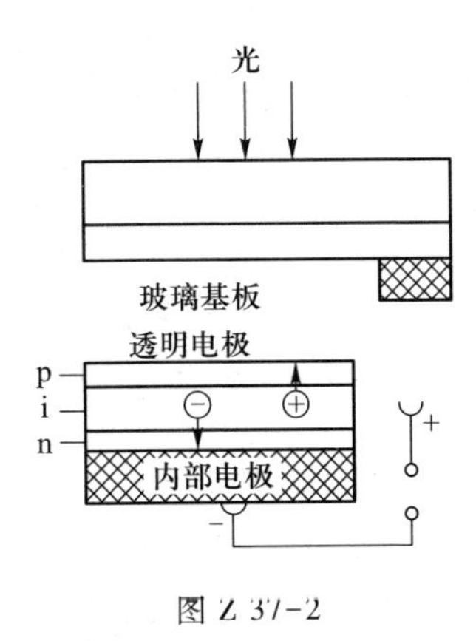

图 Z 37-2

20 世纪 70 年代中期研制成非晶硅太阳能电池，它是在玻璃或不锈钢带等材料的表面上依次镀上 p、i、n 型的硅膜，形成 pin 结(图 Z 37-2).这里 i 代表不含杂质的本征半导体，它具有很高的电阻率，它在 p 型和 n 型硅膜之间可以使势垒区加厚，以提高光电转换效率.非晶硅太阳能电池的硅膜厚度只有单晶硅片的 1/300，因此可以大量节省硅材料而降低成本.现在光电转换效率还比较低，大约为 10%，比较高的能达到 12%.目前很多太阳能计算器、电视机遥控器都使用了非晶硅太阳能电池.

图 Z 37-3 为发光二极管的简图.发光二极管(LED)的工作原理原则上讲是光电池的反向运行.正向电流通过 pn 结时，使导带下部的电子越过禁带与价带内的空穴中和，这一过程中电子的能量减少，转化为光子能量放出，这就是发光二极管发光的基本原理，商品发光二极管就是在镓中大量掺入砷、磷而做成的，在适当大的电流通过时发出红光.

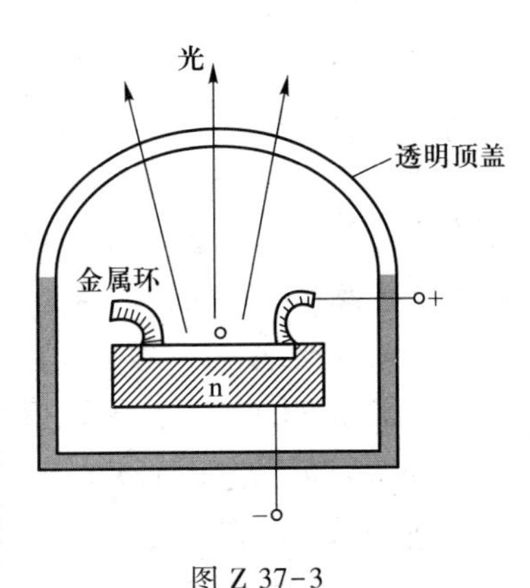

图 Z 37-3

三十八、播放器和计算机的光盘是如何存储和读出信息的？为什么在阳光下会反射出彩色的条纹？

首先，各种声音信息或者图像、视频信息通过电路技术以“0”和“1”的形式作数字化处理，而存储在光盘上的“0”和“1”实际上就是一串串的平凹点，它们的长度各不相同，但深度一样，从光盘的结构上看大致如图 Z 38-1 所示，凹处代表“0”，平处代表“1”.

光盘最上面是一层保护层，在其下面是塑料层，平凹点就刻在这里，凹点深度为阅读激光波长的四分之一.再下面是一层金属信息层，它对激光束产生反射.光盘的最下面是一层透明的塑料，阅取信息的激光束就从这里进入.

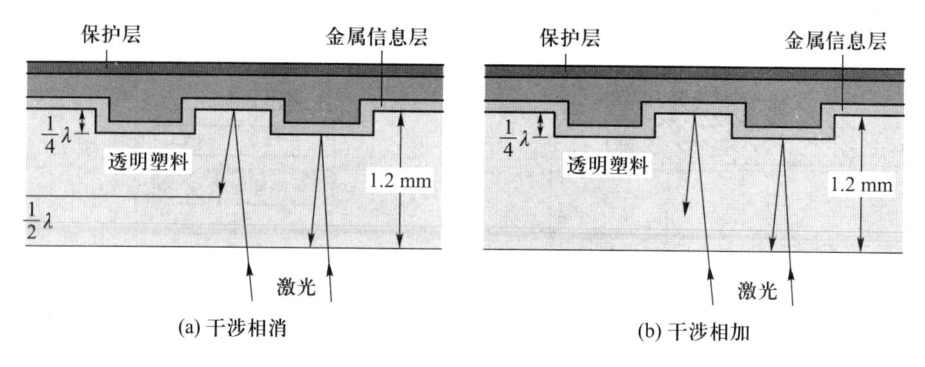

图 Z 38-1　光盘结构

光盘中的信息是在光盘旋转时，通过播放器或者计算机里的激光读盘器读出来的.当光盘在激光束的照射下，从激光入射的方向看，光盘信道上的这一串串的平凹点就是一串串的凸点，激光束在金属信息层的凹凸处产生反射，由于凹处深度是激光束波长的四分之一($\lambda/4$)，所以如同薄膜干涉的分析，凹处与凸处的反射光光程差为 $\lambda/2$，它们产生相消的干涉[图 Z 38-1(a)].激光束的宽度比一个凸点宽，所以正好能够覆盖一个凸处和一个凹处.如果凹处很长，则反射激光将产生干涉相加[图 Z 38-1(b)].这样，当光盘旋转时，反射光的强度涨落通过光电转换器电路就转换为电信号的“0”和“1”，它们满载了所记录下的声音和图像信息，再经过播放器或者计算机光电路的处理，便可完成信息的再现.

一张标准的 CD 盘最大播放时间大约是 74 分钟，仅能记录 680 兆字节(megabytes)的信息，而同样大小的 DVD 盘可记录 8.5 吉字节(gigabytes)的信息，是前者的 12 倍，可连续播放 2 小时的高清电影.一张光盘所记录信息的容量大小与光学分辨率有关.如图 Z 38-2 所示，CD 盘信道的间距是 1.6 μm，最小的平凹点长度为 0.8 μm，选择这样的几何大小是因为标准的 CD 盘采用波长 $\lambda=780$ nm 的红外激光作为读取信息的光源，这就保证了 CD 盘相邻信道及相邻平凹点之间不会因衍射而成像模糊.当初 CD 盘发展起来时，最便宜的半导体激光器就是半导体红外激光器，而今天新的可见光半导体激光器也很普遍了，它的波长比半导体红外激光器短得多，仅 $\lambda=635$ nm 和 650 nm .由于采用了更短波长的激

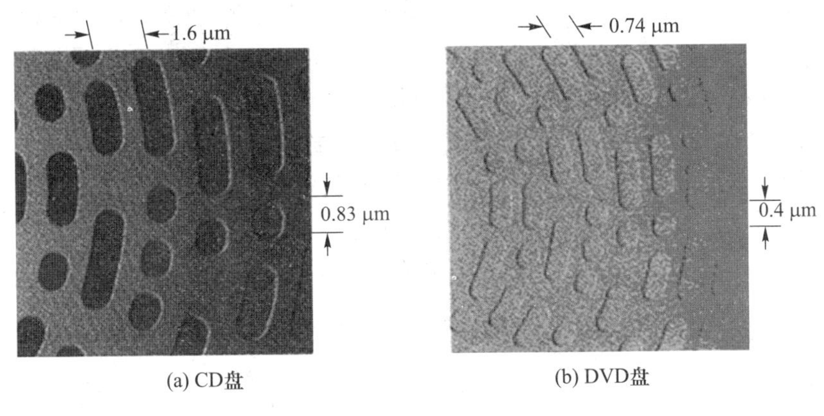

(a) CD盘　　(b) DVD盘

图 Z 38-2　CD 盘与 DVD 盘比较

光,在同样衍射分辨率的制约条件下,就可以将信道做得更密,平凹点更短.DVD就是这样应运而生的(当然,与此同时 DVD 还采用了双层信道结构,以及更先进的数据压缩技术,使信息量大为增加).

图 Z 38-3　光盘

在阳光下,光盘表面呈现出彩色的条纹(图 Z 38-3),这是因为光盘如图 Z 38-2 所示,光盘里每条信道都是一串串的平凹点,在结构上如同一反射光栅,在太阳光的照射下,反射光产生了干涉,由于太阳光由各种波长的成分组成,在不同角度下形成了反射光栅的彩色干涉谱线.

三十九、航天器返回地球时都会遭遇到一个“黑障区”,黑障区是如何形成的? 为什么发射时没有黑障区?

当航天器返回地面时,要经过地球上空 35~80 km 的大气层,由于航天器飞行进入大气层前速度极高(近乎第一宇宙速度),在大气层内的速度可达几十至几百倍的超声速,航天器的前端形成了巨大的激波,大气与航天器表面的摩擦产生了高达数千摄氏度的高温,导致大气和飞行器表面材料的分子原子电离为等离子体,它们包裹在航天器上.这个过程可持续 4~7 min,在这段时间里,由于等离子体对电磁波的屏蔽作用,航天器内的无线电通信信号出不来,外面的无线电信号也进不去,中断了航天器与地面的通讯,这就造成了“黑障区”.

当火箭发射时,开始时速度较低,在大气中处于加速状态,尽管大气的密度较稠密,但仍不足以产生包裹在飞行器外的等离子体层.火箭的主要加速段是在比较稀薄的上层大气，所以也不会产生导致黑障的热量，即不足以形成黑障区.例如神舟七号火箭，一、二级在发射后 159 s 分离，此时火箭的速度还只有 10 倍声速，高度却已达 100 km 以上，冲出了稠密的大气层，而航天器返回时，在这个高度的速度已超过了声速的 20 倍，所以可能产生黑障区.

黑障区对返回的航天器是极为危险的，不仅中断了通信，而且其产生的高温会危及航天器的安全.如何消除黑障区的威胁，目前尚没有好的办法，也许可从采取新的通信方式以及采用更好的材料覆盖在航天器的表面两方面着手.

四十、全球定位系统为什么要考虑相对论效应？

全球定位系统(Global Position System，简称 GPS)可向全球各地全天候地提供三维位置，这个系统由 24 颗环绕在地球上空的人造地球卫星组成，人造地球卫星被安放在 6 条轨道上(图 Z 40-1)，每条轨道彼此倾斜 60°，轨道面相对地球赤道平面倾斜 55°. 所有人造地球卫星轨道的高度都在 20 200 km 上，因为在这个高度的轨道上人造地球卫星每天恰恰绕地球两圈.由于作了这样的设置，所以在地球上任何位置任何时候都能看到其中至少 4 颗卫星.

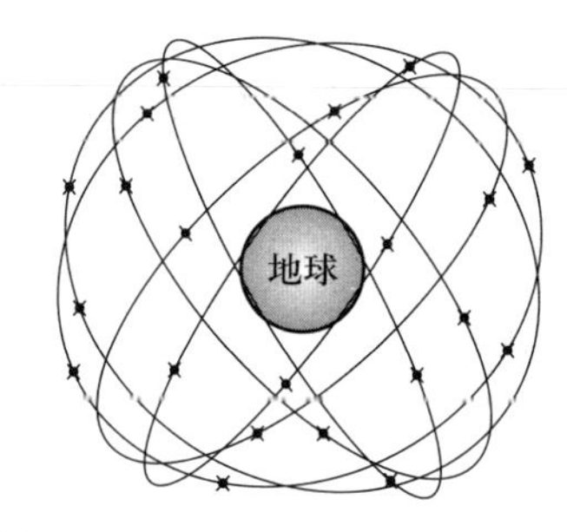

图 Z 40-1 GPS 卫星的轨道

24 颗人造地球卫星的首要工作就是每时每刻通过无线电连续不断地播报安装在人造地球卫星上的原子钟的精确时间和位置. 在地面上的部队或者旅行者可携带一只手持式 GPS 接收器，收到来自 4 颗人造地球卫星的信号，假设 4 颗人造地球卫星分别编号为 1,2,3 和 4，那么这 4 颗人造地球卫星分别向接收器发出其所在的位置 $\boldsymbol{r}_i(x_i, y_i, z_i)$ 及时间 t_i.这些信号以光速传递给接收器.如果 $\boldsymbol{r}(x, y, z)$ 是接收器的位置，t 是同时接收到信号的时间，那么很显然，每颗人造地球卫星与接收器之间的距离应该等于光速乘以信号发送与接收的时间间隔，即

$$|\boldsymbol{r}-\boldsymbol{r}_i| = c(t-t_i) \tag{1}$$

或者，用卡迪尔坐标的分量式写出来就是

$$(x-x_i)^2+(y-y_i)^2+(z-z_i)^2 = c^2(t-t_i)^2 \quad (i=1,\ 2,\ 3,\ 4) \tag{2}$$

这实际上是一组 4 个方程，每一个方程对应于一颗人造地球卫星. 4 个方程共包含有 4 个未知数，x、y、z 和 t.当接收器接收到信号后，解这 4 个方程就能确定接收器的位置和时间.

假定旅行者想知道他的位置精准度在 1 m 范围内，那么各人造地球卫星钟

必须同步的精度大致在

$$\Delta t \propto \frac{\Delta x}{c} \propto \frac{1\ \text{m}}{3\times 10^{8}\ \text{m/s}} \propto 3\times 10^{-9}\ \text{s} \tag{3}$$

这就是说,这些彼此分开数千千米的卫星钟同步性大约在几纳秒内才能保证提供给接收者以足够的位置精确度.

在技术上,人造地球卫星钟可以受到地面站的监控与校正,使人造地球卫星钟在每条轨道上每运行一周就得到一次校正,即每 12 h 校正一次. 因此,一个钟要在 12 h 内的同步性保持在 3 ns 内,那么它每秒的稳定性必须达到

$$\frac{3\ \text{ns}}{12\ \text{h}} = \frac{3\times 10^{-9}\ \text{s}}{12\times 3\ 600\ \text{s}} \propto 10^{-13} \tag{4}$$

这意味着原子钟每秒允许的偏差率仅为 10^{-13} s. 这是相当高的精度要求,但 GPS 所使用的原子钟必须达到这样高的精度,否则地面的接收者就不可能精确地知道他所在的位置.

另一方面,人造地球卫星的高速轨道运动可能导致不可忽视的相对论效应,即根据狭义相对论,运动时钟变慢. 因此,我们还必须估算狭义相对论运动时钟变慢可能产生的时间误差.

一颗在中地球轨道(Medium Earth Orbit, 简称 MEO)的 GPS 卫星,其速度是 3.9 km/s,因此按相对论,人造地球卫星原子钟的时钟 Δt 与地面时钟 Δt_0 关系是

$$\Delta t = \frac{\Delta t_0}{\sqrt{1-\left(\frac{v}{c}\right)^2}} = \frac{\Delta t_0}{\sqrt{1-\left(\frac{3.9\times 10^{3}}{3\times 10^{8}}\right)^2}} = (1+8.5\times 10^{-11})\Delta t_0 \tag{5}$$

这就是说,卫星钟比地面钟走得更慢一些,且由此产生的误差是(4)式所示的原子钟稳定性要求的数百倍,如不加以校正,将产生更为严重的后果. 例如人造地球卫星每运行一周为 12 h=43 200 s,因相对论效应人造地球卫星上的时钟将产生 $\Delta T=43\ 200\times 8.5\times 10^{-11}\ \text{s}=3.65\times 10^{-6}\ \text{s}$ 的误差,无线电信号以光速 c 传播,在这个时间里将传输 $\Delta L=3.65\times 10^{-6}\times 3\times 10^{8}\ \text{km}=1.1\ \text{km}$ 的误差距离.

此外,人造地球卫星在太空中作轨道运动,其高度达数万公里,所产生的广义相对论效应更是不可忽视. 一颗中地球轨道的 GPS 人造地球卫星,其广义相对论的时钟比地面加快的因子可达 $\Delta t=5.3\times 10^{-10}$ s,这是一个相当大的数值,是卫星钟必须达到精度的一千倍!

由上面的讨论可知,GPS 系统对时钟精度的要求非常高,狭义相对论运动时钟变慢的效应以及广义相对论在引力场中高处时钟变快的高度效应都将对其产生不可忽视的影响. 尽管这两个效应产生了相反的效果,但二者相抵消仍存在很大的时间误差. 仍以上述中地球轨道的 GPS 卫星为例,结合这两个效应,每运

行一周净的时间差为 $\Delta t=43\ 200\times(5.3\times10^{-10}-8.5\times10^{-11})\ \mathrm{s}=18\ \mu\mathrm{s}$，这将导致人造地球卫星每运行一周光传播的距离误差达 $\Delta L=18\times10^{-6}\ \mathrm{s}\times3\times10^{8}\ \mathrm{m/s}=5.4\ \mathrm{km}$. 当然，GPS 的设计者已经考虑到了这些因素，他们将各种时间效应的计算设置在计算机程序中，把人造地球卫星的时钟调整到正确的位置，保证在地面上指示出正确的方位.

通常，在大学物理的教学中，相对论总被认为是一高深莫测的纯理论，但它对 GPS 全球定位系统的影响，充分说明其实相对论离我们的现实生活并不太远.

四十一、中国古代对物理科学有贡献吗？为什么在近代科学史上鲜有中国人的足迹？

有一些学者认为中国过去“没有科学”，并对此作了社会文化上的解释.但事实并非如此，正如主教材（程江版《普通物理学》，下同）大量引入的我国古代对自然界发生的许多现象的记载及解释所显示的，我国古代有科学，有物理.例如，我国东汉时期就有弹性力“力与形变成正比”的说明，比胡克定律的发现早了1500年（上册 P36）；公元5世纪的《天中记中》就有关于共振的认识，指出共振的条件是“宫商相谐”，即外力周期性频率与物体固有频率要相近（下册 P27），北宋时期的宋括还设计了纸人跳动的共振实验，比西方达·芬奇开始的共振实验早了1000年；对电的认识更是早在公元3世纪就有摩擦起电能吸引轻小物体的记载（上册 P252）；在天文地理的观察上，我们的祖先更是有丰富而精准的记载和研究，如900年前北宋的天文学家记录了一次非常著名的超新星爆发事件，据史书记载，爆发出现在1054年5月，开始时这颗超新星非常明亮，以至白天肉眼都能看到，随后逐渐暗淡，在1056年3月消失，历时22个月，如此精准的记载和描述，为后来相对论光速不变原理提供了强有力的佐证.这是世界天文物理学公认的贡献（见上册 P150）.

上面列举的事例在主教材中多达30余处，充分体现了我国古代不仅有物理，有科学，而且有些成就还十分瞩目.这使我们联想到还有我国古代著名的四大发明（印刷术、造纸术、火药和指南针），它们都为世界的文明作出过不可忽视的贡献.哲学家弗朗西斯·培根曾说：“我们充分看到了发明的威力、功效和后果，这种作用无论在什么地方都不如古人一无所知的三大发明更加引人注目……这三大发明是：印刷术、火药和指南针.它们改变了整个世界面貌和事物的状态.印刷术使文学改观，火药使战争改观，指南针使航海改观.可以说没有哪一个王朝，哪一个宗教派别，哪一个伟人曾经对人类发展产生过比这些发明更大的力量和影响.”

但是,从另一个角度来说,尽管我国历史上有过科学技术的成就,而从近代科学的意义上看,我国古代确实没有系统的科学,特别是近数百年来我国的科学落后于西方.著名的英国科学史家李约瑟对中国的科技史有深入的研究,他曾提问:“作为一个整体的现代科学没有发生在中国,它发生在西方——欧美,即欧洲文明的广大范围,这是什么原因呢?”著名科学家、诺贝尔物理奖获得者杨振宁教授从文化、政治等多方面地分析了近代科学没有出现在我国的原因,他认为中国传统文化比较注重实际,而不注重抽象的理论构架,在思想观念上不重视技术的发展,在传统的思维上缺乏推演式的方法.近代物理奠基人爱因斯坦认为,近代科学的发展在方法论上需要“从一般到特殊”的理论演绎法和以实验为基础的“从特殊到一般”的分析和归纳法,而中国人正好缺乏这些思维方法.

主教材大量引入了我国古代物理科学的成就,除了彰显我们祖先的聪明才智及对文明发展作出过的贡献外,事实上也从另一角度反映了我国在近代科学技术史上的落后,并激发读者去寻找原因.正如李约瑟指出的,“中国落后于欧美,这是什么原因呢?我以为必须找出这个原因,因为如果我们不了解它,我们关于科学技术史的观点就处于混乱之中,如果我们不了解过去,也就没有多少希望掌握未来.”

郑重声明

读者意见反馈

为收集对教材的意见建议，进一步完善教材编写并做好服务工作，读者可将对本教材的意见建议通过如下渠道反馈至我社。

咨询电话 400-810-0598

反馈邮箱 hepsci@pub.hep.cn

通信地址 北京市朝阳区惠新东街4号富盛大厦1座

高等教育出版社理科事业部

邮政编码 100029